탄소 중립 도시

이상문 지음

CARBON NEUTRAL CITY

도서출판
조경

머 리 말

기후시대 도시계획의 역할은 그동안 공간이 조직되었던 지역적 범위로부터 기후현상이 온전하게 드러나는 지구차원으로 시야를 확대하여 기후안정이라는 당면 목표를 향해 세계적 연대 속에서 공동체의 자원을 재조직화하는 데 있다. 국가나 지역 등 특정 장소에서 작동하던 공간 · 환경 조절 시스템을 전지구적 의사결정체계와 연동하여 도시계획이 영향을 미칠수 있는 전후방의 물적 · 인적 네트워크를 총동원하여 물질과 에너지의 조작 시스템을 개편하는 것이다. 기후체계라는 거대한 시스템 속에 지리, 건조물, 생태 등 물적 시스템은 물론 공동체, 행정, 기업 등 인적 시스템도 편입시켜 정보소통과 참여라는 과정을 통해 기후변화에 영향을 미치는 모든 요소들을 조절해 나가는 것이 기후행동이다.

도시계획은 기후행동을 실천하는 가장 앞선 전선이다. 도시계획은 현재의 수단을 가지고 미래를 설계하는 데 그 근본기능이 있다. 전 인류가 염원하는 기후안정의 미래를 위해 도시계획이 가장 먼저 실천해야 할 것은 기후행동을 위한 수단이 무엇인지 파악하여 이를 계획의 체제로 편입시키는 일이다.

지금까지 도시계획의 목표가 경제적 효율성, 공익성, 환경의 질, 지속가능성 등과 같은 정성적 지향점을 성취하기 위한 것이었다면, 기후시대 도시계획에는 탄소감축이라는 아주 명확하고 정량적인 목표가 제시된다. 이는 질적 관점에서 양적 관점으로의 전환이고 잠재적 대상에서 명시적 대상으로의 전환이다. 그러나 기후도시계획의 목표가 탄소량이라는 명시적인 정량으로 제시된다고 하여 기후도시의 전체 목표가 단선적인 것은 결코 아니다. 관습적 도시계획에서 인구수, 주택수, 용적율, 도로율 등과 같이 특정 목적의 지표가 하나씩 제시되었다면, 기후도시계획에서는 탄소감축량이라는 포괄적인 지표가 압축적으로 설정된다. 단일하지만 단선적인 것은 아니다. 탄소감축량은 모든 기후행동의 요소가 포괄적으로 연관되어 최후에 총체적으로 표현되는 가장 상위의 추상수이기 때문이다.

그래서 기후도시계획은 단순하면서도 복잡한 체계를 다루는 정밀과학으로서의 위상을 가져야 한다. 지금까지 도시계획이 지역사회 문제에 대한 처방으로서, 사회적 주창으로서의 소임을 충실히 했다면 이제 기후현상을 연구하는 다른 정밀과학과 융합하여 새로운 도시시스템을 만들어 나가는 창조자로 진화해야 한다.

지식체계로서 새로운 도시계획기법을 도입하는 것은 전혀 새로운 언어를 습득하는 과정이다. 과거 근대도시를 건설하기 위해 통용되었던 지시적이고 통제적이었던 언어전통에서 탈피하여 이제는 교감적이면서도 규준적인 정밀성을 요구하는 언어에 익숙해져야 한다. 이것은 나무 한그루에서 지구에 이르기까지 광대역의 스펙트럼을 가지면서도 그 사이에 존재하는 모든 것을 하나로 연결시키려는 구축적인 과학언어이자 세계인을 하나의 범공동체로 만들려는 감성적인 언어이다. 기후도시를 계획한다는 것은 그간 널리 사용되던 지역도시 · 건설언어에다 지구 · 녹색기술언어를 융합하는 일이다.

본서는 한국적 현실에서 탄소중립도시를 만들어보고자 했던 실무도서이다. 탄소중립도시에 관한 순수 개념서라기보다는 실제 도시개발 과정에 탄소중립 계획기법을 적용한 응용 이론서에 가깝다. 기후도시를 실천하는 과정에서 생겨난 아이디어를 정리하여 기존의 탄소중립도시 이론과 접목한 현장이론서라 자평할 수 있겠다.

본서가 나오기까지 수고한 모든 이에게 감사드린다. 무엇보다 집필기획부터 교정에 이르기까지 물심양면 도와준 (사)도시환경연구센터 전영옥 소장에게 무한히 감사드리고, 현장조사와 계획과정에 참여했던 최인호, 이성훈, 김영수, 류재수 연구원과 정휘 박사에게도 감사의 마음을 전한다. 본서의 미기후 계획에 참여하여 해당 내용의 수록을 흔쾌히 허락해준 송영배 박사에게는 별도의 기억을 남기고 싶다. 조사와 계획과정에 협조해 주신 부천시청 공무원과 고강복지관 직원, 그리고 고강동, 원종동 주민에게 특별한 고마움을 전하고 싶다. 편집디자인과 교정에 수고를 아끼지 않으신 육은지, 이은미 선생, 백정희 전무와 이 책의 출간을 허락해주신 '도서출판 조경'의 오휘영 대표께 감사드린다. 병상에 계신 어머님의 쾌유를 기원하며 이 책을 당신께 바친다.

2012년 성하(盛夏) 평촌서재에서

저자 씀

차 례

제8장 탄소중립 단지계획 지침 작성 244·245

제9장 탄소감축 시나리오와 탄소감축량 산정 268·269

제1장

탄소중립도시의 등장과 개념

1. 지구온난화와 기후변화협약

가. 지구 기후변화

나. 지구온난화의 영향

다. 온난화의 원인

라. 기후변화협약과 탄소감축

2. 탄소중립도시의 등장

가. 등장 배경

나. 필요성과 지향점

다. 탄소중립도시의 역사적 근원

3. 탄소중립도시의 개념

가. 탄소제로도시(Carbon Zero City)

나. 제로에너지(Zero Energy)

다. 탄소중립도시(Carbon Neutral City)

라. 탄소중립도시와 유사개념 정리

마. 한국에서의 탄소중립도시

1. 지구온난화와 기후변화협약

가. 지구기후변화

기후(climate)는 대기현상이 공간적 · 시간적으로 장기간에 걸쳐 일반화된 것으로 가장 출현확률이 높은 대기의 종합상태를 말한다. 기상(weather)이 시시각각으로 변하는 순간적인 대기현상이라면 기후는 오랜 시간에 걸쳐 반복적으로 나타나는 대기현상이다. 기후를 이루는 요소는 일사량, 일조시간, 기온, 강수량, 습도, 증발량, 구름양, 기압, 바람 등이고, 위도, 고도, 수륙분포, 지형, 식생 등은 지역에 따라 기후가 달라지게 하는 요인으로 꼽는다[1].

기후변화란 대기가 다른 기후시스템간의 상호작용, 태양활동의 변화, 지구궤도의 변화 등 자연적 요인을 포함하여, 최근 강화된 온실효과, 대기 에어로졸 효과, 토지피복의 변화 등 인위적 요인에 의한 일정 기간 이상의 기후변동을 말한다. 기후변화는 지구의 탄생 이래로 계속 존재해 왔으며 빙하기, 간빙기, 온난화기 등이 주기적으로 반복돼 오고 있다. 최근 지구기온 상승을 논의하는 학술적인 논문에서의 기후변화는 일반적으로 30년 이상에 걸친 평균적인 기후변동을 나타낸다. UN산하 '기후변화에 관한 정부간 협의체(Intergovernmental Panel on Climate Change, IPCC)'에 의하면 기후변화는 "직접적 또는 간접적으로 전체 대기의 성분을 바꾸는 인간 활동에 의한, 그리고 비교할 수 있는 시간동안 관찰된 자연적 기후 변동을 포함한 기후의 변화"라고 정의하고 있다.

기후변화가 범지구적인 문제로 대두된 것은 산업화 이후 인간의 활동에 의한 지난 100년간 기온상승이 과거의 자연적인 변화보다 너무 높게 진행되고 있으며, 그것도 최근으로

1) 기상청 기후변화정보센터(CCIC) 홈페이지(2012)

올수록 평균적인 기후변동의 폭이 더 급격히 증가한다는 데 있다.

IPCC 제4차 기후변화평가보고서(2007)에 따르면 지난 100년(1906-2005)간 지구의 평균 기온은 13.7℃에서 14.4℃로 0.74℃ 상승했다고 한다. 그런데 이는 제3차 보고서에서 제시한 그 이전의 100년(1901-2000)간 증가치 0.6℃보다 높은 것이다. 기온 상승은 지구 전체에 걸쳐 광범위하게 나타났으며 특히 북반구 고위도에서 더 높게 나타났다. 북극 평균 기온은 지난 100년 동안 지구 평균의 거의 두 배 속도로 상승했다. 육지와 함께 해양도 온난화 되었다. 1961년 이후의 관측치를 보면, 지구해양은 최소한 3,000m 수심까지 평균수온의 상승이 나타났고, 기후계에 가해지는 열의 80% 이상 기여했다. 해양뿐 아니라 대류권의 온도도 상승했는데, 저층 및 중간층 대류권 온도는 지표기온에서 관측된 것과 유사한 온난화 속도를 보였다.

이런 온난화의 추세는 최근으로 올수록 더욱 빨라지고 있다. 최근 50년간 지구 기온이 약 0.128℃/10년, 최근 25년간에는 0.177℃/10년 상승하여 100년간의 추세보다 2배 이상 급속히 진행되고 있다.

나. 지구온난화의 영향

온난화는 해수면의 상승으로 나타난다. 지구 평균 해수면은 1961~2003년에는 1.8mm/yr 속도로 상승했고, 1993~2003년에는 3.1mm/yr 속도로 상승했다. 1993년 이래 해수면 상승에 대한 과학적 분석에 의하면 해양의 열팽창이 해수면 상승에 약 57%를 기여했고, 빙하 및 만년설 감소는 약 28%를, 극지 빙상의 소실이 나머지 부분에 영향을 미쳤다. 앞의 3가지 원인 모두 지구기온 상승에 따라 나타난 현상으로, 결국 해수면 상승은 온난화에 기인한 현상으로 이해된다.

관측된 눈과 얼음의 감소 역시 온난화 추세와 일치한다. 1978년 이후의 위성 데이터를 보면, 연평균 북극 해양빙 범위는 10년당 2.7% 감소했고, 여름에는 더 심하게 10년당 7.4% 감소하였다. 산악 빙하와 적설의 평균도 남반구와 북반구 모두에서 감소한 것으로 관측된다. 계절적 동토의 최대 면적이 1900년 이후 북반구에서 약 7% 감소했고, 봄에는 최대 15% 감소했다. 영구 동토층의 표층온도는 1980년대 이후 북극에서 최대 3℃ 상승했다.

온난화는 지역별 강수량의 변화를 가져왔는데, 북미와 남미 동부, 북유럽, 북구 및 중앙아

시아에서는 강수량이 상당히 증가했고, 사헬, 지중해, 남아프리카, 일부 남아시아에서는 오히려 강수량이 감소했다. 지구 전체로는 가뭄이 든 면적이 1970년대 이래 증가했을 것으로 IPCC 보고서에서는 평가하였다.

온난화는 지난 50년 동안 극단적 기상현상의 빈도와 세기에서 변화를 초래했다. 대부분의 육지에서 추운 낮, 추운 밤, 서리의 빈도는 감소하고, 대신에 더운 낮, 더운 밤의 빈도는 증가했다. 아울러 열파의 빈도가 증가하였고, 집중호우의 빈도도 대부분의 지역에서 증가한 것으로 평가된다.

지구 차원의 기온변화가 지역의 물리적, 생물학적 시스템에도 영향을 준다. 예를 들어 빙하호수의 확대 및 개수의 증가, 영구동토의 지면 불안정 확대, 산악지역의 낙석 증가, 극지방의 해양빙 생물계와 먹이그물 상위포식자의 변화 등이 여기에 해당한다. 이외에도 봄철 나뭇잎 개엽, 철새도래, 산란 등의 시기가 빨라지고, 동식물 종의 분포 범위가 극지 쪽으로 상향되며, 식생의 생장기간 연장, 봄철 식생의 녹화시기 조기화 등도 예로 들 수 있다.

기온 상승은 농업, 인간건강, 여가활동에도 영향을 미친다. 농림업에서는 북반구 고위도에서는 봄철 파종시기가 빨라지고, 농작물 및 수목 분포대의 변화, 산불과 병충으로 인한 산림의 교란이 나타난다. 건강 측면에서는 유럽에서 과도한 열에 의한 집단 사망, 감염성 질병의 매개체 변화, 북반구 중고위도에서의 알레르기성 꽃가루 발생이 증가한 것으로 보고되었다. 고위도 지역의 사냥과 여행기간이 짧아지고, 적설의 변화로 스키 등 산악스포츠(알프스 지역 등) 활동의 변화가 나타난다.

일반적으로 온난화는 기상변화에 따른 자연재해의 가능성도 높이게 된다. 집중호우, 폭설, 장기 가뭄, 혹서 및 혹한 등이 나타나며, 이로 인해 산사태, 홍수, 농작물 가뭄피해, 용수 부족, 정상적 경제활동의 차질, 노약자 건강피해 등이 초래된다.

다. 온난화의 원인

태양에서 방출된 빛에너지는 지표면에 도달하기 이전에 30% 정도는 구름이나 공기에 의해 반사되어 우주로 다시 방출되고, 20% 정도는 대기에 흡수되며, 나머지 50%만이 지표면에 흡수된다. 흡수된 열은 일부 장파의 적외선 형태로 대기층을 뚫고 직접 방출되지만 대부분은 수증기 증발, 열전도 등에 의해 다시 대기층에 흡수되어 대기층이 우주로 에너지를 방출하는 형태로 복사평형이 이루어진다. 태양복사에 대한 대기층 흡수분 20%와 지표면 흡수분인 50%를 합친 70%는 다시 지구복사의 형태로 우주로 에너지를 방출하여 에너지 수지가 균형을 이루게 된다.

온난화는 산업화 등 인간활동의 영향으로 대기 중 CO_2, CH_4, N_2O, HFC_s, PFC_s, SF_6 등의 물질 농도가 증가하게 되고, 증가된 기체가 대기층에서 바로 사라지지 않고 장기간 머물면서(long-lived) 태양의 복사에너지는 물론 지표면에서의 열복사 에너지를 흡수하여 열을 대기 중에 가두어 나타난 현상을 말한다. 지구 전체를 볼 때 복사평형[태양복사(흡수)=지구복사(방출)]은 항시 달성되는 것이지만, 대기층에 국한해서 보면 특정 기체의 농도 증가로 인해 대기층의 열흡수량이 늘어나면서 나타난 현상을 온난화라고 이해할 수 있다. 이처럼 장기간 대기에 머물면서 인공적인 온실과 같이 대기의 온도 상승을 유발하는 위의 물질을 온실가스(Green House Gas, GHG)라고 칭한다.

1970년 온실가스 총배출량은 28.7 $GtCO_2$-eq(CO_2 상당 배출량)이던 것이 2004년에는 49.0Gt으로 약 70% 증가하였다. 2004년 기준 온실가스별 배출량을 보면 CO_2가 76.7%(화석연료 사용 56.6%, 산림벌목 바이오매스 분해 등 17.3%, 기타 2.8%)를 차지하고, 이어서 메탄(CH_4)이14.3%, 일산화질소(N_2O) 7.9%, 불소(F) 1.1%를 차지하고 있다. CO_2 연간 배출량은 1970년과 2004년 사이에 21Gt에서 38Gt으로 약 80% 증가함으로써 온실가스 전체의 평균 증가율을 앞서고 있다. 이산화탄소(CO_2)는 산업혁명 이전 약 208ppm에서 2005년 379ppm으로 35% 증가하였다. 온실가스 중 차지하는 비중이나 증가율 면에서 이산화탄소를 대표적인 온실가스로 꼽고 있고, 모든 온실가스 배출은 이것을 기준으로 배출량을 산정하고 있다[2).

온실가스인 CO_2, CH_4, N_2O의 전지구 대기농도는 1750년 이래 인간활동의 결과로 뚜렷이

---

2) CO_2 상당(CO_2-eq) 배출량: 온실가스마다 복사 특성과 대기내 잔류시간이 다르기 때문에 기후계에 미치는 온난화 영향력(복사강제력)도 다르다. 이 온난화 영향력은 CO_2 복사강제력을 기준한 공통 도량형을 사용해 표현할 수 있다. 오래 머무는 온실가스 혹은 혼합 온실가스 배출량이 일정 기간 동안 야기할 복사강제력을 적분한 것과 동량의 복사강제력을 야기할 CO_2 상당 배출량은 해당 기간의 온실가스 배출량에 지구온난화지수(GWP)를 곱하여 구한다. CO_2 상당 배출량은 하나의 표준으로서 서로 다른 온실가스의 배출량을 비교하는 유용한 도량형일 뿐이지 똑같은 기후변화 반응을 한다는 의미는 아니다(IPCC, 2007, 4차평가보고서, p.38).

복사강제력(Radiative Forcing): 어떤 한 인자가 지구-대기 시스템에 들어오는 에너지와 나가는 에너지의 균형을 변화시키는 영향력을 측정한 것으로, 잠재적 기후변화 메카니즘으로서 그 인자의 중요도 지수이다. IPCC 보고서에 제시된 복사강제력 값은 1750년을 기준으로 산업화 이전 상태에 대한 변화량이며 $1m^2$당 와트(W/m^2)로 표현한다.

증가했고, 현재는 수천년된 빙핵을 분석한 결과 산업화 이전 시대의 농도를 훨씬 초과한 상태이다. 2005년에 CO_2, CH_4의 대기농도는 지난 650,000년 동안의 자연적 범위를 훨씬 초과했다. 이산화탄소 농도의 전지구적 증가는 주로 화석연료 사용 때문이고, 아울러 도시개발 등 토지이용의 변화도 중요한 원인이다. CH_4 농도의 증가는 무엇보다 농업과 화석연료 사용에 기인하며, N_2O 농도 증가는 주로 농업활동에 의한 것이다[3].

지구온난화의 원인은 에어로졸 효과, 토지피복 변화, 태양복사량 변화 등 다른 원인도 있지만 IPCC의 4차례에 걸친 보고서에 의하면 대기 중 온실가스의 증가가 가장 중요한 원인이란 점을 밝히고 있다. IPCC 4차 보고서에 의하면, '지구온난화는 논란의 여지가 없을 정도로 명백하며, 인간활동으로 인한 온실가스 증가가 20세기 중반 이후의 온난화를 일으켰을 가능성이 매우 높다'고 발표했다. 이는 온난화의 직접 원인이 대기 중 온실가스의 농도 증가라는 것이며 이를 유발하는 것은 산업화 등 인간활동에 기인한다는 점을 분명히 한 것이다.

라. 기후변화협약과 탄소감축

지구온난화에 관한 명확한 과학적 증거가 제시되자 이를 완화하기 위한 범지구적 차원의 노력이 필요하다는 인식이 확산되었고, 이에 1992년 UN 주관으로 브라질 리우에서 열린 세계환경정상회의에서 '기후변화에 관한 UN협약'(United Nations Framework Convention on Climate Change)이 채택되어 1994년 발효되었다. 이 협약은 인간의 활동이 기후계에 미치는 영향이 최소화되도록 온실가스의 배출을 최대한 억제하는 것을 목표로 하고 있다.

이 협약은 기후변화의 예측 · 방지를 위한 예방적 조치의 시행, 대상 온실가스의 포괄성, 국제적 공동이행, 모든 국가의 지속가능한 성장의 보장 등을 기본원칙으로 내세우고 있다. 또한 선진국은 과거로부터 발전을 이루어오면서 대기 중으로 온실가스를 배출한 역사적 책임이 있으므로 선도적 역할을 수행하도록 하고, 개발도상국에는 현재의 개발 상황에

---

3) IPCC(2007), 4차 평가보고서, p. 39

대한 특수 사정을 배려하되 공동의 차별화된 책임과 능력에 입각한 의무부담을 수행하도록 하고 있다. 무엇보다 1990년 수준으로 온실가스 배출 안정화에 노력할 것을 의무사항으로 제시하고 있다.

이 협약의 가입국들은 매년 한번 개최되는 당사국총회(COP)에 참석하여 협약의 이행방안에 대해 결정하게 되는데, 1997년 일본 교토에서 열린 제3차 당사국 총회에서는 탄소감축 의무이행국가(협약의 부속서 I에 제시된 국가)의 감축 의무화와 함께 공동이행제도[4], 청정개발체제[5], 배출권거래제[6] 등을 통해 의무이행에 유연성을 부여한 감축수단 도입을 주요 내용으로 하는 교토의정서(Kyoto Protocol)를 채택하였다. 이 의정서의 목표 연도는 2008년에서 2012년까지이고, 의무감축 38개국은 2005년 교토의정서 발효에 따라 '90년 대비 온실가스 배출량을 평균 5.2% 감축해야 한다. 포스트 교토체제 이후를 논의하는 제15차 당사국 총회인 덴마크 코펜하겐 기후변화협약(2009. 12) 과정에서는 개도국을 포함한 모든 나라가 온실가스 감축에 동참해야 한다는 인식이 확산되었다.

국제사회는 2007년에 기존 온실가스 감축국은 2020년까지 '90년 대비 25-40%까지 온실가스 배출량을 감축하고 미국 등 기타 선진국과 개발도상국은 협상을 통해 2009년까지 기후환경 협약을 마련한다는 발리 로드맵에 합의하였다. 2007년 발리에서 열린 제13차 기후변화협약 당사국총회에서 그간 미온적이었던 미국은 물론 개발도상국도 온실가스 감축에 동참하기로 방향을 정하고, 범지구적 장기 감축목표를 설정하고 모든 선진국은 측정 · 보고 · 검증 가능한 감축공약을 제시하고 이를 행동으로 옮기도록 하고 있다. 아울러 개도국도 지속 발전을 고려하여 적절한 감축목표와 행동계획을 수립하여 이행할 것을 규정하고

---

4) 공동이행제도(Joint Implementation): 온실가스 감축 의무국인 부속서 I 국가들 사이에서 온실가스 감축 사업을 공동으로 수행하는 것을 인정하는 것으로 한 국가가 다른 국가에 투자하여 감축한 온실가스 감축량의 일부분을 투자국의 감축실적으로 인정하는 체제이다.

5) 청정개발체제(Clean Development Mechanism): 부속서 I의 선진국이 비부속서 국가인 개발도상국에서 온실가스 감축사업을 수행하여 달성한 실적의 일부를 해당 선진국의 감축량으로 허용하는 체제이다. 이를 통해 선진국은 온실가스 감축비용을 절감하고 신기술 및 첨단기술에 대한 세계적 시장을 확보하며 새로운 투자기회의 확대를 얻는 효과를 기대할 수 있다. 개발도상국 입장에서는 무상 경제개발, 선진국의 기술이전, 사회간접자본 확충 등의 편익을 가져올 수 있다.

6) 배출권거래제(Emission Trading): 온실가스 감축 의무국이 의무 감축량을 초과하여 달성하였을 경우 이 초과분을 다른 감축의무국에 판매할 수 있는 제도로서 의무를 달성하지 못한 국가는 부족분을 다른 의무국으로부터 구입할 수 있다. 이는 전체적으로 탄소감축 비용을 줄이는 효과가 있다.

있다. 이를 통해 전지구의 국가들이 온실가스 감축에 동참하는 계기를 마련하게 되었으며, 보다 구체적으로 온실가스 감축의 정략적 목표를 설정하고 이를 실행하기 위한 국가별 행동계획과 이의 이행과정과 결과를 계량적으로 평가하는 기반을 더욱 확고하게 마련하였다.

우리나라는 그간 온실가스 의무감축국 지정이 유력시 되었지만 2009년 코펜하겐 기후변화협약 당사국총회에서 의무국에서 벗어났다. 그러나 2010년까지 온실가스 감축계획을 제출할 의무는 부여받았다. 우리나라의 온실가스 배출규모는 세계 9위이고 OECD 국가 중에서는 6위이다. 전체 배출량은 5.9억 톤으로 전 세계 배출량의 1.7%를 차지하고 있으며 온실가스 배출량은 계속 증가하여 '90년 이후 98.2%까지 늘어난 상태이다. 향후 글로벌 대응에 있어 국가 차원의 강도 높은 온실가스 감축이 불가피한 상황이다. 우리나라는 이미 2005년 대비 2020년 4% 감축목표를 설정하고 이를 이행한다고 선언한 바가 있어 이의 이행결과를 검증 가능하도록 국제사회에 제시해야만 한다.

2. 탄소중립도시의 등장

가. 등장 배경

인간사회가 기후변화에 대응할 수 있는 방법은 기후변화의 영향에 적응(adaptation)하고 온실가스 배출량을 완화(mitigation)하여 기후변화의 속도와 크기를 감소시키는 것이다. 기후적응은 달라진 기후로 인해 변화된 주변의 환경적 · 사회적 조건에 맞추어 인간의 신체 · 심리적 작용과 사회문화적 활동의 방식을 순응시키는 과정이다. 기후변화로 나타난 돌발적인 기상, 예를 들어 홍수, 풍수해, 가뭄, 혹서, 혹한 등에 신체 및 정서적 반응을 동화시켜 나가는 동시에 이를 사전에 대비하고, 불규칙한 계절주기 및 자연생태계의 변화에 맞추어 개인 및 집단의 생산 및 여가활동의 패턴을 변화시켜 나가는 것이 기후적응이다. 적응을 위해선 기후변화에 따른 사회 각 부문별 취약성(vulnerability)의 수준을 객관적으로 평가하여 자연재해 증가, 질병 확산, 자원활용 불평등, 사회적 갈등, 식량공급 불안, 생산차질 등 취약한 요소를 드러내고 이에 대한 대책을 마련하는 것이 필요하다. 이를 위해 물, 농업, 기반시설, 주거지, 보건, 관광, 교통, 에너지 등 부분별로 적응전략을 마련하고 이를 하위 정책으로 연계하는 제도적 구조를 만들어야 한다.

기후완화는 기후온난화를 유발하는 온실가스의 배출량을 줄이기 위해 국가 · 지역 · 사회부문 · 산업 · 주체별로 감축계획을 의무적이든 자율적이든 수립하여 이를 행동으로 실행하는 것이다. 기후완화는 먼저 에너지공급, 운송, 건물, 산업, 농업, 산림, 폐기물 등 부문별로 온실가스 감축에 실질적으로 기여할 수 있는 기술 발굴 · 개발 전략을 수립하고, 이것의 현실적 실행에 필요한 제도 및 정책적 도구의 마련과 부문별 · 지역별 온실가스 감축사업에 관한 이행계획이 있어야 한다. 또한 완화는 이행계획에 맞추어 각 사회부문별 탄소감축을 위한 주체별(국가 · 자치단체 · 기관 · 사업체 등) 행동계획과 프로그램을 마련하여 이를 정기적으로 점검하고 실적을 평가하는 절차가 마련되어야 한다. 물론 개인의 자율적 참여를 촉발하는 다양한 인센티브 제도의 도입이 필요하다. 또한 기후완화 조치는 기후정책을 단순히 독립적으로 추진하는 게 아니라 다양한 경제사회개발, 지역개발 정책과 통합적으로 운영하는 것이 필요하다. 이 외에도 규제 · 표준, 세금 · 요금, 배출권거래, 재정적 인센티브, 자발적 합의, 정보 도구, 연구개발 등을 통해서도 완화의 조치를 실현할 수 있다.

탄소중립도시는 기후변화에 따른 취약성의 증대를 감소시키면서도 직접적인 탄소감축 행동계획을 통해 기후완화 조치를 실행하는, 지속가능한 발전 전략의 지역적 실천 개념이다. IPCC 4차 보고서에 따르면, "좀 더 지속가능한 발전을 한다면 완화 및 적응 능력이 강화될 수 있고, 배출량이 감소되고 취약성이 감소될 수 있다"고 천명하고 있다. 그래서 탄소중립도시는 기후변화에 대응한 지역적 행동계획의 차원에서, 현재 전지구적으로 실천되고 있는 지속가능 발전전략을 온실가스 감축에 초점을 맞추어 변용한 도시계획 분야의 전략이다. 즉 탄소중립도시는 그동안 추진해온 지속가능도시 개념을 기후시대에 맞게끔 진화시켜서, '온실가스 감축'이라는 직접적이고도 정량적인 실천을 강조하는 기후대응적인 도시계획 전략이라 할 수 있다.

IPCC에서 권고하는 기후완화를 위한 기술적, 정책적 조치들을 보면 기존의 지속가능 발전전략에서 채택했던 것들을 그대로 포함하고 있다. 예를 들어, 에너지 효율성 제고, 신재생에너지 도입, 대중교통 전환, 고연비 차량 도입, 효율적 조명, 건물 단열 및 냉난방 효율화, 바이오에너지 도입, 자원 재활용 등이 그러하다. 다만 에너지의 자립, 농업과 산림의 탄소저장(흡수), 배출권 거래, 폐기물매립지 메탄회수 등을 강조하고, 생물다양성 부문이 언급되지 않은 것은 차별화된 점이다.

세계 최초로 탄소제로를 표방한 도시는 면적 113.44km^2에 인구 26만명을 가진 영국의 뉴캐슬시(Newcastle upon Tyne)이다. 2000년부터 준비하여 2003년 10월에 시작된 온난화방지 행동계획은 개인과 기업이 참여 가능하도록 하고, 본 계획이 생활환경개선은 물론 지역경제에도 도움이 되도록 했다. 청정에너지 보급과 조림사업 등을 통해 미래 녹색기술혁신의 중심지라는 평판을 얻도록 했고 이를 통해 투자가 활성화되는 도시가 되도록 계획하였다. 뉴캐슬시의 '탄소중립(Carbon Neutral)' 캠페인은 다음과 같은 행동계획을 통해 실행되고 있다.

① 시민, 기업이 얼마만큼 이산화탄소를 배출하고 있는지 간편하게 계산하는 방법 제공

② 각 주체별 실현가능한 탄소감축 대책을 제시하고 실행을 권장
③ 불가피하게 배출되는 이산화탄소는 상쇄(offset)의 방법으로 이산화탄소 1톤당 16파운드로 환산하여 상쇄
④ 다양한 정보를 가지고 있는 정부기관이나 단체, 민간기업 등 가능한 많은 주체가 참여하는 거버넌스 구조를 만들고 자발적 활동을 유발
④ 이웃 도시와의 탄소상쇄(carbon offset) 공동사업에 대한 지원

2000년대 초반 이후 세계 여러 지역에서는 기후변화에 능동적으로 대처하기 위해 혁신적인 탄소감축을 내세우며 다양한 시책을 시행하게 된다.
① 미국 캘리포니아주는 '온실가스 해소법'이 의회를 통과하여, 2010년까지 온실가스 배출량을 2000년 수준으로 감축하고, 2020년까지 온실가스 배출량을 1990년 수준으로 감축하는 것을 목표로 실천계획을 시행하고 있음
② 스페인 바르셀로나시는 신규 건물의 난방 및 온수에 60% 이상 태양에너지를 활용하는 규정을 조례로 제정
③ 스웨덴의 스톡홀름시는 2050년까지 화석연료 없는 도시를 목표로 1인당 이산화탄소 배출량 제로화를 실행
④ 미국 포틀랜드는 '자치단체국제환경협의회(International Council for Local Environmental Initiatives, ICLEI)'에 의한 기후보호도시(Cities for Climate Protection, CCP) 캠페인의 선도도시로서, 자동차 이산화탄소 배출감소를 위해 인터넷을 통한 카풀정보 제공 등 종합적인 기후변화대응 실천계획을 통해 향후 10년간 약 6만톤의 탄소배출량 저감을 계획
⑤ 오스트레일리아의 밀두라는 인공바람에 의한 전력생산과 대규모 솔라타워 건설을 통해 연 90만톤의 이산화탄소 감축효과를 기대

위에 언급한 사례는 기존 도시를 대상으로 점진적인 탄소감축이 이루어진 반면, 영국 베드제드(BedZED)와 아랍에미리트(UAE) 마스다르(Masdar)는 신개발지에서 혁신적 탄소제로를 실천하고자 했던 탄소중립의 전형적 모델에 해당한다. 베드제드는 2002년 런던 남부 왈링톤 지역에 건설되었는데 신도시로서는 세계최초의 탄소제로도시이다. 신재생에너지 전면 도입과 에너지 효율성 제고, 빗물 재활용, 지역생산 건축자재 활용, 전기차, 공동차량제도 등을 통해 탄소제로 주택단지(100호 규모)를 실현하였다.

베드제드가 마을 규모의 탄소제로 성과를 보여주자 UAE에서는 아부다부시 인근에 인구 5만명 규모의 대규모 신도시를 탄소, 쓰레기, 화석연료, 자동차가 없는 '4무(無)' 도시로 조성하는 초대형 탄소제로 프로젝트를 계획하기에 이른다. 2008년 착공하여 2016년 완공을 목표로 추진되는 마스다르 신도시 개발사업은 건물에너지 효율화, 재생에너지 도입, 폐자원 에너지 회수, 녹색교통 등을 통해 완전한 탄소제로(carbon free)를 실현한다는 계획이다. 이 두 프로젝트를 통해 도시개발 과정에 실제 적용 가능한 탄소감축 계획요소, 탄소감축 기술, 감축량 목표달성 방법 등을 보다 분명하게 이해하게 되었고, 또한 탄소중립도시의 개념을 정립되는 계기가 되었다.

베드제드와 마스다르 사례가 탄소중립도시 개념의 확산에 크게 기여한 점은 세부 계획요소별로 탄소배출량을 과학적으로 산정할 수 있고, 초기 도시계획 과정에서부터 탄소감축 목표량을 설정하여 이를 계획과정에서 달성하는 방법을 보여주었다는데 있다. 기존의 정성적인 지속가능 도시계획과는 달리 계획대상에 따라 탄소배출량과 감축량을 정량화할 수 있는 가능성을 확인시켜 준 것이다. 온실가스 감축 의무시대가 도래하기 이전에 미래의 기후행동형 도시계획기법을 미리 보여주었다는 점에서 큰 의미를 가진다.

나. 필요성과 지향점

유럽을 중심으로 진행된 온실가스 감축은 1990년 배출량을 기준으로 더 이상 증가량을 늘리지 않겠다는 강한 정책의지에서 시작된 것이다. 이를 위해선 국가차원은 물론이고 지방자치단체, 기업, 기관 등 모든 주체가 강제적이든 자율적이든 탄소감축계획을 수립하여 거기에 감축목표와 일정, 세부 행동계획, 관련 행정조치 및 재원확보방안 등을 포함시켜야 한다. 이를 위해선 각 주체는 구성원의 참여를 유인할 다양한 프로그램을 운영해야 하고 동시에 프로그램 활성화를 위한 재정적 인센티브 조치도 마련해야 한다. 사회 각 부문은 물론이고 산업분야별로 탄소감축 목표치를 설정하여 이행계획을 마련해야 하는데, 여기엔 주거지, 여가, 도시개발 등 정주환경 분야의 행동계획 수립과 프로그램 운영도 필수적이다.

도시는 거대한 탄소배출원의 집합지이다. 근대 이후 산업도시는 외부에서 공급되는 막대한 에너지를 소비하고 사용 불가능한 에너지에 해당하는 폐기물을 외부로 방출하는 고농도 탄소배출의 원인자 집합소이다. 일반적으로 도시 전체의 탄소배출량을 보면 산업분야가 가장 많은 양을 차지하고 수송, 가정 · 상업, 공공 · 기타부문이 각기 그 다음을 차지한다. 어느 도시가 대규모 산업단지를 내부에 포함하고 있든 아니든 상관없이 중소규모의 산업시설이 입지하여 거대한 산업활동량이 이루어지고 있다. 거기에다 교통로는 거미줄처럼 전역을 덮고 있고, 주거지역과 상업서비스 지역은 날로 확대되어 간다. 비록 인구가 정체되거나 감소하는 지역일지라도 인간의 가용토지는 갈수록 늘어나는 추세이다. 일상적인 이동거리가 늘어나고 인위적으로 관리해야 할 토지의 양이 증가한다는 것은 바로 이것에 소요되는 에너지량이 증가한다는 것을 말하고, 이는 바로 탄소배출의 증가를 뜻한다.

특히 도시개발은 막대한 규모의 탄소배출 증가를 유발한다. 새로운 도시건설은 신규 공업단지에다 도로건설이 추가되고 넓은 탄소흡수원이던 농산지가 주거지역과 상업 · 업무지역으로 변화되어 단기간에 고농도의 탄소배출을 유발하게 된다. 신규 도시개발은 사업이 완료되어 도시민이 입주한 이후의 운영단계에서 발생하는 탄소량도 상당하지만 건설과정에서 발생하는 탄소량도 막대하다. 정부나 지방자치단체가 일반 시민과 함께 애써 노력해서 줄여 놓은 탄소배출량을 일거에 감쇄시켜버리는 가장 반기후적인 개발사업이다. 따라서 기존 도시에 대한 탄소감축도 중요하지만 이보다 더 역점을 둬야 할 부분이 바로 신규 도시개발에 대해 탄소배출량 증가를 최대한 억제하거나 전면 제로화시키는 작업이다. 탄소중립화를 지향하는 도시개발 방식의 도입은 기후시대에 있어서 최우선 과제이다.

탄소중립을 위해서는 도시계획 및 건설과정에서 에너지 · 환경 등 새로운 녹색기술의 도입이 이루어질 수 밖에 없고 이는 새로운 녹색산업을 개척시키는 것은 물론이고 기존 건설시장을 확장시키는 역할을 한다. 신재생에너지나 에너지 효율화 분야의 산업기술이 새로운 녹색시장을 선도하고 기존에 꾸준히 성장해온 폐기물자원화, 생태녹화, 환경처리 분야의 산업부분도 성장할 수 밖에 없다. 이들 신기술이 도시개발 현장에 적용되기 위해서는 건설엔지니어링과 건축 · 도시 · 토목 등 설계분야에서의 전문인력 확충 및 시스템 개발이 뒷받침되어야 한다. 전세계적으로 탄소중립도시 개념이 널리 확산될수록 엔지니어링 · 설계에 필요한 연구개발(R&D)에 대한 투자확대는 당연히 이루어질 수 밖에 없다.

기업의 입장에서는 새로운 사업아이템을 구상할 수 있는 절호의 기회이고 사회적으로는 창업 등 다양한 비즈니스 모델이 개발되면서 새로운 일자리가 창출되는 효과를 얻는다. 도시개발은 복합적인 시스템을 구축하는 과정이면서도 기술투입의 가시적 성과를 일시에 보여줄 수 있고, 다양한 신기술을 적용할 수 있는 실험장(test bed)의 역할도 가능하다. 따라서 탄소중립도시 개발사업은 에너지 및 녹색기업에게는 신기술의 효과와 비지니스모델을 전세계에 전시하는 시범사업장이 될 수 있다.

도시의 존속기간을 고려할 때 탄소제로 도시개발은 장기적 · 거시적으로 상당한 편익을 제공한다. 250만m^2(인구 약 2만 500명)의 신도시에서 탄소를 약 70% 저감할 경우, 원유수입 감소, 탄소배출권 수익 등으로 연간 3,420억 원의 경제효과를 얻을 수 있다. 우리나라의 경우 에너지 다소비 국가이면서도 에너지 대외의존도가 100%에 육박하는 현실을 감안할 때 탄소제로 도시건설이 더욱 절실한 상황이다.

탄소중립도시는 도시의 경쟁력을 확보하는 원천이 될 것이다. 기후시대를 맞아 저탄소도시는 이제 도시계획의 중심 조류로 자리하게 되었고, 이에 뒤쳐진 도시는 낙후된 도시로 평가받는다. 도시의 경쟁력을 경제적 · 사회적 측면과 거주만족의 측면에서 살펴볼 때, 탄소중립도시는 녹색경제를 선도하면서 관련기업의 입지와 기술개발 촉진을 통해 투자가 활발한 도시이고, 사회적으로는 주민의 녹색공동체가 활성화된 도시라고 할 수 있다. 탄소중립도시는 시민의 자발적 참여와 커뮤니티 형성이 전제되지 않으면 탄소감축 프로그램 운영이 사실상 불가능한 상황이다. 주민 행동계획을 통해 구축된 주민 · 행정간의 협력체제는 도시의 활력을 불어 넣는 주요한 원천이자 살기좋은 도시를 만드는 매력자원으로 기능한다.

탄소감축은 단순히 에너지 분야의 노력만으로는 달성되지 않는다. 오염예방 분야에서의 폐기자원 순환, 자연환경 분야의 탄수흡수림 확충 등도 탄소감축의 중요 기반이 된다. 생태계, 오염예방, 자원순환, 에너지 등 여러 분야가 어우러져 탄소중립도시가 완성되고 이는 총체적으로 거주민의 삶의 질과 만족도를 높이는데 크게 기여한다. 주민의 높은 만족도는 도시경쟁력의 원천이다.

표 1-1. 탄소중립도시 확산의 필요성

기후변화 대응	선진국의 경우 기후변화협약에 따라 온실가스를 의무적으로 감축해야 하며, 한국도 제시된 감축계획대로 행동을 실행해야 함 * '탄소배출권거래제' 시행으로 탄소배출권이 경제적 가치 획득
녹색산업 주도권 강화	탄소제로도시를 통해 환경 · 에너지 관련 기술 및 시장 주도권 장악 * 도시개발은 복합 시스템 사업으로 다양한 산업에 파급효과가 큼
도시경쟁력 제고	녹색경제(Green Economy) 시대를 맞아 저탄소 · 저에너지가 도시경쟁력의 핵심 요인으로 부상 * 청정하고 건강한 도시환경을 구현하여 거주민의 만족도 제고

(표 계속)

친환경 이미지 제고	산업도시의 오염 이미지를 탈피하는 계기. 친환경 이미지를 제고하기 위해 탄소제로도시를 계획하고 대외적으로 홍보 (예: 중국)

탄소중립도시는 바로 친환경도시라는 긍정적인 이미지를 만든다. 특히 산업도시는 오염도시, 반환경도시라는 부정적인 이미지가 강해서 도시의 경쟁력을 떨어뜨리는 중요 원인이다. 탄소중립을 내세운 기후시대 선도 캠페인은 최근 기업에서의 녹색경영 전략과 유사하게 도시의 이미지를 개선하여 도시 자체의 브랜드 파워를 높이는 효과가 있다. 이로 인해 일반 도시방문객이 증가하고, 특히 탄소중립도시 사례를 탐구하기 위해 방문하는 전문가나 공무원이 늘어나면서 지역을 대외적으로 홍보하는 데 큰 기여를 하게 된다. 이는 연관된 기업의 유치나 관련 상품의 판촉에 아주 유리하게 작용한다. 긍정적 도시이미지는 주민은 물론 기업종사자의 만족도를 높이는 데 기여함으로써 도시경쟁력을 높이는 역할을 하게 된다.

20세기 끝에 등장하여 현재까지 진화를 거듭하고 있는 탄소중립도시가 현실 사회에서 지향하는 바를, 행동주체별 입장에서 살펴 보면 다음과 같이 정리된다.

· 중앙정부: 지역단위 온실가스감축 행동계획의 일환이자 국내외 홍보수단
· 정책입안자: 기후시대 도시계획 · 개발 정책의 현장모형으로 기능
· 개발사업자: 개발사업의 대외적인 차별화 및 부동산판촉 전략
· 지방정부: 녹색산업 진흥과 도시이미지 제고를 통한 도시경쟁력 확보
· 기업체: 신수종 사업 발굴과 개발된 녹색 신기술의 실험장으로 활용
· 시민: 주거환경의 질을 개선하고 생활만족도를 높이는 기회

다. 탄소중립도시의 역사적 근원

최근 탄소중립도시의 계획사례를 내용면에서 살펴보면, 에너지자립과 자원순환을 필두로 해서 대중 · 녹색교통, 녹지 탄소흡수, 시민행동, 녹색기술 · 산업, 협치(governance)행정에 이르기까지 실로 다양한 분야를 다루고 있다. 이들은 1980년대 이후부터 지금까지 논의되고 있는 녹색도시 · 생태도시 · 지속가능도시의 내용과 대부분 일치한다. 에너지와 탄

소배출량 부문이 비중 있게 다뤄지는 반면에 생물다양성과 사회적 지속성이 다소 소홀히 취급하는 것을 빼고는 과거 녹색도시나 지속가능도시 계획내용과 별다른 차이점이 발견되지 않는다. 이는 탄소중립도시가 그 이전부터 논의된 녹색도시 등과 역사적으로 동일한 연장선에 있음을 말해주는 것이다.

그런 면에서 탄소중립도시의 역사적 맥락은 1902년 하워드(Ebenezer Howard)의 '전원도시'에서부터 시작한다. 이와 역사적 뿌리를 같이하는 것으로는 어메니티도시, 생태도시, 고밀집적도시, 환경공생도시, 친환경도시, 자립도시 등이 있다[7].

1) 전원도시(garden city)

1902년 Howard에 의해 최초로 제안된 영국의 전원도시는 기존 도시의 오염된 환경과 하층민의 경제사회적 문제를 해결하기 위해 도시와 농촌의 장점을 살린 저밀도 위성도시로서 오늘날의 도농통합도시에 해당한다. 도시내부는 물론 모도시와 철도로 연결하여 교통중심에 산업기능을 배치하고, 주변에 주거지를 배치하되 주변을 농경지와 접하도록 하여 도시민에게 농업생산에 종사하는 기회를 제공토록 하였다. 자족적 경제기반을 갖추면서도 자연적인 전원경관에 조화된 주거지를 조성함으로써 목가적 신도시 모델을 제시하고 있다. 산업화 초기였던 그 당시는 물론 오늘날에도 도시가 안고 있는 주택부족, 환경오염, 녹지부족, 취약한 자족기반, 아동정서교육, 지역공동체 와해, 농촌과의 고립 등의 문제를 해결할 수 있는 우수한 대안으로 꼽힌다.

2) 녹색도시(green city)

풍부한 녹지의 조성을 강조하는 녹색도시는 생활공간 깊숙이 자연이 스며들어 무엇보다 아름다운 경관이 형성된 도시이다. 도시 전역에 공원녹지, 하천, 주택정원, 공공시설 등 오픈스페이스에서 자연경관을 잘 조성한 도시라 할 수 있다. 이는 식재, 생태복원 등을 통해 빈터나 인공포장된 땅을 최대한 녹화하여 시각적으로 푸른 도시로 가꾸려는 전략이다. 그러나 도시계획 전반이나 대기·수질 등 환경의 질과 관련된 방안에 대해서는 큰 강조를 하지 않고 주로 건축이나 조경설계차원에서 논의를 진행시키는 한계가 있다.

---

7) 박상헌 등(2009), 저탄소 녹색마을 조성방안, 강원발전연구원

다른 한편 녹색도시란 도시의 지속가능한 발전을 위해 도시공간과 운영체계를 생태론적 관점에 따라 재편한다는 의미로 정의되기도 한다[8]. 최근 들어 우리나라에서는 녹색도시가 저탄소도시와 동의어로 사용되는데(제도권에서 '저탄소 녹색도시'로 일반화됨), 지구온난화를 유발하는 이산화탄소를 줄이거나 흡수하는 도시구조로 재편하기 위해 자연생태계가 지니고 있는 다양성, 자립성, 순환성의 원칙에 가깝도록 도시공간과 사회조직을 계획하고 운영하는 도시라 할 수 있다.

녹색도시는 청정한 환경, 풍부한 녹지, 건강한 자연환경, 아름다운 도시경관 등을 구비한 도시로서, 1960년대 자연보호 개념이 행정기관에 들어온 이후부터 널리 사용된 보통명사구에 해당한다. 초기의 소극적인 자연보호 개념을 수용하면서도 청정환경, 생태보전과 같은 자연친화적 의미를 내포하기에 미래 지향적인 도시발전 이미지를 나타내는데 주로 사용된다. 최근 저탄소도시와 유사하게 사용되고 있지만 엄격하게 구분하자면, 에너지자립이나 자원순환 등 적극적인 탄소감축 활동을 포함하고 있지는 않다.

3) 자족도시(self-reliant city)

경제적 자족과 도시활동의 자립성을 강조하는 도시조성 전략이다. 인구규모에 맞게 고용기회를 제공하는 산업기반 및 상업업무기능이 도시내부에 갖추어져 있고, 사회 · 복지 · 문화 등 각종 주민편의시설이 생활권내에 구비되는 동시에 도로, 상하수도, 공원녹지, 환경처리 등 기반시설도 적정 확보됨으로써 외부에 의존하지 않고 생활이 가능한 자기완결적인 도시이다. 도시의 자족성은 베드타운으로 전락한 주택형 위성도시가 모도시에 경제 · 사회 · 문화기능을 의존함으로써 발생한 출퇴근 교통문제, 도시서비스 부족 문제를 해결하기 위해 신도시 조성시 강조되는 계획개념이다.

환경적 측면에서 자족도시는 생태도시 개념에서 연유한 자립성 측면을 강조한다. 도시라는 것도 물질과 에너지의 투입과 산출이 이루어지는 거대한 하나의 생태계로 이해하고 물질순환의 내부 완결성과 에너지흐름의 균형이 달성된 도시를 이상적 모델로 설정한다. 이는 외부로부터의 자원유입 및 유출을 현저히 줄이고 효율적이며 자립적인 에너지 체계를 조성하는 것을 그 목표로 하고 있다. 그러나 인간의 자유롭고 개방된 활동을 전제로 하는

---

8) 이상헌(2009), 그린캠퍼스 추진현황과 발전방안, 저탄소 친환경모범대학비전선언식 심포지엄

현대도시가 중세도시나 농경사회에서 특징적으로 나타난 닫힌 체계의 자립성에 의존하게 된다면, 무엇보다 열린 체계를 지향하는 경제활동, 여가문화, 소통구조를 전혀 수용하지 못한다는 한계점에 봉착한다. 그래서 경제적으로는 자립보다는 자족, 생태적으로는 개방적 균형을 수용할 수 밖에 없다.

4) 에코시티(eco-city)

에코시티는 1970년대 초반부터 형성되어 80년대 이후 확산된 유럽 생태주의(ecology) 운동과 유럽 정치의 한 축으로 자리잡은 녹색당의 정책이 지향하는, 사회구조 및 생활세계의 혁신적 개조전략이라고 볼 수 있다. 환경문제를 유발하는 사회구조를 변화시킴은 물론 사회와 자연이 관계하는 방식도 전면적으로 전환시키되 사회시스템의 작동을 근원적으로 생태학적 원리에 적합하게끔 전환하는 것을 목표로 하는 급진적 실천이념이다. 그러나 이런 생태사회 개념이 1990년대 이후 현실의 공간환경을 개선하는 정책에 적용되면서부터는 환경부하 경감, 생태보전 · 복원, 에너지 자립, 자원의 순환, 생태공동체 형성, 녹색문화와 소통 등과 같은 다소 기술적 과제로 환원되는 경향을 보여주었다. 원론적으로 에코시티는 도시에서의 물질생산과 소비가 내부 완결적인 순환구조를 형성하고 에너지흐름이 투입과 산출에서 균형을 이루되, 에너지소비와 공급에서 자립을 달성하며, 생물의 다양성 성취와 도시농업 도입 등을 목표로 하는 도시적 생태공동체이다.

그러나 우리나라 환경부(2007) '환경규제지역의 에코시티모델 기본안내서'에 나온 에코시티의 정의를 보면 "도시를 하나의 유기적 복합체로 보아 다양한 도시활동과 공간구조가 생태계의 속성인 다양성, 자립성, 순환성, 안정성 등을 포함하는, 인간과 자연이 공존할 수 있는 환경친화적인 도시"라고 규정하고 있다. 기존의 환경친화도시는 자연생태계의 보전, 환경오염 예방, 폐기물 순환 등에 초점을 맞추는 범세계적으로 가장 보편화된 정책논리로서 에너지자립, 생태공동체, 녹색문화 등은 비교적 소홀히 취급하는 경향을 가지고 있다.

에코시티는 물리적 환경뿐만 아니라 행정지침, 지역주민 참여, 공동체 활성화, 녹색생활과 문화 등 사회적 요소도 중요한 계획항목으로 고려한다는 점에서 1990년대 초에는 에코폴리스(eco-polis)라고 불리기도 하였다.

최근 2000년대 후반 이후의 에코시티는 지역적 · 물리적 환경의 범위를 뛰어 넘어 지구적 · 경제사회적 환경을 수용하는 포괄적 개념으로 발전하고 있는데, 여기에는 온난화 문제에 대응한 온실가스 감축이 주요한 원인으로 자리 잡고 있다. 에너지자립, 녹색공동체, 녹색경제, 녹색일자리 등을 포함하게 되면서 녹색도시의 개념과 거의 동일하면서도 탄소중립도시 개념과도 유사해지고 있다. 환경부(2009)의 에코타운 사업지침에 의하면 "에코타운(에코시티)은 지구기후변화에 능동적으로 대처하기 위해 생태적 건전성, 자원순환, 에너지자립, 자연입지적 토지이용 등 저탄소 환경기반이 구현된 정주지로서, 주민이 주체가 되어 자연문화자원 및 녹색기술을 창조적으로 활용하여 공동체를 활성화하고 경제기회를 창출하는 도시"라고 정의하고 있다. 이는 최근(2008-2012) 한국의 국정이념인 '저탄소 녹색성장'의 정책 목표를 크게 수용한 결과라고 보아야 할 것이다.

5) 에메니티도시(amenity city)

어메니티도시는 1910년대 영국의 도시어메니티법(civic amenity act)에서 유래한다. 산업혁명기 이후 환경오염이 심각하고 보건위생과 주거환경이 열악한 도시환경을 청결하고 건강하게 개선하기 위해 편리하고 쾌적한 기반시설과 도시서비스를 공급시키기 위해 어메니티 개념이 도입되었다. 어메니티도시는 인간이 생명체로서 생존을 영위해 나가는데 없어서는 안 될 환경적 쾌적함과 함께 역사, 문화, 안전, 심미성, 편리성을 종합적으로 갖추어 인간의 개성과 문화적 정체성을 실현할 수 있는 환경이 구비된 도시를 의미한다. 일반적으로 도시어메니티는 건강성과 심미성을 강조하여 청정한 환경, 편리한 시설, 보건위생, 매력적인 문화자원, 아름다운 경관 등이 계획대상이 되는데, 1990년대 지구환경문제가 대두된 이후에는 생태적 건강성을 중요한 계획요소로 포함하고 있다.

일본에서는 1980년대 어메니티도시가 바람직한 도시환경의 모델로 제시되었는데, 환경개선사업에서의 실행주체의 자발적 참여에 초첨을 두어 자치단체가 도시환경 개선사업을 수행하는 과정에서 시민참여의 과정을 중시한다. 이는 1960년대 이전부터 시작된 마을만들기(무라쯔꾸리)의 전통을 이어받은 것으로 공동체적 합의와 선진화된 시민의식에 기초한 점진적 환경개선 전략이라 하겠다.

6) 환경공생도시

이는 1991년 일본 건설성에서 서구의 생태도시 계획이론을 수용하여 자국의 친환경 도시정책의 일환으로 제시된 개념이다. 생태계에서 서로 다른 구성인자들이 상호 이익을 주고받으면서 함께 존속한다는 공생의 개념을 수용하여, 지구 및 지역환경의 보전에 있어 인간과 자연이 상호 이익을 도모하는 구조를 창출하기 위한 도시개념이다. 환경부하의 경감, 폐자원의 리사이클링, 에너지 절약과 자연에너지 활용에 의한 저영향(low impact), 주변의 자연 및 지역환경을 배려하는 고감도 친화성(high contact), 거주환경의 건강과 쾌적성(health & amenity)을 강조하고 있다.

현재와 같은 고도의 도시기능을 유지하면서도 환경 · 에너지 · 자원 등의 문제에 대한 종합적인 대책의 일환으로 수립된 정책이었는데, 무엇보다 환경영향의 저감과 생태계의 건강을 강조하는 도시계획 전략이다. 환경을 배려한 도시시스템과 시민과 기업의 의식 및 행동, 그리고 환경보전형 법률과 행정제도 등과 같은 사회시스템의 발전도 강조하고 있다.

7) 지속가능도시(sustainable city)

지속가능한 도시는 1986년 UN 브룬트란트위원회 보고서 'Our Common Future'에서부터 점차 알려지기 시작하여 1992년 리우 환경정상회의에서 전세계에 선언된 사회발전 이념인 지속가능성 개념을 계획적으로 적용한 도시를 말한다. 지속가능성이란 미래세대가 그들 스스로의 필요를 충족시킬 수 있는 능력을 저해하지 않으면서 현세대의 필요를 충족시키는 개발 또는 생태계의 환경용량 내에서 인간 생활의 질을 향상시키는 개발을 의미한다. 지속가능성은 재화와 서비스 그리고 고용에 대한 수요가 환경악화나 자원고갈을 야기하지 않는 범위 내에서 충족되도록 경제활동이 이루어지고, 이 과정에서 환경보존을 넘어서 세대 간 형평을 실현하는 것을 목표로 한다.

지속가능도시는 일반적으로 환경적 · 경제적 · 사회문화적 지속성 이 세 가지를 두루 성취하는 것을 목표로 한다. 이런 점에서 생태도시는 주로 환경적 지속성에 초점을 맞추고 있다고 보면 된다. 지속가능도시는 지방정부 도시환경 분야만의 계획 수립이나 사업추진으로 이루어지는 게 아니다. 중앙-지방정부의 위계별로 민관협력형 행정시스템으로서 지속가능성에 관한 의제개발을 다루는 의사결정 협의기구가 설립되어 운영되고, 모든 행정단위에서는 전체 정책부문의 공조와 통합적 추진을 통해 지속가능성의 목표를 달성해 간다. 이것의 이행과정과 성과를 체계적으로 점검하기 위한 지속가능성 평가시스템(평가지표 설정과 지표별 달성도 점검)이 지속가능도시의 주요 추진수단이다.

3. 탄소중립도시의 개념

가. 탄소제로도시(Carbon Zero City)

기후관련 논의에서 '탄소'라고 할 때는 이산화탄소(CO_2)를 말하며, 이는 지구-생물학적인 자연과정에서 발생하는 것이 아닌 인위적 화석연료 사용에서 배출되는 이산화탄소를 지칭하는 것이다. 일반적으로 기후논의에서 '탄소'는 이산화탄소뿐만 아니라 이로 대표되는 온실가스 전반을 나타내는 용어로 이해되기도 한다. 그래서 '탄소감축'은 비단 '이산화탄소 감축'만이 아니라 넓게는 '온실가스 감축'의 의미를 내포하는 것이다.

탄소제로(zero carbon)란 화석연료를 사용하지 않거나, 또는 이산화탄소를 배출하지 않는 신재생에너지를 사용함으로써 탄소가 배출되지 않는 것을 의미한다. 따라서 탄소제로를 지향하는 건축물, 단지 및 도시는 기존의 전기 및 가스 공급 망에 연결되어 있지 않아야 한다. 그러나 냉 · 난방, 온수, 전등 등은 이러한 요건에 부합하는 반면, 냉장고나 에어컨디셔너 등은 그렇지 못한 경우가 대부분이라 순수한 의미에서의 탄소제로는 아니다. 그래서 완전한 탄소제로를 구현한다는 것은 쉽지 않은 일이다.

탄소제로도시란 석유나 석탄을 쓰지 않아 탄소를 배출하지 않는 '무탄소 도시'로서 도시 전체가 배출하는 이산화탄소량이 전혀 없는 도시이다. 만약 어느 도시가 인간활동으로 인해 탄소를 배출한다면 탄소제로도시에 해당하지 않게 된다. 배출하는 이산화탄소량의 제로를 달성하기 위해 탄소배출량을 철저히 제로화시켜야만 탄소제로도시가 되는 것이다.

탄소제로를 지향하는 개발이나 건축물은 대부분이 제로에 가까운 탄소를 발생시키는 것을 의미한다. 탄소제로도시는 탄소제로 건축물, 탄소제로 교통수단, 탄소제로 산업시설 등이 구현되어야만 달성이 가능한 미래지향적인 도시개념이다.

나. 제로에너지(Zero Energy)

탄소제로나 탄소중립이 다양한 인간활동에서 발생한 이산화탄소의 배출량 억제에 초점이 맞추어 진 것이라면, 제로에너지는 에너지자립에 초점을 두고 있다. 기존에 사용되는 화석에너지의 사용을 절감하거나(passive), 신재생에너지를 적극 도입하여 생산함으로써(active) 도시의 에너지자립도를 높이는 방식이다. 대부분의 제로에너지 도시는 패시브와 액티브 전략 모두를 활용하고 있다.

여기서 제로 에너지(zero energy 또는 zero net energy)란 외부로부터 화석연료로 만들어진 에너지가 유입되는 것이 아니라 건물, 단지, 도시 내에서 자체적으로 필요한 에너지를 화석연료가 아닌 다른 방식(청정에너지)으로 만들어 쓰는 것을 의미한다. 현재 정확이 '이것이 제로 에너지다'라고 정의가 내려진 바는 없지만, 주로 에너지 자립형 주택, 제로에너지하우스, 제로에너지 솔라하우스, 로우에너지빌딩, 제로에너지 타운 등을 통해서 구체화되고 있다. 즉, 이들은 외부로부터 전원 등 에너지 공급이 없이 건물, 단지 또는 도시 내에서 자체적으로 전력을 공급하는 시스템으로 신재생에너지 활용 기술과 건물 에너지절약 기술 그리고 친환경기술을 조합한 복합기술 개발 형태로 발전하고 있다.

다. 탄소중립도시(Carbon Neutral City)

탄소중립(carbon-neutral)은 인간활동에 의한 온실가스의 발생을 원천적으로 회피하거나(avoid) 보다 적은 양을 배출시키고(reduce) 불가피하게 발생하는 경우에는 이를 다른 활동을 통해 상쇄하거나(offset) 또는 식물 · 토양 · 해양을 활용해 흡수(absorb)함으로써 대기 중 온실가스의 농도를 감소시키려는 기후안정화 활동이다. 이런 활동에는 에너지자립, 자원순환, 운송수단의 에너지효율화, 녹지에 의한 탄소흡수원 확충 등이 있다.

탄소중립은 탄소제로보다 어느 정도의 이산화탄소 배출 측면에서 좀 더 융통성을 지니는 현실적인 접근법이다. 여기서 탄소중립이란 녹색교통에 의한 탄소회피, 기존 에너지의 효율적 이용을 통한 탄소저감, 신재생에너지 발전단지 등에 의한 탄소상쇄, 산림녹화에 의한 탄소흡수를 통해 기준 시점의 대기 중 이산화탄소 농도보다 더 높게 추가적으로 탄소를 배출하지 않는 것을 말한다.

여기에 비해 탄소제로(탄소배출제로, carbon net-zero 혹은 carbon emission-free)는 일정 시기 이후부터 신규로 발생되는 탄소의 양이 전혀 없는 탄소 무배출의 상태를 말한다. 탄소중립이 일정 농도 이상으로 탄소를 발생하지 않거나 과거보다 탄소배출량을 감축시켜 총배출량을 제한하는데 목표가 있다면, 탄소제로는 발생 자체에 초점을 맞추어 신규 발생이 전혀 없는 순배출량을 제로로 만드는 것을 목표로 한다. 탄소중립은 일정 수준의 순배출량이 존재하더라도 탄소흡수(녹지흡수 등)나 탄소상쇄(신재생에너지 도입, 폐자원 에너지화 시설 도입 등), 배출권거래 · 청정개발체제 등을 통해 총배출량을 유지하는 유연한 전략을 선택하는데 비해, 탄소제로는 배출량 자체를 없앰으로써 순배출량을 제로로 만드는 다소 경직된 방식이다.

탄소중립은 탄소발생의 정도에 따라 완전한 탄소중립에 가까운 탄소제로와 탄소감축을 점차 확대해 가는 저탄소(low carbon)로 구분할 수 있다. 저탄소란 화석연료에 대한 의존도를 낮추고 신재생에너지 사용 및 보급을 확대하며, 녹색기술 연구 · 개발, 탄소흡수원 확충 등을 통하여 이산화탄소를 적정수준 이하로 낮추는 것으로 정의 할 수 있다. 여기서 적정 수준이란 세 가지 측면에서 살펴볼 수 있다. 자연과학적 측면에서는 순수한 대기 중 적정 이산화탄소 농도(0.034%)를, 경제학적 측면에서는 탄소이용에 따른 편익과 비용이 일치하는 수준을, 그리고 정책적 측면에서는 어떤 행위로 인해 관행적으로 배출되는 탄소보다 적은 양을 의미한다.

탄소중립을 달성하는 방법은 두 가지가 있는데, 그 첫 번째가 기존 전력망을 통해 에너지를 공급받는다면, 동일한 양 만큼의 청정에너지를 생산하여 수출해야 하는 것이고, 두 번째 방법은 전체 에너지 사용량을 줄임으로써 기존에 배출된 이산화탄소를 감축하는 것이다.

탄소중립은 이산화탄소 배출량만큼 청정에너지를 자체 생산해 탄소를 배출하는 효과를 상쇄시킴으로써 탄소제로와 같은 의미로 쓰이지만, 때로는 탄소마이너스가 되기도 한다. 배출되는 탄소의 양만큼 나무를 심어 흡수하거나 재생에너지 개발 등에 투자함으로써 궁극적으로 도시차원에서 배출되는 이산화탄소량과 흡수원을 통해 저장되는 이산화탄소량의 균형을 맞추어 발생량을 '0'으로 만드는 것이 탄소제로도시의 목표이다. 이에 비해 탄소마이너스도시는 도시활동으로 추가로 늘어난 탄소배출 증가량(순배출량)보다 더 많은 탄소흡수 및 탄소상쇄를 추진하여 전체 탄소 순배출량을 마이너스(-)화 하여 총배출량 자체를 줄이는 것이다[9].

라. 탄소중립도시와 유사개념 정리

탄소중립도시와 유사개념으로 지속가능도시, 생태도시가 있다. 지속가능도시는 UN리우환경회의에서 제시된 개념으로 환경적 지속성, 경제적 지속성, 사회문화적 지속성을 추구하는 포괄적 개념이다. 이에 반해 탄소중립도시는 기후변화협약으로 시작된 개념으로 탄소배출량을 감축하는 것이 궁극 목표이다. 생태도시는 생물다양성 증진에서 출발하여 에너지 자립이나 기후생태로 넘어가는 중간단계로서 도시를 하나의 유기체로 인식하려는 것이다. 생태도시는 하나뿐인 지구환경 보전을 위해 자연과의 공생, 물질순환 등을 고려하여 만들어진 도시로서, 지역 전체가 하나의 생명체라고 생각하고 지역의 장점을 발굴하여 보전 · 이용하면서 주민들이 주체가 되어 지역의 활성화를 도모하는 도시라고 정의 할 수 있다. 최근의 에코시티는 생물다양성에서 더 나아가 에너지자립을 강조하는 탄소중립도시로 진화하고 있다.

표 1-2. 탄소중립도시 유사개념 정리

구분	생태도시	지속가능도시	탄소중립도시
근거	생물다양성 협약	UN리우환경회의	기후변화협약
대두시기	1980년대	1990년대	2000년대
목표	생물다양성 증진	지속가능성 제고	탄소배출량 감축
구성	생태적 자립성 생태적 순환성 생태적 다양성	환경적 지속성 경제적 지속성 사회문화적 지속성	에너지 자립 자원순환 기후안정
계획방법	생태환경계획 (생태망 구축)	지속가능계획 (지속성 평가지표)	저탄소 환경계획 (탄소시뮬레이션)

9) 해외의 경우 2008년 10월 기준으로 뉴질랜드, 아이슬랜드, 노르웨이, 코스타리카 4개국이 국가탄소중립에 도전중이다.

(표 계속)

주요내용	생태보존 · 복원 비오톱 조성 생태네트워크 구축 생태녹화 우수 등 자원재활용 오염예방 등 청정환경 에너지절감	생태도시 항목 + 대중/녹색교통, 지역경제 활성화 (일자리 창출) 공동체 활력증진 지역문화 활성화	생태도시 + 지속가능도시 + 신재생에너지 도입 에너지절감교통 기후관리계획 저탄소기술 도입 저탄소 산업공정
실천제도	공원녹지율 생태면적률 친환경건축인증제	지속가능성 평가 지속가능발전위원회 지속가능도시 대상	탄소포인트제 에너지효율 등급제 배출권거래/CDM
강조사항	생물서식기반 조성	그린거버넌스 지속가능성 평가	탄소감축량 달성 에너지자립

마. 한국에서의 탄소중립도시

우리나라의 탄소중립은 저탄소 녹색도시로 현실화되는데, 저탄소 녹색도시는 기존 생태도시, 지속가능도시 개념을 저탄소라는 관점에서 실천내용을 재편하되, 에너지자립과 미기후관리를 특별히 강조하고 있다. 계획내용으로 저탄소기술, 산업녹색화, 녹색일자리, 탄소량추정 등으로 차별화를 시도한다. 2012년 현재 한국에서의 탄소중립도시는 저탄소 녹색도시를 지칭하는 것으로 보아도 무방하다. 우리나라 환경부[10]에서 정의한 저탄소 녹색도시는 "도시 인프라, 생활양식를 저탄소형으로 개편하여 환경오염과 온실가스를 최소화하면서도 신성장동력과 일자리를 창출하는 녹색성장을 견인하는 도시"이다. 녹색성장은 한국정부가 전세계 기후변화에 선도적으로 대처하면서 새로운 경제성장 동력을 발굴하고 삶의 질을 개선하기 위해 2008년 국정이념으로 채택한 것이다. 국토해양부(2009) '저탄소 녹색도시 조성을 위한 도시계획 수립지침'에 의하면 "저탄소란 화석연료에 대한 의존도를 낮추고 청정에너지의 사용 및 보급을 확대하며 녹색기술의 적용 및 탄소흡수원

---

10) 환경부(2009), 대통령 보고자료

확충 등을 통하여 온실가스를 적정수준 이하로 줄이는 것"을 말한다. 아울러 "녹색성장이란 에너지 · 자원을 절약하고 효율적으로 사용하여 기후변화 문제와 환경훼손을 줄이면서 청정에너지와 녹색기술의 연구개발을 통하여 신성장 동력을 확보하고 새로운 일자리를 창출해 나가는 경제와 환경의 조화로운 성장방식"이라고 정의하고 있다. 또한 "녹색도시란 압축형 도시공간구조, 복합토지이용, 대중교통 중심의 교통체계, 신재생에너지 활용 및 물 · 자원순환구조 등의 환경오염과 온실가스 배출을 최소화한 녹색성장의 요소들을 갖춘 도시"라고 규정하고 있다.

따라서 한국에서의 탄소중립도시는 생태도시와 지속가능도시 개념을 포괄하면서 동시에 녹색성장의 기반으로서 녹색산업을 내세운 정책적 선언물이다. 그래서 한국형 탄소중립도시에 해당하는 '에코타운'을 환경부에서는 "지구기후변화에 능동적으로 대처하기 위해 생태적 건전성, 자원순환, 에너지자립, 자연입지적 토지이용 등 저탄소 환경기반이 구현된 정주지로서, 주민이 주체가 되어 자연문화자원 및 저탄소 녹색기술을 창조적으로 활용하여 공동체를 활성화하고 경제기회를 창출하는 도시"라고 정의 하고 있는 것이다.

탄소중립도시의 저탄소 환경기반은 도시활동에서 발생하는 CO_2 배출량을 감축시킬 수 있는 환경을 조성하는 것을 의미한다. 자연환경 보전과 생태망 구성, 에너지 효율화 및 신재생에너지 도입, 자원의 순환체계 구축, 녹색교통 등을 도입하는 것이다. 아울러 저탄소도시(탄소중립도시)를 지향하여 탄소회피, 탄소저감, 탄소흡수 3가지 접근전략에 의거하여 도시개발 및 운영과정에서 탄소감축을 실행하는 도시를 말한다.

또한 탄소중립도시에서의 경제기회 창출은 저탄소 환경기반을 바탕으로 환경친화적 비즈니스모델을 통해 일자리 기회를 만드는 것을 의미한다. 지역사회의 인적자원, 생태문화자원과 저탄소 녹색기술을 융복합하여 환경친화적 비즈니스모델을 개발하는 도시이다. 환경친화적인 비즈니스, 즉 녹색비즈니스는 지역주민의 사회적 인적망이 중심이 되는 커뮤니티비즈니스(예: 생태문화자원 활용 농촌관광, 생태관광, 지역조직 활용 일자리 만들기 등)와 새롭게 개발되고 있는 저탄소 녹색기술을 중심으로 추진되는 탄소비즈니스(에너지사업, 자원활용사업, 녹색교통사업, CDM 사업 등)로 크게 구분할 수 있다.

1. 해외 탄소중립도시 사례

가. 영국 베드제드 탄소중립 주거단지

1) 사업 개요

베드제드(Beddington Zero Energy Development, BedZED)는 영국에서 최초로 대규모 혼합용도의 지속가능한 커뮤니티를 구성하기 위하여 100호의 주택을 건축하고 이와 연계하여 약 100명이 일할 수 있는 사무실 공간, 마을지원시설을 건설하였다. 2002년에 완공된 후 저탄소마을의 모범적인 사례로 손꼽히고 있다. 베드제드 프로젝트는 주택협회 Peabody와 건축사무실 ZEDfactory가 함께 계획하고 개발하였다. 베드제드의 거주민들은 그들의 주택, 교통수단, 음식, 소비생활 전반에 걸쳐 탄소배출량의 50%를 감축하고 있다.

2) 주요 내용

자료: http://www.bioregional.com/

그림 2-1. 베드제드 전경

베드제드의 건축물은 에너지 수요를 최소화하기 위해 새로운 첨단 기술을 동원하지는 않았다. 모든 주택을 남향으로 지었고, 주택 앞쪽 돌출부에 마련된 온실은 태양열을 최대한 흡수하고 보존한다. 건축물의 벽면에 사용된 30cm 짜리 슈퍼 단열재는 실내온도를 일정 수준으로 유지하는데 도움을 준다. 실내공기는 지붕의 환기구를 통해 자연 통풍되도록 하였으며, 지붕 환기구는 베드제드의 상징 아이콘이 되었다. 이러한 건축디자인으로 베드제드는 주택의 난방 수요는 같은 규모의 일반 주택에 비해 10분의 1수준으로 낮아졌다. 2층에서 앞 동으로 연결된 통로를 지나면 조그마한 정원이 있고, 주민들은 이곳을 '하늘정원'이라 부르며 햇빛과 화초, 밭작물을 가꾸고 있다.

자료: http://www.bioregional.com/

그림 2-2. 베드제드 커뮤니티

자료: http://www.bioregional.com/

그림 2-3. 베드제드 카풀제

베드제드의 조명과 난방은 재생에너지를 사용하는 열병합발전소에서 제공받는다. 이 발전소는 인근 지역 임산물의 부산물로 나오는 나뭇조각과 매립장에서 분리 처리되는 바이오매스를 연료로 전력을 생산한다. 주택단지 지붕에 설치된 태양전지가 전기 수요의 10%를 충당하고 나머지 전력 수요는 열병합발전소가 처리하고 있다. 이 발전소의 전력생산 과정에서 나오는 열로 물을 데워 주택단지의 난방까지 해결하고 있다.

교통 수요를 최소화하기 위해 주택 안에 재택근무용 사무실로 쓰기에 적합한 공간이 마련되어 있다. 이는 가장 에너지 낭비가 심한 출퇴근 시간에 자가용 사용으로 인해 낭비되는 화석연료 사용을 줄여주고 일상에 편리한 직주근접을 실현시켜주고 있다. 세대당 1대의 주차장만을 할당하고 또한 연간 사용료를 내야한다. 하지만 전기겸용 하이브리드 차나 LPG 차량을 사용하면 환급을 받을 수 있도록 하여 불가피하게 개인 자동차 이용 시에도 탄소저감을 할 수 있도록 하였다. 또한 대중교통 이용을 극대화하고 렌터카 개념의 마을 공동차량제도(city car club) 및 카풀제(car pool)를 도입하였다. 이는 탄소저감 뿐 아니라 주민들의 활발한 교류와 공동체 형성에도 도움이 되고 있다.

이밖에 에너지 효율이 높은 세탁기를 사용하고, 빗물과 오수의 정화수는 화장실과 옥상정원 관리에 활용하며, 화장실에는 물절약 변기와 수도꼭지를 설치하여 사용하고 있다.

표 2-1. 베드제드 주민들의 저탄소 에너지 절약생활

구분	감축비율
난방에너지	지역평균의 77% 감축
전기에너지	지역평균의 45% 감축
물소비	지역평균 59% 감축
차량소유와 매년 마일리지	국가평균의 64% 감축
자원재활용	재활용율 60%

자료: http://www.bioregional.com/

나. UAE 마스다르 탄소중립 신도시계획

1) 사업 개요

아부다비 인근에 2016년까지 총 220억 달러를 투입해 인구 5만명 규모의 신도시를 건설하는 초대형 프로젝트를 2008년에 시작하였다. 탄소, 쓰레기, 화석연료, 자동차가 없는 '4 무 도시'를 추구하고 있고, 빌딩 에너지 효율화를 통해 이산화탄소를 56% 감축, 재생에너지 사용으로 24% 감축, 폐기물 재활용 및 에너지화를 통해 12% 감축, 친환경 교통으로 7% 감축하는 것을 목표로 하고 있다. 마스다르 프로젝트는 탄소중립 신도시로서의 계획뿐 아니라 기후변화에 대응하는 유수의 글로벌기업과 첨단기술을 유입하여 신재생에너지 클러스터로 만드는 것이 주요 목표이다.

2) 주요 내용

자료: http://www.masdarcity.ae/

그림 2-4. 마스다르 시티 마스터플렌

신재생에너지를 최대한 활용하여 탄소발생량을 최소화하고 도시내부에 폐자원 및 폐기물을 재사용하여 전환에너지화하는 것을 목표로 하고 있다. '마스다르 청정에너지 기술기금'을 설립하여 '07년 2억5천만 달러(약 3,100억원)에 달하는 자본을 유치하고 이를 신재생에너지 사업확대를 위한 기술연구 및 개발에 투자하고 있다. 또한 신재생에너지를 활용한 교통수단을 적용하여 화석연료를 사용하는 자동차 이용을 최소화하고자 계획하였다. 도시전역에 설치된 유비쿼터스 센서를 이용하여 시민들의 에너지 사용량을 지속적으로 관리하고 설계단계에서 자연통풍을 고려하여 건물 냉각 및 바람길, 도시전체 물순환시스템을 구상하였다.

다. 클린턴재단(CCI) 기후긍정개발 프로그램

탄소중립도시를 향한 해외 도시들의 움직임은 2002년 영국 런던의 베드제드가 완공된 이후 많은 신도시개발사업을 거쳐 현재 클린턴재단의 기후 이니셔티브(CCI; Clinton Climate Initiative) 사업을 통해 한층 정교한 프로그램이 도입되고 있다. 클린턴 재단은 미국과 전세계가 직면하고 있는 국제적인 문제를 해결할 수 있는 능력을 함양하기 위하여 2001년에 설립되었으며, 주요 사업으로 CCI, 소아비만퇴치사업, 소외계층의 성공적인 경제활동 지원사업 등을 펼치고 있다. 클린턴 기후 이니셔티브는 미국 클린턴재단에서 추진하는 7대 사업 중의 하나로 지구 기후변화에 대응하기 위하여 세계 40여개 대도시와 협력하여 도시에너지 사용 및 온실가스 배출을 줄이기 위해 활발한 활동을 하고 있는 비정부기구(NGO)이다.

클린턴 기후 이니셔티브에서 개발하고 있는 기후긍정개발프로그램(CPDP; Climate Positive Development Program)[1]은 건축물 단위가 아닌 큰 규모의 도시 커뮤니티 속에서 온실가스를 감축하고 지속가능한 성장을 달성하는 것을 목표로 하고 있다. 'C40 세계도시 기후정상회의'에서 기후이니셔티브(CCI)와 미국 친환경건축위원회(USGB; U.S. Green Building Council)가 공동 창안한 프로그램으로 도시단위에서 온실가스 순배출량을 "0"이하로 하는 것을 목표로 새로운 친환경 도시개발 모델을 만들어가는 것이다. 기후긍정개발을 통해 특정 대상지의 온실가스를 감축하고 배출되는 최소한의 온실가스를 도시내 다른 온실가스 감축사업으로 상쇄함으로써 탄소배출 제로 이하를 지향하는데, 현재 CDCP사업에 서울 마곡지구를 비롯하여 아래의 18개 프로젝트가 진행 중에 있다.

1) http://www.clintonfoundation.org/(클린턴재단 홈페이지, 2012)

- Barangaroo, Sydney, Australia
- Victoria Harbour, Melbourne, Australia
- Odebrecht BMX, São Paulo, Brazil
- Pedra Branca Sustainable Urbanism, Palhoça, Greater Florianópolis, Brazil
- Dockside Green, Victoria, BC, Canada
- Waterfront Toronto, Lower Don Lands, Toronto, ON, Canada
- ProjectZero, Sonderborg, Denmark
- Godrej Garden City, Ahmedabad, India
- Mahindra World City, Jaipur, India
- Panama Pacifico, Former Howard Air Force Base, Panama
- Menlyn Maine, Pretoria, South Africa
- Magok Urban Development Project, Seoul, South Korea
- Stockholm Royal Seaport, Stockholm, Sweden
- Royal Albert Basin, London, UK
- Elephant & Castle, London, UK
- Treasure Island Development Project, San Francisco, CA, USA
- The Oberlin Project, Oberlin, OH, USA
- Eco Districts, Portland, OR, USA

기후긍정개발의 주요 프로그램은 먼저 표준화된 온실가스 측정수단을 마련(CPDP 기준)하여 탄소제로도시 조성지침으로 제공하고, 온실가스 배출요소를 5가지-에너지, 건물 및 토지이용, 교통, 물, 폐기물-로 분류하고, 각각의 요소에 대해 대차대조표 형식의 측정수단 제공을 목표로 하고 있다. 현재 서울 마곡지구를 비롯하여 18개 도시개발사업과 협력하여 친환경 측정수단을 적용 중에 있다. 두 번째로 친환경 도시 인증체계 및 국제적 친환경 도시 모델개발을 하고 있는데, 특히 단계별 인증(5단계) 및 친환경기반시설 인증을 통해 장기간 지속적인 탄소저감 동기를 부여하고 있다. CCI에 제출하여 인증된 CPDP Plan에 준하여 2, 3, 4단계 인증을 득하여야 하며, 최종 도시개발 완료단계에서는 이산화탄소 발생량이 '0' 이하가 되어야 한다.

표 2-2. 에너지 대차대조표 예시

주요 배출	국가	활동 자료	공급 /역송	연료복합 /에너지원	배출 계수	총이산 화탄소 환산톤	총 배출량	총 감축량
에너 지원	UAE	500 kWh	공급	현장외부가스	1.1942	597	597	-
에너 지원	UAE	1,250 kWh	역송	현장내 태양 광발전	1.1942	1,493	-	1,493
				합계		-896	597	-1,493

자료: 서울시(2010.10.6), 서울시 기후친화형 도시개발사례발표, 서울시와 클린턴재단 공동세미나

표 2-3. 단계별 인증(안)

구분		내용
단계별 인증	CPDP PLAN 인증	CPDP 계획서(탄소배출량 제로 도시조성계획) 제출시 인증
	CPDP PLAN 25+	개발사업 전체 공정대비 25% 공정시 인증
	CPDP PLAN 50+	개발사업 전체 공정대비 50% 공정시 인증
	CPDP PLAN 75+	개발사업 전체 공정대비 75% 공정시 인증
	CPDP 최종인증	개발사업 완료시 인증
Infrastructure 인증		탄소감축을 위한 대규모 기반시설의 효율적 이용시 인증

자료: 서울시(2010.10.6), 서울시 기후친화형 도시개발사례발표, 서울시와 클린턴재단 공동세미나

라. 미국 샌프란시스코 트레져 아일랜드(Treasure Island) 재개발

1) 사업 개요

미국 샌프란시스코의 트레져 아일랜드와 예르바 부에나 아일랜드(Yerba Buena Island)에 새로운 복합용도 재개발이 시작되었는데, 기후도시계획에 의한 개발계획이 마련되어 시행 중이다. 이 프로젝트는 기후긍정개발(CPDP) 참여 프로젝트로 면적 1.8km^2, 세대수 8,000호 규모로 사업이 추진되고 있다. 사업시행자는 'City and Country of Sanfrancisco, Treasure Island Community Development'이다. 트레져 아일랜드 재개발사업은 2000년

계획 수립을 시작하여, 2006년 개발계획 승인, 2010년 5월 개발계획 변경승인, 2010년 7월 환경영향평가 초안 공표, 2011년 3-5월 공청회 및 최종 프로젝트 승인을 한 상태이다.

자료: Treasure Island redevelopment DDA

그림 2-5. 트레저 아일랜드 재개발사업 위치도

자료: http://www.sftreasureisland.org

그림 2-6. 트레저 아일랜드 재개발 조감도

2) 주요 내용

트레저 아일랜드/예르바 부에나 섬(Treasure Island/Yerba Buena Island)의 개발계획승인서(DDA; Disposition and Development Agreement, 2011.7)[2] 속에는 탄소중립도시 구현을 위하여 개발사업자들의 환경적 지속성을 위한 의무조항(Developer Environmental Sustainability Obligations)을 포함하고 있다. 주요 내용을 보면, 토지이용부문에 있어서 LEED(Leadership in Energy & Environmental Design) for Neighborhood Development Rating System(2010.7 ver.) 상의 골드 등급을 인증받는 것을 의무사항으로 하고 있으며, 플래티넘(Platinum) 인증을 받는 것을 권장하고 있다. 또한 교통 허브 주위로 집중된 고밀도의 컴팩트한 도시 구조를 실현하고, 보행중심의 디자인을 추진하며, 공원, 가로, 건축물 등은 최대한 많은 일조량을 확보함으로써 쾌적한 외부환경을 조성하도록 하였다. 주거지 근처에 편리한 서비스기능을 도입하여 차량운전을 최소화하고, 기개발지를 전환할 때 2/3는 가능한 공원과 오픈스페이스로 조성하며, 지역 유기농 농산물 생산을 위하여 도시농업공원을 조성하고, 도시농업을 할 수 있는 커뮤니티 가든에 대한 계획도 수립하였다.

---

2) http://www.sftreasureisland.org/

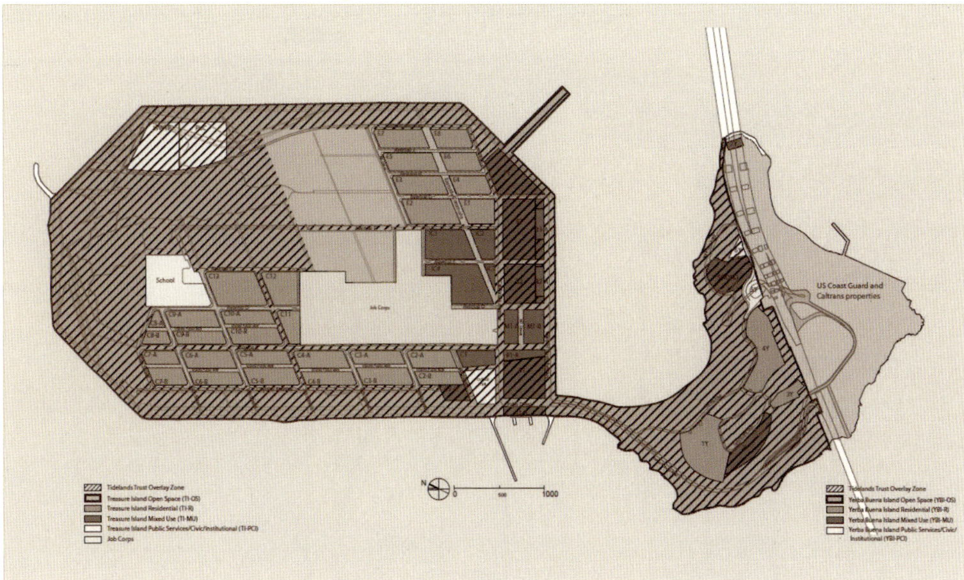

자료: Treasure Island redevelopment DDA(Disposition and development Agreement), 2011.7

그림 2-7. 트레져 아일랜드 재개발 토지이용계획도

교통 및 도시기반시설로는 섬의 근린주구들을 교통셔틀로 연결하고, 광역 자전거 네트워크를 구축할 예정이다. 또한 의무적인 카셰워링 서비스(Car Sharing Service)를 더 넓은 주거지역과 상업지역으로 확대하고, 음식물 쓰레기(농작물 쓰레기 포함) 리사이클링과 퇴비화 시설을 조성하기로 하였다.

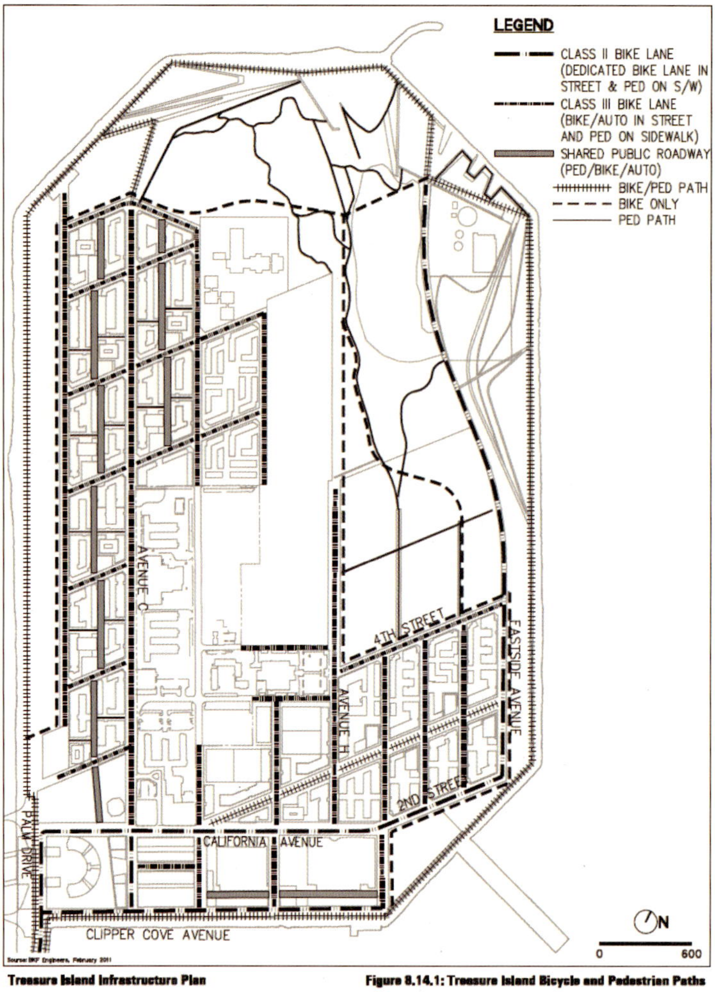

자료: Treasure Island redevelopment DDA(Disposition and development Agreement), 2011.7

그림 2-8. 자전거 네트워크

에너지와 수자원 부문에서는 건축물의 에너지 사용량 감축을 위한 그린빌딩 기준에 적합하도록 설계하고, 건축물의 지붕에 가능한 최대로 태양전지와 태양열시설을 설치하며, 지붕에 제3자인 에너지사업자가 접근할 수 있는 권리를 부여하도록 하였다. 재생에너지 공급시설을 설치하여 에너지 피크수요의 최소 5%를 제공하고, 2008 캘리포니아 에너지효율기준(Title 24 Part 6)을 15% 이상 초과하도록 하였다. 또한 전기자동차 충전소를 공공장소 및 사유지에 설치하고, 물재생시설의 설치와 그린빌딩 기준에 적합한 절수계획을 시행하기로 하였다.

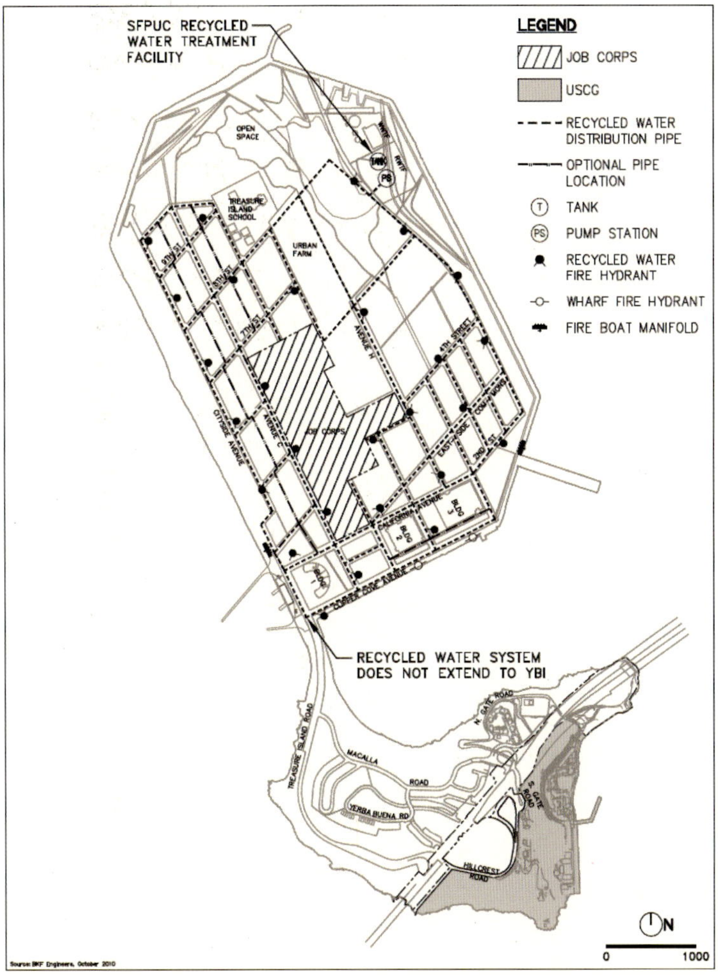

Treasure Island Infrastructure Plan **Figure 11.1: Proposed Recycled Water Distribution System**

자료: Treasure Island redevelopment DDA(Disposition and development Agreement), 2011.7

그림 2-9. 수자원 재활용

건축물 설계와 건설부분에서는 Treasure Island/Yerba Buena Island 그린빌딩 기준을 준수하고, 최소한 건설장비의 15%를 대체연료를 사용하도록 하였다.

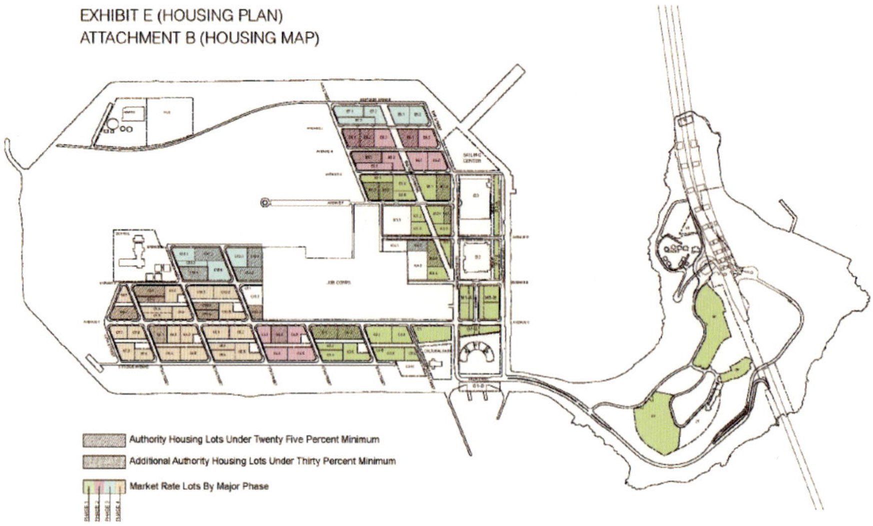

자료: Treasure Island redevelopment DDA(Disposition and development Agreement), 2011.7

그림 2-10. 트레져 아일랜드 재개발 주택계획

마. 호주 시드니 바란가루(Barangaroo) 프로젝트

1) 사업 개요

이 사업은 호주 시드니에서 이스트 달링 하버(East Darling Harbour)라 불리던 항구를 NSW(New South Wales) 주정부가 재개발하는 사업[3]으로 이 또한 기후긍정개발(CPDP) 참여 프로젝트이다. 면적 0.22km^2, 세대수 약 775-800호(약 2,000인) 규모로 계획되었다. 사업시행자는 'Barangaroo Delivery Authority on behalf of the New South Wales State Government'이다. 사업추진 경위를 살펴보면, 2004년 사업지구를 지정하였으며, 2006년 설계공모를 실시하고, 2010년 9월 Barangaroo Concept Plan Mod 4를 승인한 상태이다.

3) http://www.cityofsydney.nsw.gov.au/development/UrbanRenewalProjects

자료: Barangaroo Community Forum Presentation(2010.10)

그림 2-11. 사업지구 전경

자료: Barangaroo Community Forum Presentation(2010.10)

그림 2-12. 2006년 설계공모(안)

2) 주요 내용

사업지구 토지이용은 공원(Headland Park), 저층 주거, 바란가루 센터(상업 및 시민센터), 고층의 상업지구, 복합용도지구(오피스, 주거) 등으로 구성된다. 바란가루 기본구상(Concept Plan)[4] 내용 중 지속성(Sustainability) 부분에서 생태적으로 지속가능한 개발(ESD; Ecologically Sustainable Development)을 위해 탄소감축을 위한 책무를 권고조항(Recommendation)으로 포함시키고 있다. 기본구상안에서 제시된 권고조항은 이후 승인조건 등으로 이행하도록 할 예정이다.

특이한 것은 삼중발전시스템(Tri Generation)을 통해 분산형 에너지를 공급계획을 마련한 점이다. 삼중발전시스템이란 한 가지 에너지원을 열원으로 하여 전기, 난방, 냉방의 세 가지 종류의 에너지를 동시에 생산하는 시스템을 말한다. 삼중발전시스템을 가능하면 사업지구 외곽주변지역까지 확대할 구상을 갖고 있다. 'Sustainable Sydney 2030'을 준수하여 전기 수요량의 100%를 저탄소 · 재생에너지 발전으로 공급하고, 이산화탄소 배출량의 70% 감축을 목표로 하고 있다. 가로와 공공시설에 LED 조명을 설치하고, 개발과정에서 발생하는 온실가스 배출량의 20%를 현장의 재생에너지를 통해 감축한다. 자원순환의 일환으로 '통합물관리계획(Integrated Water Management Plan)'을 통해 중수도 시스템을 도입하고, 자동화된 쓰레기 처리시설을 건설하여 리사이클 가능한 쓰레기를 분류하여 쓰레기를 자원화하며, 재생가스 공급을 구상하고 있다.

4) Submission to the NSW Department of Planning(2010.9.24), Barangaroo Concept Plan Modification MP06_0162 Mod 4

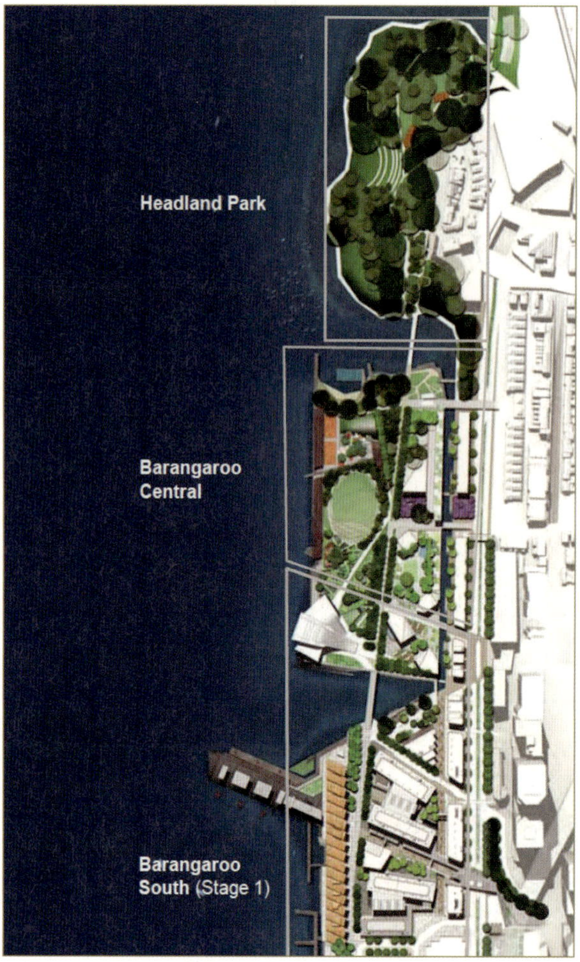

자료: Barangaroo Concept Plan Mod04(2010.9)

그림 2-13. 바란가루 개발계획 구상도면

2. 국내 탄소중립도시 계획사례

최근 국내 저탄소 환경계획은 택지개발사업, 뉴타운사업 등에서 적용하기 시작하여 다수의 개발지구에서 계획이 수립되었으나, 아직 공사 중이거나 계획만 수립된 사업지구들이 대부분이다. 따라서 본서에서는 계획만 수립된 지역을 제외한 공사 중이거나 완성된 사업지구만 살펴보기로 하겠다. 2008년도 이후부터 저탄소 에너지 절약형 도시개발계획이 공식적으로 알려지기 시작했으며, 가장 대표적인 사업지구로 서울 마곡지구, 평택 소사벌지구, 세종시 등을 들 수 있다.

표 2-4. 저탄소 에너지절약형 도시개발 사례

연차	주요내용
2008	- 마곡지구 친환경에너지 가이드라인 수립(서울시, SH공사) - 평택소사벌지구 신재생에너지 시범도시사업 CDM 국가승인(태양광/태양열부문)
2009	- 부천고강지구 재정비 촉진계획 저탄소 환경계획 도입(환경부, 부천시)
2010	- 저탄소 녹색성장기본법 제정(2010.1) - 세종시 이산화탄소 감축, 신재생에너지도입 가이드라인 제정(행복도시건설청) - 동탄(2)신도시 지구단위계획 저탄소 녹색도시편 반영(국토해양부/LH)

가. 서울 마곡지구 친환경 · 에너지 자립 사례(2008)

1) 사업 개요

마곡도시개발사업은 서울특별시 강서구 마곡동 일대에 주택업무지구와 첨단산업단지를 조성하는 사업으로 면적 3.7km^2, 인구 31,970인, 공동주택 11,353호, 단독주택 65호 규모로 계획되었다. 인구밀도는 산업시설용지를 제외할 경우 110인/ha이다. 사업시행자는 서울특별시와 SH공사이며, 사업기간은 2007년-2014년까지 1단계 사업으로 공공주택조성, 업무 및 산업단지 일부를 공급하는 것을 목표로 하고 있다. 주변에 서남물재생센터, 강서 농수산물 도매시장이 입지하고 있으며, 개화산, 궁산, 수명산, 우장산 등 산림녹지공간이 인근에 위치하고 있다.

서울시는 2008년 6월에 마곡지구 '에너지가이드라인'을 수립하고 에너지사용계획서를 작성하여 지식경제부와 에너지사용계획 협의를 완료하였다. 에너지가이드라인에 따라 서남물재생센터의 하수열을 이용하고, 연료전지 발전을 통해 신재생에너지 도입을 극대화하는 것은 물론 공동주택은 건물에너지효율 1등급, 일반건물은 에너지성능지표(EPI) 81점 이상 적용 하는 것을 목표로 하였다.

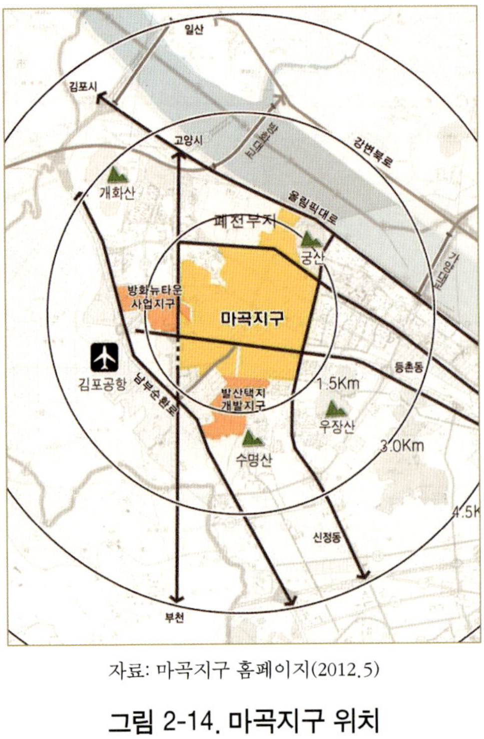

자료: 마곡지구 홈페이지(2012.5)

그림 2-14. 마곡지구 위치

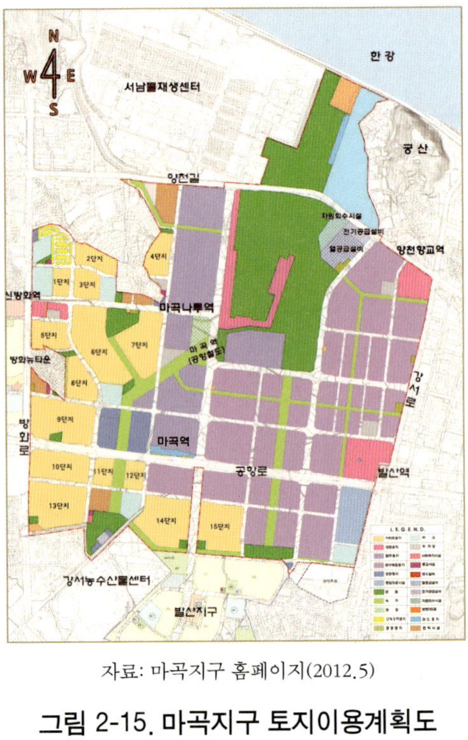

자료: 마곡지구 홈페이지(2012.5)

그림 2-15. 마곡지구 토지이용계획도

2) 주요 내용

서울 마곡지구 에너지사용계획서에 따르면 처음에 제시되었던 에너지가이드라인의 목표치를 상회하고 있다. 에너지감축 부문은 에너지가이드라인에 따르면 50% 이상을 목표로 하고 있었으나 실제 에너지사용계획서에는 57.4%이며, 신재생에너지 사용량도 40%이상이 목표치였으나, 실제 47.1%까지 끌어 올리고 있다. 마곡지구에서 활용한 저탄소 환경계획 요소는 고효율 설비 도입, 폐열회수 활용, 신재생에너지 이용 등으로 현재 사업계획을 보면 해당목표를 달성하고 있다.

표 2-5. 마곡지구 에너지사용계획서 에너지사용 목표

구분	에너지가이드라인의 목표치	에너지사용계획서
에너지 감축	50%이상	57.4%
신재생에너지 사용량	40%이상	47.1%
에너지 자립률	60%이상	73.9%
온실가스 배출량 감축	65%이상	77.8%

표 2-6. 마곡지구 저탄소 환경계획 요소

구분	저탄소 환경계획 요소	에너지 절감량 (TOE/년)
고효율 설비 도입	건물에너지 효율	28,445
	고효율 인버터	
	LED가로등/공원등	
	건물자동제어시스템 등	
폐열회수 활용	고효율 폐열회수 환기장치	3,309
	폐수열 회수시스템(목욕탕, 사우나)	
신재생에너지 이용	태양열 온수기	906
	태양광 발전	6,045
	지열이용 냉난방 시스템	1,000
	연료전지를 이용한 집단에너지	10,850
	쓰레기 소각열을 이용한 집단에너지	2,393
	하수열 이용	29,819

자료: 서울시(2010.10.6), 서울시 기후친화형 도시개발사례발표, 서울시와 클린턴재단 공동세미나

또한 마곡지구는 기후친화형 주거단지로 계획하여 도시 미기후환경을 분석하고 기후맵을 활용한 단지구획 및 건축물 배치를 하였다. 환경축을 일조 및 풍향분석을 통하여 북동-남서방향으로 설정하고, 한강쪽에서 불어오는 신선한 바람이 바람길을 따라 단지내로 유입될 수 있도록 단지를 구획하였다. 기후특성을 고려하여 건축물을 배치하고 개방형으로 길이 만들어지도록 TREE형으로 도시 골격을 구상하였다.

자료: 서울시(2010.10.6), 서울시 기후친화형 도시개발 사례발표, 서울시와 클린턴재단 공동세미나

그림 2-16. 마곡지구 기후순응형 디자인

대규모 공동주택에 지역냉난방시설을 도입한 것도 주목할 만하다. 자원회수시설의 소각열과 하수열, 연료전지시설의 폐열을 이용해 저렴한 비용으로 필요한 냉난방 에너지의 58.9% 이상을 공급할 예정인데, 이로 인해 세대별로 1년에 16만원정도 에너지 비용이 절감될 것으로 예상되며, 보일러와 에어콘이 없는 쾌적한 주거환경을 조성할 수 있을 것으로 기대된다. 또한 마곡지구내 도시재생수 공급시설을 설치할 계획에 있으며, 설치공사는 2013년 10월 완공할 예정이다. 서남물재생센터에서 2차 고도처리된 방류수를 다시 재이용시설을 이용하여 생물막여과 및 오존처리 등 초고도처리하여 재생수는 물놀이가 가능한 BOD 3mg/L 이하의 수질로 유지할 계획이다. 마곡지구 택지공급시기에 따라 3단계에 걸쳐 하루 최대 2만톤의 도시재생수를 마곡지구내 영업 및 업무시설, 관공서 등의 화장실 세정수, 조경용수, 도로청소용수로 공급할 예정이다.

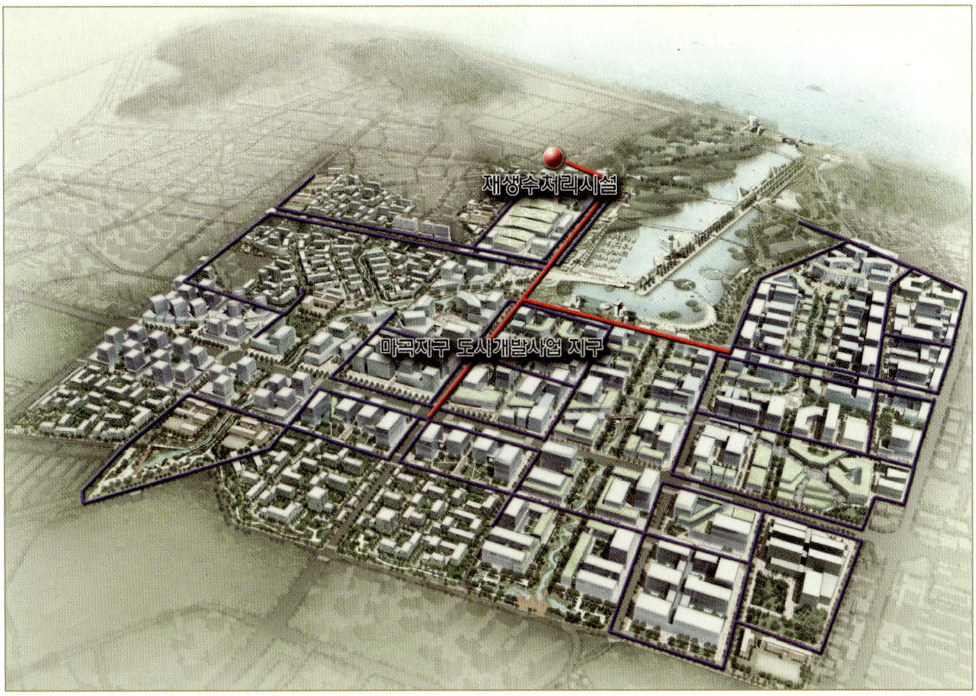

자료: 서울시 보도자료(2011.11.21), 서울시 마곡지구에 도시재생수 공급시설 들어선다

그림 2-17. 마곡지구 도시재생수 공급관로

이러한 저탄소 에너지절약형 계획내용은 마곡구역 도시개발사업 제1종 지구단위계획[5]시행지침(2011.12) 환경부문에 에너지사용계획을 포함시킴으로써 저탄소 환경계획이 달성되도록 하였다. 그 내용을 살펴보면 건축물의 경우 건물에너지 효율 1등급, 에너지성능지표(EPI) 81점 이상 적용을 의무화하고 있으며, 모든 공동주택의 냉난방에 '집단에너지' 도입을 의무화하였다. 냉난방에너지에는 미활용에너지 및 재생에너지(서남물재생센터 하수열)를 활용하여 집단에너지시설 기저부하를 감당하고, 전기에너지는 대규모 연료전지에 의해 공급한다. 상업용지, 업무용지, 산업시설용지, 종합의료시설, 학교, 공공청사, 사회복지시설, 열공급시설, 전기공급시설, 자원회수시설, 종교시설은 연간 전력사용량의

---

5) 지구단위계획이란 도시계획수립대상지역안의 일부에 대하여 수립하는 도시관리계획으로서 토지이용을 합리화하고 그 기능을 증진시키며 미관을 개선하고 양호한 환경을 확보하며, 당해 지역을 체계적 · 계획적으로 관리하기 위하여 수립하는 도시관리계획을 의미한다. 실질적으로 지구단위계획 수립시점부터 5년 내외의 기간동안 도시기능, 도시형태, 도시구조 등을 관리할 수 있는 실질적 수단이 되고 있다.

5% 이상을 공급할 수 있는 규모의 태양집광판을 설치하도록 했다. 종합의료시설, 학교, 공공청사, 사회복지시설, 열공급시설, 전기공급시설, 자원회수시설은 연간 급탕 사용량의 50% 이상을 공급할 수 있는 태양집열판을 설치하도록 했다. 학교, 공공청사, 사회복지시설, 종교시설은 연간 냉난방 사용량의 100%를 공급할 수 있는 지열시스템을 설치하며, 공동주택용지를 제외한 모든 시설의 옥상에는 정원 설치를 의무화하였다. 교통신호등, 옥외광고물 광원 등은 LED조명을 설치하되, 가로등[6]에는 적용하지 않기로 하고, 공공시설내 백열등 사용을 금지시켰다.

나. 평택 소사벌지구 신재생에너지 시범도시사업(2008)

1) 사업 개요

평택소사벌지구는 국내최초 신재생 에너지시스템 주거단지로 자족가능한 기능형 생활 도시로 조성할 계획이다. 면적 3.0㎢, 인구 44,519인, 세대수 15,356호 규모로 계획하였다. 인구밀도는 148인/ha이며, 사업시행자는 한국토지주택공사(LH)이다. 사업기간은 2004년부터 2014년까지이다.

2) 주요 내용

다양한 건축물에 태양광, 태양열, 지열, 연료전지 등 신재생에너지시설 도입으로 지구 전체 에너지의 5% 이상을 신재생에너지로 공급하는 것을 목표로 하였다. 사업지구내 건축물에 태양광발전과 태양열 급탕설비를 설치하기 위해 LH는 2008년 2월 태양광 및 태양열 부문에 대한 CDM(청정개발체제, Clean Development Mechanism)사업 국가승인을 발급받은 이후, 2009년 2월 택지개발사업으로는 세계 최초로 신재생에너지사업을 UNFCCC에 CDM사업으로 등록하였다. 이로 인해 향후 7년간 약 3만2천톤 규모의 탄소 배출권(CERs)를 확보할 수 있을 것으로 예상된다.

2012년 1월에는 신재생에너지 보급과 전기료 절감을 통한 저소득층의 주거비 지원을 목

---

6) 현재 서울시 도로조명 기준 상 확산성, 눈부심 등의 문제로 LED 설치가 불가능한 상태

적으로 지식경제부와 LH의 예산으로 전국 36개 지구 2만 2,096세대의 국민임대주택에 총 2,876kW 규모의 태양광 발전설비를 설치하였다. 이와 같이 LH가 시행하는 국민임대주택의 태양광 보급사업을 CDM사업으로 UNFCCC에 등록하였다.

표 2-7. 평택소사벌지구 신재생에너지 발전량

단위: MWh/년

구분		소계	태양광	태양열	지열	연료전지
주택 부문	단독주택	3,796	1,790	2,006		
	공동주택	3,415	3,415			
공공 시설 부문	학교	10,501	254	224	10,023	
	공공청사	19,720	622	483	18,615	
	테마공원 등	175	175			
	홍보관 (상징탑)	2,114	83			2,031
합계		39,721	6,339	2,713	28,638	2,031

자료: 김선희 · 왕광익, 저탄소 녹색도시와 집단에너지

다. 동탄(2)신도시 지구단위계획 사례(2010.7)

1) 사업 개요

동탄(2) 택지개발사업은 경기도 화성시 석우동, 반송동, 동탄면 일대에 첨단산업과 주거 · 교육 · 문화 · 비즈니스 기능이 조화된 자족적 중핵 거점도시를 조성하고자 하는 신도시 개발사업이다. 면적 24km², 인구 278,533인, 세대수는 공동주택 93,835호, 단독주택 6,443호의 규모로 계획되었으며, 인구밀도는 116인/ha이다. 사업시행은 LH와 경기도시공사가 담당하였으며, 사업기간은 2008년부터 2015년까지이다.

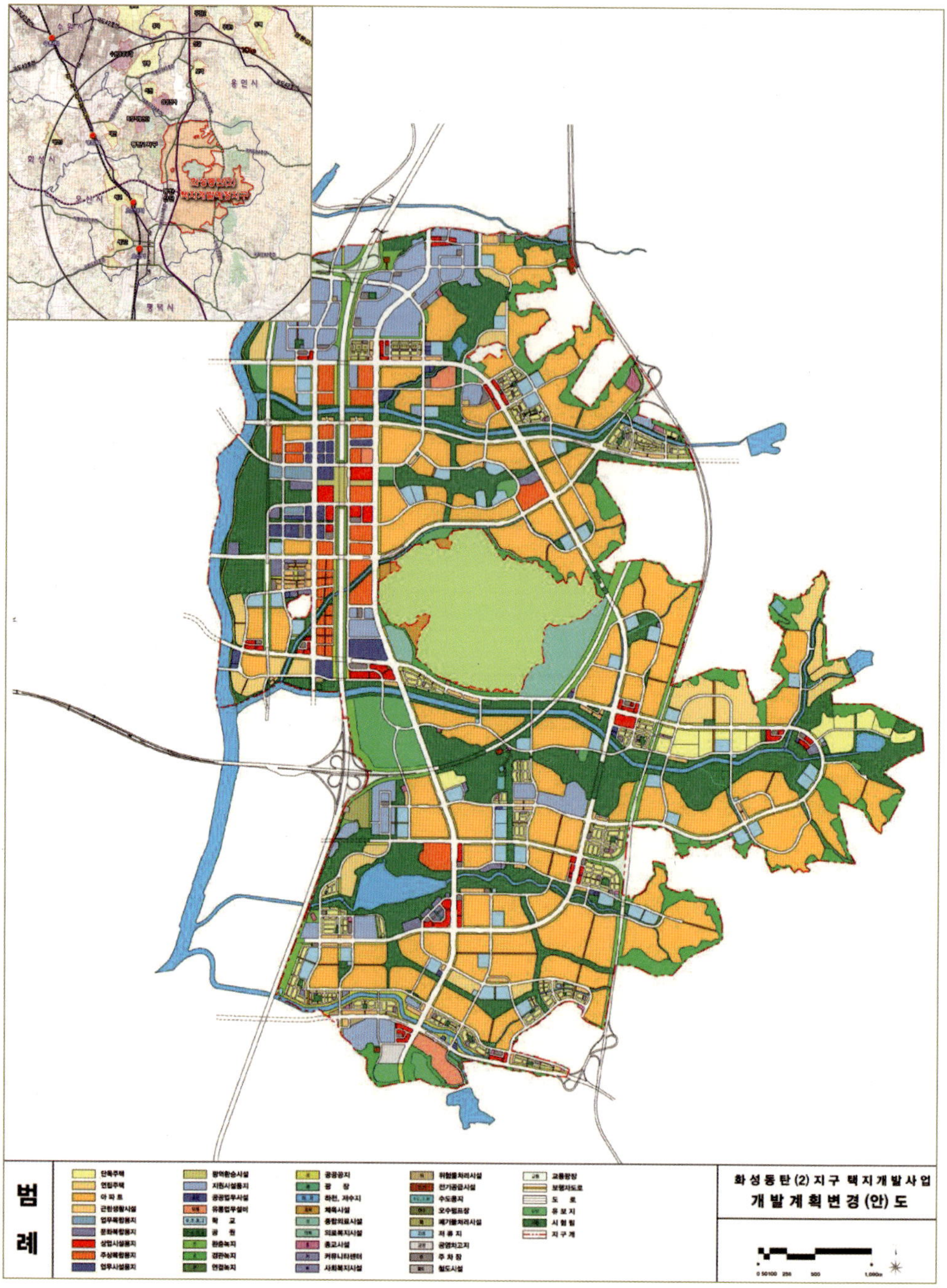

그림 2-18. 동탄(2)신도시 위치 및 토지이용계획도

2) 주요 내용

동탄(2)신도시의 저탄소 에너지절약형 계획은 지구단위계획 지침의 제4편 환경부문 제1장에 저탄소 녹색도시 지침으로 규정되어 있다. 그 내용을 보면 동탄(2)신도시 조성에 있어 탄소배출 저감 및 탄소흡수 방안을 고려하여 저탄소 녹색도시를 실현하는 것을 목표로 하고 있다. 건축물 벽체의 열관류율과 창호에 대한 규정, 공공시설의 옥상녹화 규정을 제외하면, 대부분 일반적인 사항과 권장사항으로 규정되어 있고, 교통부문(보행자 활성화, 대중교통활성화, 자전거이용), 바람길 확보 등에 대해서는 일반적인 사항으로 규정되어 있다. 에너지 성능지표 적용, 신재생에너지 사용(저탄소 시범마을), 천연자연재료 및 환경친화적 자재사용, 공원 및 녹지에서의 탄소흡수가 뛰어난 우수종 식재, 우수활용시설 설치 등은 권장사항으로 되어 있다.

탄소저감을 위해 보행로활성화시스템을 도입하고, 신도시 전역에 걸쳐 주요시설 이용 및 통근통학에 자전거를 이용할 수 있도록 하였다. 벽체는 열관류율이 20% 향상된 고단열 벽체를 사용하고, 저탄소 시범마을은 연관류율이 30% 향상된 고단열 벽체를 사용하는 등 건축물 에너지 절감을 포함하고 있다. 창호는 기밀성창호를 권장하며 저탄소 시범마을은 전체 창호면적의 30% 이상을 기밀성창호로 설치하도록 하였다. 공동주택을 제외한 기타 건축심의 대상 건축물은 에너지성능지표(EPI) 74점 이상을 획득하도록 권장하고, 일조를 고려하여 남향과 인동거리를 고려하여 건축물을 배치하도록 하였다. 저탄소 시범마을 내에서 신재생에너지(태양광, 태양열) 사용은 권장사항으로 하였다.

자료: 동탄(2)신도시 지구단위계획 시행지침(2011.10.27)

그림 2-19. 동탄(2)신도시 저탄소 시범마을 위치도

공원녹지 및 습지를 통한 탄소흡수를 위해 녹지설계시에 탄소흡수가 뛰어난 우수종을 식재하도록 권장하고 있고, 신재생에너지 도입, 건축물 녹화, 우수활용시설 등도 권장사항으로 계획하였다. 공공시설은 지붕 및 옥상면적의 30% 이상을 녹화하는 것이 의무사항이고, 고단열지붕, 신재생에너지 시설 등은 옥상녹화면적에 포함하도록 하였으며, 생태주거단지를 조성하기 위해 생태면적률 확보기준을 적용하였다.

라. 세종시 저탄소 계획기준 (2010.11)

1) 사업 개요

세종시는 충청남도 연기군 전지역, 공주시, 충북 청원군 일원에 중앙부처와 국책연구기관 등을 이전시키려는 행정중심 복합도시이다. 면적 72.91㎢, 인구 500,000인 규모로 계획하였다. 인구밀도는 300인/ha(순밀도)이다. 사업시행자는 LH이며, 사업기간은 2005년부터 2030년까지이다.

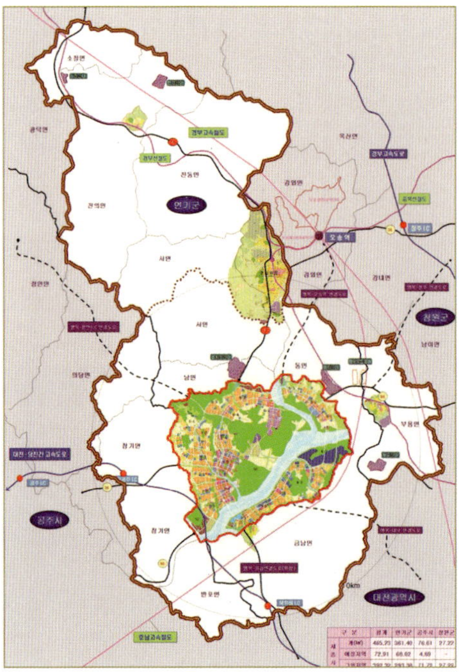

자료: 행정중심복합도시 홈페이지

그림 2-20. 세종시 위치

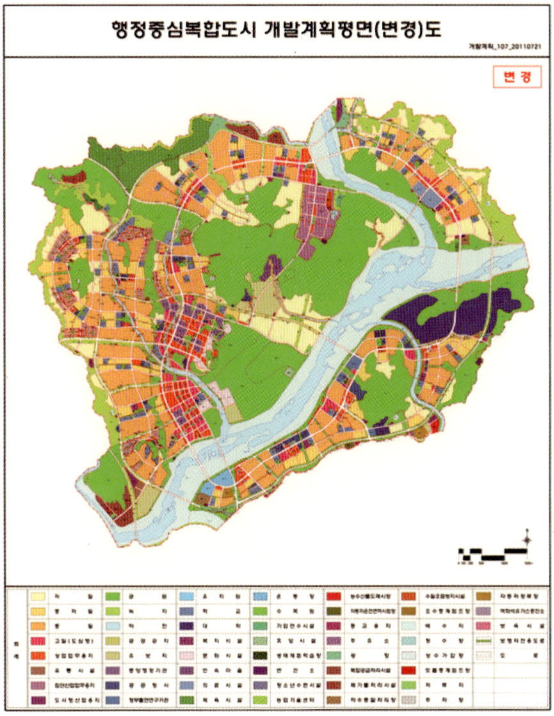

자료: 행정중심복합도시 홈페이지

그림 2-21. 세종시 토지이용계획도

2) 주요 내용

세종시 시가지에서 배출하는 CO_2를 감축하고, 도시 전체를 저탄소 녹색도시로 조성하기 위하여 '이산화탄소 감축 가이드라인'과 '신재생에너지도입 가이드라인'을 제정하였다(2010.11). 이 가이드라인을 통하여 세종시 건설을 마무리하는 2030년까지 이산화탄소 배출량을 70% 이상 감축하고 예상 에너지사용량의 15%를 신재생에너지로 충당하는 두가지 장기목표를 설정하였다.

도시계획 부문의 이산화탄소 감축 가이드라인을 보면 생태면적률 기준 적용과 공동구 중수도관 계획 등을 제외하면 대부분 권장사항으로 두고 있다. 도시건설 부문에서는 행복도시건설청 발주공사 중 추정가격 50억 이상 공사시 '도시건설 이산화탄소 절감계획서' 제출을 특수조건으로 하여 착공계와 함께 제출하도록 하였다. 건축물 부문에서는 기존의 '건축물의 에너지 절약 설계기준,' '에너지성능지표(EPI)' 등을 적용하도록 하고 있으며, 공공기관에서 건축하는 공동주택 및 시설 등은 EPI 74점 이상을 획득하는 것이 의무사항이다. 교통부문에는 대중교통과 녹색교통에 관한 사항을 포함하고 있는데, 이는 개발계획 속의 내용을 대부분 반영한 것이다.

신재생에너지 도입 가이드라인을 보면, 세종시 예정지역내 건축물 등에 신재생에너지를 15% 이상 도입하기 위한 기준을 정하고 있다. 이 지침이 '신재생에너지법'에 의한 신재생에너지 이용 의무비율보다 적을 경우에는 이 지침에 우선하여 관련 법률을 적용하게 된다. 건축주는 본 지침에 따라 신재생에너지 설비를 설계도서에 반영하고 건축 인허가, 사업계획 승인 신청전에 '신재생에너지설비 설치계획서'를 작성 · 제출하여야 한다.

표 2-8. 세종시 이산화탄소 감축 가이드라인 주요 내용

<table>
<tr><th colspan="2">구분</th><th>주요 내용</th><th>비고</th></tr>
<tr><td rowspan="10">도시계획</td><td rowspan="2">바람길</td><td>- 서쪽에 위치한 생활권은 가능한 한 바람길과 평행하게 배치</td><td>권장</td></tr>
<tr><td>- 탑상형 아파트 등과 같은 고층분산형 주거형태</td><td>권장</td></tr>
<tr><td rowspan="3">생태 면적률</td><td>- 건물녹화</td><td>권장</td></tr>
<tr><td>- 도로의 투수성 포장</td><td>권장</td></tr>
<tr><td>- 생태면적률 적용기준</td><td>의무</td></tr>
<tr><td rowspan="2">수림 및 공원녹지계획</td><td>- 이산화탄소 흡수율이 높은 환경정화수종 식재 및 수종개량</td><td>권장</td></tr>
<tr><td>- 도시의 주요 상징공간에 도시상징수종을 식재하며 열식보다 군식</td><td>권장</td></tr>
<tr><td rowspan="3">하천의 건천화 방지</td><td>- 공공기관, 중밀도 이상의 공동주택, 학교시설에는 빗물이용시설을 설치</td><td>권장</td></tr>
<tr><td>- 공동구에 중수도관 설치</td><td>의무</td></tr>
<tr><td>- 상류부분에 일정 규모의 함양지 설치</td><td>권장</td></tr>
<tr><td colspan="2">도시건설</td><td>- 행복청 발주공사 중 추정가격 50억 이상 공사의 경우, '도시건설 이산화탄소 절감계획서' 제출을 계약 특수조건으로 하고 착공계와 함께 제출</td><td>의무</td></tr>
<tr><td colspan="2" rowspan="5">건축물</td><td>- 행정중심복합도시 건설사업 에너지사용계획 반영</td><td>의무</td></tr>
<tr><td>- 단열재는 국토해양부 고시 '건축물의 에너지 절약 설계기준' 적용</td><td>의무</td></tr>
<tr><td>- 에너지관리공단 인증 고효율 에너지 기자재 사용</td><td>의무</td></tr>
<tr><td>- 현관, E/V실, 계단 조명시설은 자동점멸시스템 적용
- 단지내 공용화장실에는 사용여부에 따른 자동점멸 스위치 설치</td><td>의무</td></tr>
<tr><td>- 공공기관에서 건축하는 공동주택은 에너지효율등급 1등급 이상 또는 에너지성능지표(EPI) 74점 이상</td><td>의무</td></tr>
</table>

(표 계속)

<table>
<tr><td colspan="2" rowspan="2">건축물</td><td>- 민간에서 건축하는 공동주택 및 단독주택은 에너지성능지표(EPI) 74점 이상과 동등한 수준의 에너지 절감계획 수립</td><td>권장</td></tr>
<tr><td>- 공공기관에서 건축하는 공공청사 및 시설 등은 에너지성능지표(EPI) 74점 이상</td><td>의무</td></tr>
<tr><td rowspan="6">교통</td><td rowspan="3">대중교통</td><td>- 환승센터와 연계할 수 있는 간선급행버스(BRT) 시스템 구축</td><td>의무</td></tr>
<tr><td>- 대중교통 전용지구(Transit Mall) 지정 및 운용</td><td>의무</td></tr>
<tr><td>- 대중교통 중심축은 버스전용차로로 구축</td><td>의무</td></tr>
<tr><td rowspan="3">녹색교통</td><td>- 자전거 이용 생활화를 위해 공공기관, 민간기업, 학교, 민간단체 등을 시범기관으로 지정하여 운영하며 필요한 행정·재정적 지원</td><td>의무</td></tr>
<tr><td>- 상업지역의 중심보행축은 너비 10m 이상의 보행로를 확보</td><td>의무</td></tr>
<tr><td>- 주거지역의 중심보행축은 너비 5m 이내 범위에서 다양한 너비로 제공</td><td>의무</td></tr>
</table>

표 2-9. 세종시 신재생에너지 도입기준

구분	도입비율 (%)	구분	도입비율 (%)	구분	도입비율 (%)
단독주택	14	복지시설	24	공영차고지	36
공동주택	7	문화시설	24	농산물도매시장	10
상업업무	4	의료시설	12	운전면허시험장	10
유통시설	61	체육시설	117	종교시설	15
첨단산업업무	5	기업연수시설	9	주유소	18
유 보 지	4	노인휴양시설	32	복합기반시설	35
중앙행정기관	35	청소년수련시설	31	상하수도시설	26
공공청사	35	농업기술센터	12	폐기물집하장	14
교육시설	59	환승터미널	19	· 폐기물연료화시설 · 바이오가스시설	413

마. 경기도 저탄소 녹색 뉴타운 계획기준

1) 사업 개요

경기도는 도내 재정비촉진지구의 탄소발생량을 최대한 억제하고 발생된 탄소를 흡수하여 촉진지구가 친환경적이고 지속가능한 도시로 계획 · 조성되도록 유도하기 위해 저탄소 녹색 뉴타운 가이드라인을 제정하였다. 이 가이드라인은 도시지역 전체를 대상으로 하는 '저탄소 녹색도시 조성을 위한 계획기준'이 제정되기 전까지 운영하기로 하였으며, 재정비촉진계획 수립시 소요비용 대비 효과를 고려하여 계획을 수립하도록 하였다.

2) 주요 내용

공통, 토지이용 및 건축, 교통, 공원 및 녹지, 에너지, 수자원 분야로 구분하여 가이드라인을 제시하고 있다. 공통부문에는 건축물에너지 효율등급 인증제도, 친환경건축물 인증제도 등이 포함되었고, 토지이용 및 건축부문에는 복합토지이용계획 및 대중교통지향형 개발, 일조 등을 고려한 건축물배치와 단지계획이 포함되었다. 교통 부문에는 자전거 보관소 설치, 자전거전용도로와 보행자전용도로 설치, 교통수단간 네트워크가 포함되었으며, 공원 및 녹지부문에는 공원 및 녹지, 대지내 조경, 생태면적률이 포함되었다. 에너지부문에는 에너지저감 및 고효율기자재 사용, 신재생에너지가 있으며, 수자원부문에는 단지내 하천, 생물서식공간, 빗물이용시설, 중수도 이용이 포함되었다.

표 2-10. 경기도 저탄소 녹색 뉴타운 가이드라인

<table>
<tr><th colspan="2">구분</th><th rowspan="2">적용기준</th><th rowspan="2">비고</th></tr>
<tr><th>분야</th><th>계획요소</th></tr>
<tr><td rowspan="6">공통</td><td rowspan="3">건축물 에너지 효율등급 인증제도</td><td>일반주거지역내 건축물은 '건축물 에너지효율등급' 2등급 이상 득하여야 함</td><td>의무</td></tr>
<tr><td>총 에너지 절감률 35% 이상</td><td>권장</td></tr>
<tr><td>공동주택의 총 에너지 절감률이 35% 이상인 경우에는 '경기도 도시재정비위원회 심의기준'에 따라 추가용적률 부여</td><td>인센티브</td></tr>
<tr><td rowspan="3">친환경 건축물 인증제도</td><td>일반주거지역 내 건축물은 친환경건축물 인증을 받아야 함</td><td>의무</td></tr>
<tr><td>친환경건축물 인증 점수 70점 이상</td><td>권장</td></tr>
<tr><td>공동주택이 친환경 건축물 인증 점수 70점 이상을 받은 경우에는 '경기도 도시재정비위원회 심의기준'에 따라 추가용적률 부여</td><td>인센티브</td></tr>
<tr><td rowspan="6">토지 이용 및 건축</td><td rowspan="2">복합토지 이용계획 및 대중교통지향형 개발</td><td>역세권, 간선도로 교차지, 상업지역 주변 등 대중교통이 용이한 지역을 고밀복합형, 압축적 도시공간, 특별계획구역으로 개발</td><td>권장</td></tr>
<tr><td>대중교통전용지구를 시범 지정하여 대중교통 이용률 향상
(승용차접근 억제)</td><td>권장</td></tr>
<tr><td rowspan="4">건축물 및 단지계획</td><td>건물의 주동방향은 일조 및 자연채광이 양호하도록 배치
(남향, 동남향 또는 서남향 배치 원칙)</td><td>권장</td></tr>
<tr><td>지하주차장 등은 일정 면적마다 개폐가 가능한 천창 또는 측창 설치</td><td>권장</td></tr>
<tr><td>바람길을 막는 건축물 배치 지양, 단지외곽 부분은 고밀개발 지양</td><td>권장</td></tr>
<tr><td>실의 용도와 향을 고려한 평면계획(남측최대, 북측최소)</td><td>권장</td></tr>
<tr><td rowspan="5">교통</td><td rowspan="3">자전거 보관소 설치 등</td><td>친환경건축물 인증제도 인증심사기준 상 자전거 보관소 및 자전거전용도로 설치여부 내용 중 2급 이상 득하여야 함</td><td>의무</td></tr>
<tr><td>친환경건축물 인증제도 인증심사기준 상 자전거 보관소 및 자전거전용도로 설치여부 내용 중 1급 이상 득하여야 함</td><td>권장</td></tr>
<tr><td>자전거 보관소는 비와 바람을 막을 수 있고 도난방지 가능한 시설 설치</td><td>의무</td></tr>
<tr><td>자전거 (전용) 도로</td><td>해당시군 자전거이용시설정비계획에 부합 · 연계한 자전거도로를 설치하여야 하며, 자전거도로가 대중교통수단으로 일정부분 이용될 수 있도록 교통계획을 수립</td><td>의무</td></tr>
<tr><td>보행자 전용도로</td><td>촉진계획 결정(변경)신청 시 보행자도로 연계동선도 제시</td><td>의무</td></tr>
</table>

(표 계속)

교통	교통 수단간 네트워크	자전거도로가 역 · 정류장 등 대중교통과 연계될 수 있도록 촉진계획 결정(변경)신청시 자전거도로 연계동선도 제시	의무
공원 · 녹지	공원 · 녹지	지구면적의 7% 이상	의무
		지구면적의 10% 이상	권장
		공원 · 녹지계획은 기존 공원 · 녹지 및 주변환경과 조화되고, 지구전체 내 균형있게 배분되도록 계획하며 도시전체의 녹지축과 연계될 수 있도록 계획	의무
	대지내 조경	20세대 이상의 공동주택은 단지면적의 30% 이상 *조경면적에는 건축법에 의한 공개공지 면적 등을 포함할 수 있음	의무
		단지면적의 40% 이상	권장
	생태 면적률	친환경건축물 인증제도 심사기준 상 생태면적률 4급 이상	의무
		친환경건축물 인증제도 심사기준 상 생태면적률 2급 이상	권장
		옥상녹화계획 등에 대하여는 (재)경기농림진흥재단의 도시녹화지원사업(공사비의 50% 지원)과 연계방안 검토	권장
에너지	에너지 저감 및 고효율 기자재 사용 등	20세대 이상의 공동주택은 주택건설기준 등에 관한 규정 제64조에 의거 주택사업계획 승인시 주택성능평가를 받아야 함	의무
		공동주택단지내 공용시설 조명기기(보안등, 주차장등, 복도등 등)를 LED조명기기로 설치하기 위하여 ESCO사업과 연계하여 추진	권장
		공공청사에 대해서는 건축법에 의한 건축물 에너지 효율등급 인증제도에 따른 건물에너지효율 1등급 이상	의무
		그 외 공공기관이 신축하는 건축물의 에너지 성능지표(EPI) 검토서의 평점합계가 74점 이상이 되도록 설계	의무
		공공기관은 신증축, 리모델링 시 고효율에너지기자재 인증제품 또는 에너지소비효율 1등급 제품을 사용하여야 하며, 조명기기는 30% 이상을 LED제품을 사용	의무
		각 항목 기준내용이 중복되는 경우에는 강화된 기준을 따를 것	
	신재생 에너지	신재생에너지 설치는 정부의 지원사업(그린홈 지원사업)과 연계하여 시설 설치 *신재생에너지 설치 의무적용은 경제성이 확보되는 시점, 향후 정부정책, 산업발전추이 등을 종합적으로 고려하여 별도로 정함	권장
		공공기관에서 신축, 증축 또는 개축하는 건축물 중 건축연면적 3,000m^2 이상인 경우는 「신에너지 및 재생에너지 개발 · 이용 · 보급촉진법」 시행령 제15조에 따라 총건축비의 5%(지방자치단체의 경우 7%) 이상을 신재생에너지 설치비용으로 사용	의무

(표 계속)

<table>
<tr><td rowspan="5">수자원</td><td>단지내 하천</td><td>단지내 공원 및 수생비오톱, 저류시설 등과 연계 조성</td><td>권장</td></tr>
<tr><td rowspan="2">생물서식 공간 생물서식 공간</td><td>공동주택단지 내 수생비오톱 최소 90m^2 이상 또는 육생비오톱 최소 180m^2 이상 중 1개소 이상 설치</td><td>의무</td></tr>
<tr><td>수생 및 육생비오톱 2개소 설치</td><td>권장</td></tr>
<tr><td>빗물이용 시설</td><td>- 공공건축물 및 공공시설, 신축학교로서 지붕면적 2,000m^2 이상
- 공동주택으로서 300세대 이상
- 건축연면적 30,000m^2 이상인 건축물 등</td><td>권장</td></tr>
<tr><td>중수도 이용</td><td>20세대 이상의 공동주택(복합건축물 포함), 업무시설, 판매시설</td><td>권장</td></tr>
</table>

1. 탄소중립도시 계획모형에 대한 이해

일반적으로 도시, 건축, 조경 등 공간계획 분야에서 모델(model)이라 함은 공간구조모델과 계획절차모델로 구분할 수 있다. 전자는 도시지역 전체나 일정 구역의 토지이용, 교통, 공원녹지, 단지 등의 물리적 구조나 기능배치에 따른 공간의 평면적 · 입체적 형태(form)를 결정하는 원리나 방법에 관한 것이다. 그리고 후자는 계획주체가 계획과 관련된 다양한 정보와 인적 자원을 동원하여 계획의 대상과 서비스를 시공간상에서 조직화해가는, 지식활동과 의사결정의 과정(process)에 관한 것이다[1].

본서에서의 계획모델은 공간구조모델이 아닌 계획절차모델에 관한 것이다. 공간구조는 도시마다 개별성과 독자성이 있어 일반화하기 어렵고 또한 국가별 사회문화적 상황에 따라 형태를 달리하여 표준모델로 정립하기 어려운 측면이 있다. 이에 반해 절차모델은 합리적 계획이론(rational planning theory)에 근거한 계획가의 준거(referendum)적 행동모델이기 때문에 일반화가 가능하고 범용성을 확보하기 쉽다. 합리적 계획모형은 개별성보다는 보편성을, 특수성보다는 범용성을 계획활동의 우선적 가치로 내세우고 또한 이성적 사유와 공리적 방식을 전제로 하여 정보의 분석과 판단이 이루어진다. 또한 일반 대중이 용이하게 계획내용에 접근할 수 있고, 의사결정 과정에 민주적 원리가 작동하여 다중은 물론 소수집단의 참여도 원칙적으로 보장한다. 따라서 이에 근거한 탄소중립도시 계획절차 모형은 다음과 같은 특징을 가지고 있다.

· 계획의 중요 의사결정 과정이 관계자나 일반시민 모두에게 계획조건에 따라 제한적 또

1) 흔히 자연과학에서 모델이라 했을 때는 과거와 현재의 원인에 관한 정보를 바탕으로 미래의 산출물을 투사하는 수리적 추정방법에 관한 것을 말한다. 그러나 계획론에서의 모형은 계량적 추산방법에 관한 것이 아닌, 공간적 형태나 작업의 절차에 관한 것을 지칭하는 것이 일반적 용례이다.

는 완전 공개됨으로써 투명성을 확보한다.

· 중요 의사결정 단계에서의 판단은 소수 관계자가 좌우하는 게 아니라 관계인의 합의(또는 동의)하에 이루어진다.

· 계획에 대한 신뢰는 정보의 정확성과 객관성(불편부당성)에 의거하여 획득한다.

· 계획주체나 참여자의 제안 및 과학적 결과예측의 변동성에 의해 계획의 전략적 목표에 관한 대안을 만들 수 있고, 그 결과를 합리적으로 추산할 수 있다.

· 계획의 대안과 효과에 대한 판단은 무엇보다 과학(계량)적인 평가에 기초한다.

관행적인 도시계획 수립 활동에는 과학적 분석만이 아닌 정치 · 사회적 판단이 개입하여 계획의 내용이 전문가의 제안을 벗어나는 경우가 가끔 발생한다(예: 개발지역 지정이나 보전지역 해제 등). 절차의 민주성만 확보된다면 비록 합리적 계획모형일지라도 계획과정에서의 사회적 영향(예: 이익집단 요구)을 적정 허용한다. 이것은 내용적 합리성(객관성 · 정확성) 뿐만 아니라 절차적 합리성(투명성 · 합의)도 계획의 중요한 측면임을 말해준다. 그러나 일반 도시계획과는 달리 탄소중립계획은 그 과정이 일련의 과학적 접근, 특히 계량적 분석이 중심을 이루기 때문에 결과에 대한 정치 · 사회적 영향은 비교적 미약하다고 할 것이다. 국가나 자치단체가 기업, 공공기관 등에 탄소감축량을 할당하고 개발사업 종류별로 감축비율을 설정한 상태에서는 탄소감축량 산정을 위한 과학적 접근 과정에 사회적 영향력이 발휘될 가능성은 많지 않다. 다만 계획 초기에 감축시나리오를 만드는 과정에서 시민단체나 관계기관의 의견개진이 활발하게 일어날 수 있고, 이런 과정에서 감축 비율의 조정이 일어날 수도 있다. 그러나 이 과정 또한 과학적 추정에 의한 유동성 범위 안에서 이루어지는 것이기 때문에 과학성이 결여된 사회적 영향력의 소치라고 보아서는 안된다.

합리적인 정보수집과 분석 그리고 판단을 하기 위해서는 계획수립의 절차를 구성하고 단계별로 계획의 대상과 결과물을 조직하여, 이를 일련의 시간적 순서로 배열하여 활동간의 위계적 · 논리적 상충을 없애는 것이 필요하다. 일반적인 도시계획의 절차적 구성은 다음과 같이 정리될 수 있다.

· 계획목표 설정에 관한 사항

· 계획대상의 객관적 현황분석에 관한 사항

· 현황을 종합하여 계획대상의 특징과 잠재력 · 한계점 도출에 관한 사항

· 계획지표와 하위 세부 계획목표를 설정하는 기본구상에 관한 사항
· 계획지표 달성을 위한 부문별 계획에 관한 사항
· 계획내용의 실천을 위한 집행에 관한 사항

탄소중립도시는 기존의 도시계획 방식에 더하여 계획대상 도시의 탄소발생 특성을 분석하고 계획연도의 감축량을 설정하며 이를 실천하기 위한 세부 감축계획을 수립하고 이를 최종적으로 평가하는 과정이 더해진다. 여기서 평가는 계획으로 인한 탄소감축 총량을 산정하고 이에 의한 경제성을 평가하는 계획과정을 말한다. 따라서 탄소중립도시 계획모델을 설정하기 위해서는 기존 도시계획 절차 모델에 평가부분을 최종적으로 더하는 과정이 필요하다.

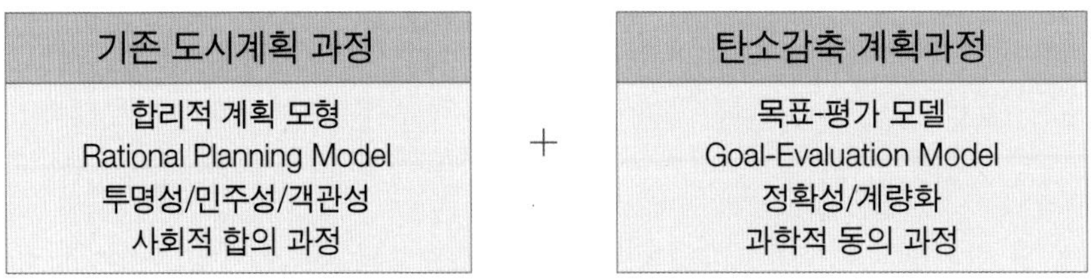

그림 3-1. 탄소중립도시 계획모델

2. 탄소중립도시 계획모델 설정

가. 계획모델의 구성요소

다음의 그림은 탄소중립 도시 계획을 통해 달성하고자 하는 탄소중립의 구성요소와 적용 계획기법을 나타낸다. 도시를 대상으로 아래와 같은 계획단계별로 세부 탄소감축 계획기법을 적용하여 도시계획을 수립할 경우, 각각의 도시부문계획에 대응하여 계획지표별로 탄소중립계획을 수립할 수 있고, 세부 지표별로 탄소저감량 · 흡수량 등을 산출할 수 있다. 탄소중립 도시계획은 탄소배출 여건 분석, 탄소감축 목표 및 지표 설정, 지표별 탄소감축계획 수립과 감축량 산정, 주민행동계획 등 일련의 과학적이고 수리적인 절차를 거친다. 이런 과정은 기존 도시계획의 기법으로는 처리할 수 없는 특정한 기술적 절차이기 때문에 별도의 기술적 계획인 '저탄소 환경계획'이라는 새로운 계획수단을 도입할 수 밖에 없다.

기존 공간(도시)계획

항목	계획내용
현황 분석	산업 토지이용 교통 주택 공원녹지
기본 구상	인구추산 계획지표 공간구조
부문 별 계획	산업, 교통, 주택, 공원녹지, 토지이용계획 등
집행 계획	행재정계획 투자계획

탄소중립도시계획 (저탄소 환경계획 도입)

항목	계획내용
탄소배출 여건분석	탄소배출원 탄소흡수원 탄소정보지도
탄소감축 목표	감축목표 설정 저탄소지표
지표별 감축계획	탄소저감계획 탄소흡수계획 탄소회피계획
행동계획	주민참여 시민행동지침

탄소중립도시 평가

평가지표	성취도
에너지 사용량 탄소 발생량	KW/yr toe/m^2 tCO_2 e/yr
감축비율	tCO_2 e/yr 비율(%) BAU 대비
지표별 감축량	KW/yr tCO_2 e/yr
총감축량 경제성 평가	tCO_2 e/yr 원(혹은 $)

나. 탄소중립도시 계획수립 단계

저탄소 녹색도시를 만들기 위한 절차는 'ICLEI, 지속가능성을 추구하는 세계지방정부협의회(ICLEI, Local Governments for Sustainability)[2)]'에서 진행한 기후보호도시 캠페인에 적용된 5단계 계획과정을 참고해 볼 수 있다. 1993년 ICLEI에 참석한 세계 각국의 지방정부

2) 자치단체국제환경협의체(International Council for Local Environmental Initiatives-Local Governments for Sustainability)는 1990년 UN 및 UCLG(세계자치단체연합)의 후원으로 발족, 80개국 1250 자치단체가 회원으로 가입하였고, UNEP 국제적 자문기구이자 IPCC 공식 옵서버 기구로서 지위를 갖고 있으며, UNFCCC(UN 기후변화협정), UN-HABITAT, WEF(세계경제포럼) 등의 공식 파트너이다. 범세계적 파트너쉽을 통해 전세계 환경기구 및 조직과 협력하고 있고 기후변화 대응 및 완화를 위한 지원방안 모색과 함께 지방차원에서 지구온난화 대응 프로젝트나 프로그램을 실현하는데 지원을 하고 있다.

리더들은 뉴욕 UN본부에 모여 지방자치단체나 도시차원에서 기후변화에 대응하기 위한 기후보호도시(CCP, Cities for Climate Protection) 운동을 추진할 것을 선언했다. ICLEI의 기후보호도시 캠페인 가이드북에 의하면 도시기후변화 방지를 위한 '5개의 이정표 과정(Five Milestone Process)'을 제시하고 있는데, 거기에는 5단계에 걸친 입증된 기후행동조치를 담고 있다.

단계	내용
1단계	온실가스 배출 목록을 작성하고 전망한다(인벤토리 구축).
2단계	온실가스 저감 목표를 설정하고 도시계획을 수립한다.
3단계	지방자치단체의 실행계획을 작성하고 시의회의 승인과 시민사회의 동의를 구한다. 시는 온실가스를 저감하고 배출목표를 달성할 수 있는 계획을 상세히 수립하여 실행 계획에 반영한다.
4단계	계획한 정책과 조치를 효율적으로 집행한다.
5단계	온실가스 저감을 위한 정책과 조치의 시행을 모니터링하고 결과를 평가 및 검증한다.

이 방법은 저탄소 녹색도시의 온실가스 감축 저감에도 그대로 적용될 수 있다. 여기서 더 나아가 지방자치단체는 온실가스를 감축함에 따라 절감되는 운영비로 탄소기금 등을 조성할 수도 있다. 도시가 이산화탄소 저감목표를 설정하고 저감목표에 도달하기 위한 구체적인 행동단계는 다음과 같다.

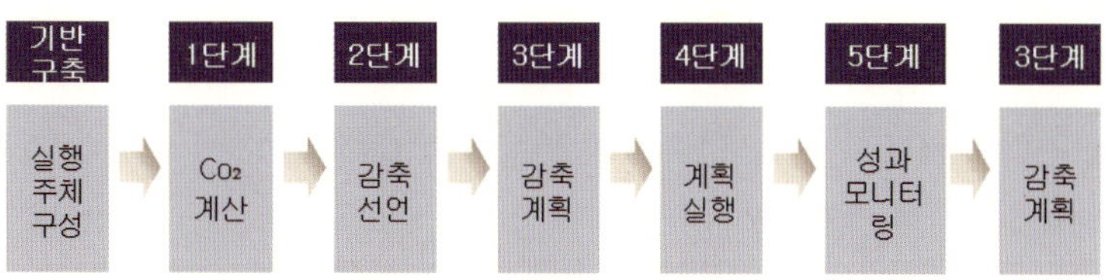

그림 3-2. 탄소중립도시 계획 5단계

1) 기반구축 단계: 실행주체 구성 (계획팀/협업체계)

기반구축 단계는 해당 지방자치단체가 전담부서, 기후변화대응위원회, 사무국 등을 구성하는 것이다. 지속가능발전센터나 저탄소녹색도시위원회 등과 같은 형식이 될 수 있다. 위의 조직을 구성함에 있어서 그 구성원을 어떻게 구성할 것인가는 매우 중요한 문제이다.

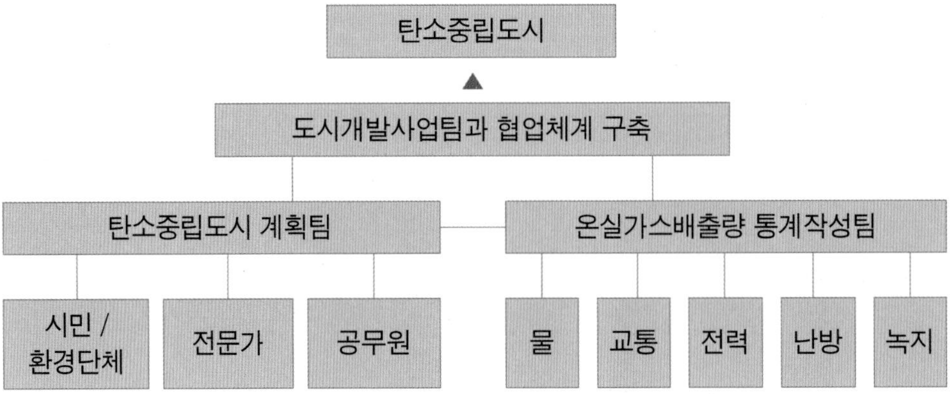

그림 3-3. 탄소중립도시 추진체계

2) 온실가스 현황인벤토리 및 계획인벤토리 구축

두 번째 단계는 구성된 위원회나 사무국을 중심으로 온실가스 인벤토리를 구축하는 단계이다. 인벤토리를 구축하는 일은 배출원과 배출량을 기재하는 것인데, 온실가스 인벤토리를 통해 도시가 기후변화에 미치는 영향과 도시에 존재하는 저감 가능성을 알 수 있고, 효과적인 온실가스 저감 정책을 설정하는데 기본 자료로 활용할 수 있다. 인벤토리 구축을 위해 우선시 되어야 할 것은 도시의 에너지 구조를 진단하는 것이다. 에너지 진단을 위해서는 관련 통계자료가 필요하며, 관련 자료를 통해서 이산화탄소가 어디서 얼마나 발생되고 있는지, 그에 따른 비효율적인 에너지 구조를 가진 곳은 없는지를 진단할 수 있다.

3) 감축목표량 및 시나리오 설정

세 번째 단계는 지자체 구성원들 사이에 충분한 사전 논의와 협의를 통해 감축 목표량을 설정하는 것이다. 또한 3단계는 이를 위한 목표연도까지의 감축 실행계획을 수립하는 것이다. 감축목표는 현재 기준으로 몇년도까지 몇 %의 이산화탄소를 줄이겠다는 형식으로 표현되는데, 감축목표가 설정되어야만 설정된 목표와 계획에 따른 감축 프로그램 등을 진행할 수 있다. 감축목표를 설정하는 과정은 전 구성원이 참여할 수 있는 참여형 캠페인 형식이 되거나 기후변화 교육과 에너지교육 형식이 되어야 한다. 마찬가지로 목표에 따른 감축이행계획을 자율적으로 수립하는 방법은 기후변화 교육과 에너지교육이 적절하게 이루어진 상태에서 수행하는 것이다.

감축목표는 여러 가능한 정량적 대안을 제시하게 되는데, 실행이 가능한 적정한 목표량을 기준으로 감축량 달성이 비교적 쉬운 최소량과 목표달성이 아주 어려운 최대량 이 세 가지를 시나리오로 제시할 수 있다. 상위단계의 시나리오가 만들어지면 에너지, 자원, 녹지, 시민행동 등 하위 분야별 감축목표의 비율과 감축행동계획이 개략적으로 만들어지게 된다.

4) 탄소감축 행동계획

네 번째 단계는 감축실행단계이다. 계획이행의 첫 번째는 에너지 효율 높이기, 낭비되는 에너지 줄이기 등을 통해서 실현되는 이산화탄소 감축이다. 가정의 전기사용에서부터 난방까지 기후변화에 대한 정주지의 영향을 저감 할 수 있는 다양한 방법이 존재한다. 에너지효율이 높은 기구사용, 에너지 효율적인 건물설계, 각 건물의 적정온도 유지 등을 실천할 수 있다. 또한 에너지 효율적인 이동체계를 구축하고 가능한 대중교통과 카풀을 장려한다. 연료 효율이 높은 차량을 선택하고 기후친화적인 바이오연료를 사용하도록 계획할 수도 있다.

5) 계획평가: 경제성 평가 및 감축량 모니터링

마지막 5단계는 실행여부를 평가하고 보고서를 작성하여 도시의 감축노력과 감축성과를 공개하고 향후 모니터링을 하는 단계이다. 또한 이산화탄소를 줄이는 과정은 결코 쉽지 않기 때문에 감축 성과를 반드시 공유하고, 향후 홍보해 나가는 과정이 무엇보다 중요하다. 특히 행사와 홍보를 통해 조성된 기금을 탄소기금 등으로 활용한다면 이는 사회 전 구성원이 자발적이고 지속적으로 참여하는 중요한 동기가 될 것이다. 감축된 탄소량에 해당하는 경제적 가치를 추산하는 과정도 계획의 마지막 단계에서 수행해야 할 주요 작업이다. 일반적으로 탄소감축량에 해당하는 만큼의 탄소배출거래권(CERs)으로 경제적 가치를 환산하는 경우가 많은데, 현재 시점의 탄소거래시장에서의 이산화탄소 톤(ton)당 금액을 구하면 총 가치를 추정할 수 있다.

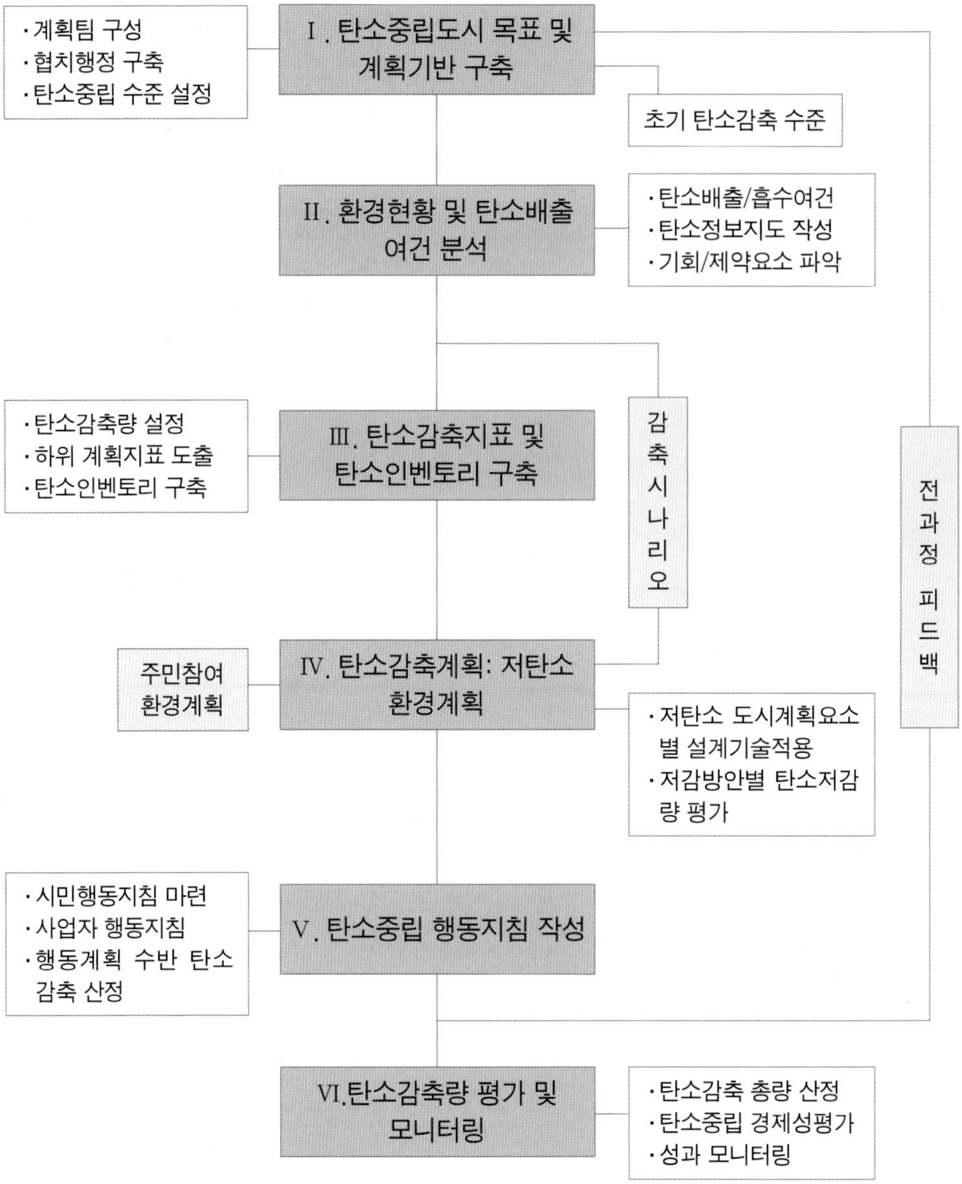

그림 3-4. 탄소중립도시 계획수립 절차

3. 탄소중립 계획수단으로서 저탄소 환경계획

가. 저탄소 환경계획의 개념

현재 전세계적으로 저탄소 사회를 위한 다양한 정책이 제시되고 있으나 실제 정책시행에 따른 탄소저감량을 산정하기 어려운 것이 현실이다. 현재 국가단위에서는 사회분야별, 도시부문별 탄소배출량 계산이 가능하도록 기초적인 통계만을 구축하였을 뿐이다. 각 지방자치단체는 기후변화 대응을 위하여 목표연도의 온실가스 배출량 감축목표와 다양한 정책을 제시하고 있으나 실제 추진된 정책이 어느 정도 효과가 있는지 파악하기 어렵다. 이는 세부 시설종류별, 활동단위별 에너지 소비량에 관한 상세한 정보체계가 구축되어 있지 않기 때문이다.

도시는 탄소배출이 집중되는 지역으로 탄소감축의 핵심 대상이다. 도시는 주거용지, 산업용지, 도로 등 각 토지용도별로 탄소배출의 특성이 상이하므로 각각의 특성에 맞추어 탄소저감이 가능하다. 각 도시마다 생산시설의 규모, 도로의 집적, 인구밀도, 인구증가 추세, 공원녹지 분포면적 등에 따라 탄소배출 여건이 다르다. 도시별로 탄소배출 여건에 맞는 탄소저감계획을 수립하고 이를 통해 얻을 수 있는 탄소저감 효과를 양적으로 확인할 수 있다면 탄소감축 정책이 탄력을 받을 것으로 판단된다.

특히 도시개발은 탄소 고배출의 주요 원인으로 탄소감축이 무엇보다 시급하다. 기존 시가지에서의 에너지소비는 점진적으로 증가하거나 정체되어 있는데 비해, 신규 개발지에서는 건설공사 과정에서는 물론 입주 이후 급격한 인구유입 과정에서 에너지소비가 급증하게 된다. 따라서 택지개발 등 신규 개발지의 탄소감축계획은 별도의 대책을 마련해야 하는데, 그렇게 하려면 도시단위의 산업부문별, 서비스부문별 감축계획으로는 접근이 불가능하고 물리적 환경요소별, 자세한 활동종류별로 탄소배출량을 계산하고 감축방법을 제시해야 한다. 이는 다음 장에서 제시하고 있는 탄소인벤토리 분류상의 구역단위, 단지(블록)단위에 해당하는 탄소감축 계획체계이다.

소규모 공간단위에 적용되는 저탄소 계획은 상위 행정단위에서 수립되는 탄소감축계획과는 접근방식과 계획내용에서 큰 차이를 가지고 있다. 행정단위 탄소감축계획이 산업분야별, 도시부문별 탄소인벤토리를 활용하여 탄소배출량을 계산하고 추상적 대상과 주체를 대상으로 기후행동계획을 수립한 것이었다면, 소규모 단위 저탄소 계획은 토지이용별, 세부 감축행동 요소별(계획요소별) 배출량 및 감축량을 추산하고, 현실의 특정 공간 · 시설과 주체를 대상으로 기후행동계획을 마련하게 된다. 탄소감축의 대상과 주체가 구체화될수록 계획의 실행력과 효과가 보다 명시화되고, 그럼에 따라 상위의 추상적 계획과는 다른 별도의 독자성과 정체성을 갖게 된다.

도시 내부의 일정 개발구역 단위에서 대상지의 환경적 특성, 즉 탄소배출 · 흡수 여건과 탄소급증 요인에 맞게 수립되는 별도의 탄소감축계획이 곧 '저탄소 환경계획'이다. 이 계획은 저탄소 설계기법을 통하여 도시구조에서 발생할 수 있는 탄소를 저감하고 기후행동과정에서 주민들의 적극적 참여를 이끌어내는 것이 목표이다. 또한 기존의 환경계획은 생물다양성 확보가 최대 목표였다면 저탄소 계획은 구역에서 배출되는 탄소를 감축하는 것이 목표이다. 저탄소 환경계획은 기존의 환경계획을 저탄소 관점에서 재편하고 새로운 설계기법을 도입하여 탄소저감량을 확대해 나가는 기술적 계획이다.

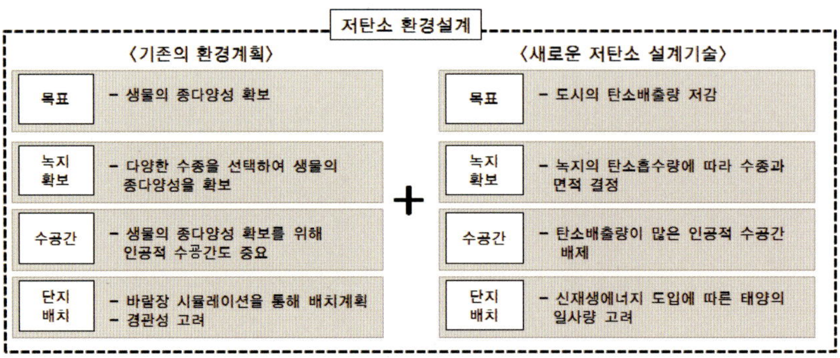

그림 3-5. 저탄소 환경계획의 개념 발전

기존의 환경계획과 저탄소 환경계획의 차이점을 예를 들어 설명하면 다음과 같다.

예 1: 녹지 확보의 경우 기존 환경계획에서는 다양한 생태계의 보전과 녹지체계 도입을 통해 생물의 다양성 증진이 고려사항이었다면, 저탄소 환경계획에서는 녹지의 탄소흡수량까지 고려하여 수종선정시 탄소 흡수력이 높은 수종을 선택하는 것이 중요한 사항이다.

예 2: 수공간 창출의 경우 기존 계획은 생물서식기반 확보 차원에서 에너지가 소비되는 인위적 수순환체계의 도입도 배제하지 않았으나, 새로운 환경계획은 에너지 소모가 많은 인공적 수공간은 최대한 배제하고 있다.

예 3: 미기후 관리의 경우 기존에는 바람장이나 열환경 시뮬레이션을 통한 단지나 건물의 배치를 조정하는 계획이었다면, 이제는 여기에 그치지 않고 건물옥상 태양광 패널 도입에 따른 태양의 일사량 및 표면 복사량의 변화, 하절기 지표면 열파에 의한 저층부 주택의 냉방에너지 증가를 억제하기 위한 주동건물 주변 열파차단 녹지대 설치까지도 고려하고 있다.

나. 저탄소 환경계획을 통한 탄소감축의 범위

본서에서는 저탄소 환경계획을 작성하여 이를 실제 개발계획에 적용하는 방안을 제시하였다. 기존 도시의 탄소배출량을 계산하고 개발계획안의 탄소배출량을 계산하여 비교검토 한 후, 저탄소 설계지침을 적용하여 탄소를 저감한다. 기존 도시와 개발계획상의 탄소배출량은 주거지역, 상업지역, 공공용지 등 토지이용별로 계산할 수 있으며, 대부분 기존 도시에 개발계획이 수립될 경우 인구수 증가에 따라 탄소배출량이 증가할 것으로 예상된다. 이에 저탄소 설계지침을 적용하여 탄소배출을 줄이고 실제 탄소저감량을 계산하여 이를 다시 개발계획안에 반영시키는 과정을 거친다.

실제 사업지구에 적용할 경우 저탄소 계획은 탄소저감, 탄소흡수, 탄소회피를 위한 설계기법으로 구분할 수 있다.

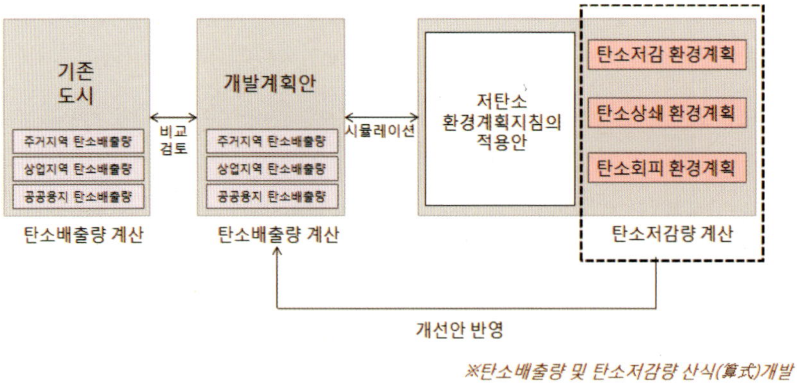

※탄소배출량 및 탄소저감량 산식(算式)개발

그림 3-6. 저탄소 환경계획기법의 적용방법

1) 탄소저감 예시

단지내 건축물 배치를 통해 에너지를 절감하는 계획기법을 도입한다. 바람장 시뮬레이션 및 열환경분석을 통하여 단지내 건축물 배치를 조정하여 여름의 열섬현상을 방지하고 외부 온도를 낮추어 에너지를 절감한다. 공동주택의 외피시스템을 도입하여 에너지사용량을 절감할 수 있는데, 옥상 · 벽면녹화, 환기시스템, 창호시스템을 도입하여 공동주택의 에너지사용량을 절감하여 탄소배출량을 줄인다.

도시 또는 사업지구별로 수립되는 저탄소 계획을 '저탄소 환경계획'으로 규정하고, 계획에는 탄소저감을 위한 주민행동계획지침을 도입한다. 가족과 함께 탄소 다이어트 가계부 작성을 통해 친환경 생활을 실천하며, 각 가정에서 에너지, 물소비절약, 쓰레기 절감운동을 실시하고 친환경적 소비패턴을 창출한다. 또한 환경공동체 교육, 훈련을 통해 친환경 도시환경 조성에 기여한다.

2) 탄소흡수 예시

탄소흡수를 위하여 공원은 물론 녹도 등을 조성하여 녹지면적을 확대하고, 수종별 탄소흡수지표를 활용하여 적절한 수종을 선택한다. 동시에 단지내 조경 등 민간부문에 일정비율 이상의 조경식재를 할 수 있도록 지침을 제시하고, 지구단위계획 또는 건축기준을 활용하여 용적률 등에서 인센티브를 제공하며, 민간조경부분에서도 탄소흡수효과가 큰 수종을 선택할 수 있도록 유도하여 민간의 조경식재 비율을 상향시킨다.

습지 등에 식재된 갈대 및 수생식물과 식물플랑크톤의 광합성 작용으로 탄소흡수효과를 기대할 수 있다. 갈대 등 수생식물은 3.6kg/m², 식물플랑크톤은 0.5kg/m² 탄소흡수효과가 있으므로 생태연못 및 습지계획을 통해 탄소를 흡수할 수 있도록 계획을 만든다.

3) 탄소회피 예시

교통계획을 통해 대중교통 분담률을 높여 탄소배출을 회피하는 방안을 도입한다. 대중교통 분담률을 높였을 경우, 자동차의 평균운행거리를 단축하는 효과가 있어 탄소배출을 회피할 수 있다. 또한 토지이용계획을 통해 직주근접배치를 유도하고 고밀집적형 개발방식을 통해 자동차 이동거리를 단축하여 탄소배출을 회피할 수 있다. 도시내 산업 및 상업시설과 주거지를 근접 배치함으로써 자동차 이용율을 낮추고, 고밀집적형 개발방식(Compact City)을 도입하여 불필요한 교통수요를 줄이는 것도 중요한 탄소회피 수단이다. 소각장, 지역냉난방, 지역발전설비, 하수처리장 등을 집적시키고 연결시켜서 지역에너지 시스템을 효율화시킨다.

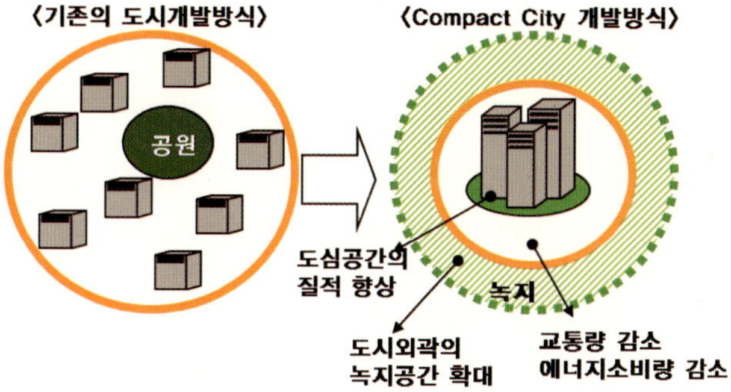

그림 3-7. 고밀집적형 개발방식을 통해 탄소발생을 회피하는 방안

단지내 도로설계를 통해 자동차 이동거리를 단축한다. 단지내 주차장과 진출입구 위치, 주요 근린시설의 배치 등에 관한 시뮬레이션을 통해 자동차의 이동거리를 탄축하여 탄소발생을 회피할 수 있는데, 통근, 통학, 생활이용 등을 위해 자동차를 운행할 때, 100m의 거리를 단축할 경우 탄소 발생량 500kg을 절감하는 결과를 가져온다.

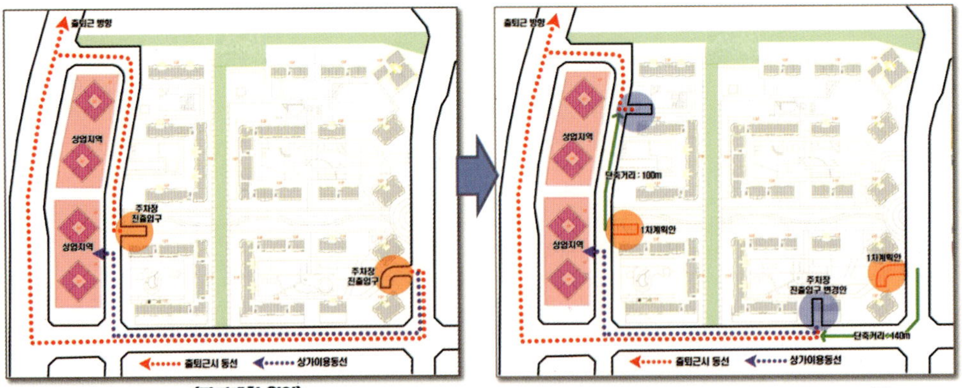

〈단지계획 원안〉 〈진출입구 변경으로 자동차 이동거리 단축〉

그림 3-8. 단지내 도로설계를 통해 탄소발생을 회피하는 방안

다. 저탄소 환경계획의 내용적 구성

탄소중립형 도시개발을 추진하기 위한 계획적 수단인 저탄소 환경계획은 개발계획의 부문계획일 수도 있고, 별도의 계획체제일 수도 있으나, 공히 독립적인 성격을 갖는 계획이란 점을 인식하여야 한다. 기존 도시계획이나 단지계획 등의 일부로서 존재하는 게 아니라 별도의 부문을 형성하거나 독립적인 체제를 갖는 계획이란 것이다. 그러나 개발계획과 긴밀히 연계되어 도시계획이나 교통, 조경, 건축, 수자원, 에너지 등 각종 엔지니어링 실무계획 분야와 협동작업을 통해 작성된다. 여기에는 계획목표, 탄소배출여건 분석, 탄소감축 시나리오, 탄소인벤토리 구축, 부문별 환경계획, 저탄소 토지이용 및 지구단위계획 작성, 탄소감축량 평가, 집행계획 등이 포함된다. 저탄소 환경계획의 핵심은 생태녹지체계에 기초한 생태적 토지이용계획을 작성하여 녹색기반을 만들고, 탄소배출저감 및 흡수계획을 통해 탄소감축량을 산정하는 것에 있다.

표 3-1. 저탄소 환경계획의 핵심 내용

구분	저탄소 환경계획 핵심 내용	
1. 녹색기반	1) 녹색도시 공간구조	생태적 토지이용: 생태평가, 보전적지 설정, 생태녹지체계 설정
		녹색단지 조성 지구단위계획 지침
	2) 환경생태기반	자연지형 보전
		생태보전 · 창출 · 복원
		미기후 관리, 청정환경(오염예방)
2. 탄소감축	1) 탄소완화(저감, 회피)	에너지자립
		자원순환
		녹색 · 대중교통
	2) 탄소흡수	탄소 흡수림, 탄소고정습지 조성
		탄소흡수율 우수 수종 식재, 식생밀도 강화
	3) 탄소감축량 산정	탄소감축 목표 · 지표 · 시나리오
		개발전후 탄소배출량 산정

택지개발사업을 예로 들어 저탄소 환경계획을 적용했을 경우에 실제 수행해야 할 계획의 세부 내용을 예시하면 아래와 같다.

· 계획의 지향체계와 특성
· 환경적 특성 및 탄소중립도시 여건 분석
· 계획구상: 탄소감축 목표 및 계획지표 설정
· 탄소인벤토리 및 탄소감축량 산정모형 구축
· 부문별 환경계획
· 공간계획 및 분야별 실시설계와 연계
· 탄소감축 등 저탄소 환경계획의 효과에 대한 종합평가
· 집행계획

저탄소 환경계획의 내용(택지개발지구 적용 예시)

1. 계획의 지향점
- 계획의 배경 및 목적
- 본 계획의 성격
- 계획의 방법과 절차

2. 계획여건 및 환경적 특성 분석
- 일반 현황과 녹색도시 여건 분석
- 개발사업에 의한 탄소급증 요인 분석
- 탄소배출 및 흡수 여건 분석
- 탄소감축 및 기후행동 여건 분석

3. 환경계획 구상
- 계획의 방향과 하위목표
- 유사 계획사례 분석
- 저탄소 공간모형 구상
- 탄소감축량 목표와 시나리오 구성
- 저탄소 환경계획 지표 설정
- 저탄소 녹색지표 적용방안 구상

4. 탄소인벤토리와 감축량 산정모형 구축
- 탄소배출량 산정방법
- 탄소인벤토리 분류체계 설정
- 탄소감축량 추계 논리모형 구축

5. 부문별 환경계획 작성

1) 저탄소 공간구조 구상
- 대상지 내외부 연결 생태녹지체계 구상
- 에너지절감 교통동선체계
- 생태효율성 제고 공간배치 구상

2) 부문별 계획: 저탄소 녹색기반 조성

(1) 저탄소 기반 구축
- 자립순환도시: 탄소저감 · 회피 부문
  - 에너지 절감 계획
  - 신재생에너지 도입 계획
  - 폐기자원 순환 계획
  - 수자원 보전 및 재이용 계획
  - 대중 · 녹색교통 도입 계획
- 탄소중화도시: 탄소흡수 부문
  - 탄소흡수 녹지 조성
  - 녹지의 탄소흡수성 제고

(2) 녹색도시 기반 구축
- 청정환경도시 부문
  - 환경오염예방
  - 미기후관리계획: 바람길, 열섬저감
- 자연공생도시 부문
  - 자연지형 보전과 지형순응계획
  - 생태보전 · 복원 · 창출계획
  - 공원녹지의 생태성 강화계획
- 녹색문화도시: 기후행동 부문
  - 녹색공동체 기후행동계획
  - 녹색문화 기후프로그램

3) 블록(단지)단위: 저탄소 녹색단지 조성
- 탄소저감계획
- 탄소회피계획
- 탄소흡수계획
- 녹색환경계획

4) 탄소감축 행동지침
- 주민행동지침
- 사업시행자 및 공공기관 행동지침

6. 공간계획 및 부문 개발계획과 연계
- 녹색 토지이용계획 작성
  - 보전적지 기초 생태녹지체계 설정
  - 녹지체계 기반 토지이용계획 작성
- 저탄소 녹색 지구단위계획 지침 작성
- 교통, 환경, 에너지, 토목, 기반시설
- 등 부문별 엔지니어 설계안에 반영

7. 계획의 효과에 대한 종합평가
- 최종 탄소감축량 산정
- 관행 개발사업 대비 탄소감축량 비교
- 탄소감축량의 경제적 효과 평가
- 예상되는 환경계획의 효과

8. 집행계획
- 환경영향평가와 연계 방안
- 친환경건축물(단지) 인증 추진방안
- 사업단계 · 주체별 환경계획 집행방안

라. 계획단계별 세부 내용

1) 현황분석 단계: 탄소발생 및 녹색도시 여건 파악

현황을 분석한다는 것은 이미 산재해 있는 정보를 환경, 기록, 사람으로부터 끄집어내는 과정이다. 그 환경이 특정 공간에 고착되어 있을 경우 계획가들은 그것을 '대상지'라고 부르고, 또한 사람이 그 대상지에 살고 있거나 직간접적으로 연관될 경우 그들을 '주민'이라 칭한다. 그리고 바로 이 대상지와 주민에 관한 통계, 서적, 영상, 문서, 수기 등 일체의 기록을 '자료'라고 말한다. 정보를 도출하기 위해선 대상지와 주민에 대한 조사, 측정, 발굴, 수집, 면담, 탐문, 참여 등의 현장 접근과 자료에 대한 과학적 처리, 통계, 복원 등 분석 작업을 수행해야 한다.

탄소중립은 기준 연도의 하한선(baseline)보다 증가될 탄소배출량과 이에 대응한 감축계획의 현실적 여건과 가능성을 분석하는 것에서 시작하고, 녹색도시는 환경보전과 녹색공동체 실현에 전제가 되는 환경적 조건과 시민적 역량을 파악하는 것에서 출발한다. 따라서 대상지 현황분석의 목표는 탄소감축계획의 기초가 되는 탄소배출 및 흡수의 여건과 녹색도시로서의 잠재력을 파악하여, 정보간의 시공간적 연관성을 찾는데 있다.

대상지의 탄소배출 여건을 파악하기 위해선 인구수 · 가구수 · 인구밀도, 토지이용별 면적, 산업활동 규모, 건물용도와 규모, 에너지원별 사용량, 폐기물 종류별 발생량, 도로 및 교통량, 공공시설 유형별 규모 등에 대한 조사가 이루어져야 한다. 자연적 탄소감축의 일환인 탄소흡수 여건을 알려면 녹지유형, 토지피복 상태, 임상 영급, 식생군락, 식생구조 등에 대한 정보가 필요하다.

택지개발, 도시재정비 등과 같은 대규모 개발사업은 가까운 미래에 탄소배출량을 급증시키는 주요인이므로 이에 대한 면밀한 검토가 이루어져야 한다. 장래 수용 인구 및 가구수, 인구밀도, 토지이용계획에서의 용지별 면적 분포, 용지별 용적율 수준, 도로율, 예상 통행량, 에너지 공급 증가량, 폐기물 발생 증가량 등에 대한 분석이 필요하다. 특히 인구와 토지이용계획은 탄소 고배출을 유도하는 결정적 요인이므로 이에 대해선 정밀한 검토가 요구된다.

탄소감축계획은 증가되는 탄소발생량에 대해 물리적 환경과 공동체의 조직을 통해 인위적 제어 장치를 만드는 것이므로, 이런 수단이 개발계획과 연동해서 현장에서 제대로 작동될 수 있는지 먼저 분석해야 한다. 개발계획이 실제 집행됐을 경우를 상정하여 개발계획 자체에 내포된 탄소발생 완화 요소를 검토해 보는 것도 필요하다. 개발계획 자체에 포함된 에너지공급, 폐기물처리, 하수처리, 공원녹지계획 등을 검토하여 탄소감축 요인을 발견해야 한다. 한편 개발계획과는 다른 별도의 탄소감축계획의 성격을 띠고 있는 '저탄소 환경계획'은 아주 중요한 탄소감축 여건 조성에 해당한다. 그래서 탄소감축을 위해 이 계획이 실제 작동되려면 사업시행자의 감축사업 추진의지와 함께 추진능력을 파악하는 것도 중요한 분석항목에 해당한다. 사업시행자의 비용부담 능력, 즉 감축계획 추가에 따른 사업성 악화 가능성을 고려해야 하고, 이미 적용된 저탄소 기술이 범용성은 물론 유지관리의 용이성도 확보하고 있는지 조사해야 한다.

이와 별도로 탄소감축계획이 시민, 기업, 공공기관의 자율적 기후행동으로 이어질 수 있는지 사회적 여건을 고찰하는 것도 병행해야 한다. 탄소감축이 제대로 이루어지기 위해서는 개발사업 시행자의 추진체계는 물론 시민조직과 녹색공동체 활동, 시민참여 프로그램 등 시민역량도 파악해야 한다. 시행자의 전체 사업추진체계 속에서 탄소감축사업이 실행될 수 있게끔 조직구성과 의사결정체계를 갖추고 있는지 파악하는 것도 분석항목에 포함된다.

녹색도시 조성과 관련된 현황 분석에는 '생물다양성'과 '환경의 질' 관점에서 항목이 구성되어야 한다. 생물다양성은 1980년대 후반부터 논의된 '생태도시계획'의 중심 개념이고 환경의 질은 '친환경 도시'의 지향점이다. 전자에 해당하는 분석 항목에는 자연지형, 생태환경 등이 있고 후자에는 환경오염, 미기후, 어메니티 등이 해당된다.

표 3-2. 대상지 현황분석 항목

분석 영역		분석 항목	분석 목표
탄소발생여건	탄소배출 여건	인구 · 가구수, 인구밀도, 토지이용별 면적, 산업활동 규모, 건물용도와 규모, 에너지원별 사용량, 폐기물종류별 발생량, 도로 및 교통량, 공공시설 규모, 수자원 분포	대상지 탄소배출원 및 흡수원 파악
	탄소흡수 여건	녹지유형별 면적, 토지피복별 면적, 영급별 면적, 수종 분포, 입목축적, 경급	
	탄소급증 요인	유입 인구 · 가구수, 증가 인구밀도, 개발용지별 면적, 용적율 수준, 도로율, 통행량, 에너지공급 증가량, 폐기물발생 증가량	장래 탄소배출원 파악
탄소감축여건	개발계획 자체감축 여건	에너지공급계획의 에너지자립계획 폐기물분리시설, 자원회수시설, 하수처리의 폐열이용, 공원녹지계획의 탄소흡수림 가능성, 탄소고정 습지 조성	개발계획 내용 분석
	탄소감축 계획 작동여건	사업자의 탄소감축 비용부담 능력 도입기술의 범용성, 유지관리 용이성 사업자의 탄소감축사업 추진의지	사업자 추진역량의 수준
기후행동여건	사업시행자	에너지절감 공사관리 규정 기후행동 사내지침 존재 여부 탄소감축 담당 집행조직 구성 여부	사업자 기후행동제도 유무
	녹색공동체	자율 시민조직 현황, 녹색공동체 활동, 시민참여 프로그램	시민 자율역량 수준
녹색도시여건	생물다양성	(지형) 지질, 표고, 경사, 향, 지형축, 특이지형, 지형경관, 수계 (생태환경) 생태자연도, 녹지자연도, 국토환경성평가도, 영급, 경급, 하천자연도, 수환경, 식생군락, 동물분포, 비오톱지도	생태도시 잠재력 발굴
	환경의 질	(환경오염) 수질, 대기질, 소음진동, 토양오염 (미기후) 풍향, 풍속, 온도, 습도, 일조, 일사, 강수 (어메니티) 자연경관, 녹색체험자원	환경개선의 대상

2) 계획구상 단계: 탄소감축 목표치와 계획지표 설정

계획에서 구상 작업은 현황분석 종합에서 나타난 대상지의 잠재력과 기회요소를 극대화 하면서 동시에 문제점과 제약요소를 극복하는 방향에서, 현상에서 나타난 기대치의 연장, 관계인의 의지, 계획가의 합리적 추론 등을 집약하여 장래에 성취할 목표를 정하고 그것이 실현될 범위를 한정하여 전략적 과제를 도출해 가는 과정이다. 목표, 시나리오, 지표, 전략, 추진방법 등이 구상단계의 핵심어이다.

구상단계에서 저탄소 환경계획의 핵심 사항은 목표연도의 탄소감축량 목표치와 함께 이를 달성하기 위한 계획의 세부 지표를 설정하는 것이다. 탄소감축량을 계산하는데 필요한 탄소인벤토리 분류체계를 만들고 감축량 산정방법을 선택하는 작업도 이 단계에서 이루어지게 된다. 이를 작업 종류별로 구분하여 설명하자면 다음과 같다.

① 탄소배출 기준 연도와 기준선(baseline) 설정

탄소감축 목표는 미래의 배출량 감축 수치로 제시되는데, 그러자면 '현재'라고 하는 기준 연도와 그 현재의 배출량을 나타내는 기준선(baseline)이 먼저 확정돼 있어야 한다. 기준 연도는 도시개발사업이 진행되는 경우 개발 이전의 현재, 즉 개발계획 작업이 막 시작된 시점(사업지구지정 시점)을 지정할 수도 있고, 계획이 진행 중인 어느 시점을 한정할 수도 있으며, 개발계획 작성이 완료되어 행정기관의 승인을 마친 시점을 대상으로 할 수도 있다. 일반적으로 기준 연도는 가장 처음의 시점, 곧 행정기관에서 사업지구를 지정한 시점으로 설정하는 경우가 대부분이다.

그리고 이에 따라 기준 배출량도 개발이 전혀 이루어지지 않은 초기 시점의 배출량을 토대로 삼게 된다. 그런데 이것은 개발사업이 수행되지 않은 기존 도시를 대상으로, 일반적인 기후변화대응 종합계획과 같은 자치단체 차원의 행정계획을 수립할 때 탄소감축 목표를 설정하고자 하는 경우에 사용하는 방법이다. 신규 도시개발사업이 추진되는 특정 지역을 대상으로 하는 경우에는 바로 개발계획이 실행될 장래의 배출량을 기준선으로 잡는다. 개발계획에서 정하고 있는 장래 목표연도의 탄소배출량이 기준량이 되는 것이다. 그러나 개발계획도 가만히 들여다 보면 여러 가지가 있을 수 있는데, 특히 탄소감축이란 관점에서 보면, 탄소감축계획(즉 저탄소 환경계획)이 적용된 개발계획과 그렇지 않은 개발계획이 존재한다. 전자는 관행적인 계획기법과 건설기술에 의존한 개발계획이고, 후자는 저탄소 계획기법과 다양한 녹색기술 적용된 수정된 개발계획이다. 저탄소 환경계획이 대상으로 하고 있는, 탄소배출량의 기준선이 되는 개발계획은 바로 전자의 관행적 개발계획을 말한다. 다시 정확히 말하자면 탄소배출 기준량은 개발이 전혀 이루어지지 않은 현재 시점의 배출량이 아니라 탄소감축 대책이 적용되지 않은 관행적인 개발계획에 의한 탄소배출량을 근거로 한다. 여기서 관행적 개발계획이란 탄소감축 대책이 수립되기 이전에 제안된 초기의 토지이용계획, 지구단위계획, 단지계획 등을 말한다. 만약 초기의 계획안이 없이 바로 탄소감축 적응 개발계획을 수립한 경우에는 일반적으로 상정될 수 있는 보통의 계획안, 과거 개발중심의 계획안을 지칭한다. 흔히 최근에 정부나 자치단체가 제정된 '저탄소 녹색도시' 혹은 '친환경 도시' 관련 행정지침이 전혀 적용되지 않은 개발계획, 시점으로 말하자면, 2000년대 이전에 성행했던 근대적 도시계획의 관행에 의해 만들어진 공간계획을 지칭한다.

② 탄소감축 목표치 설정과 시나리오 구상

탄소감축 목표치는 정량적으로 제시되어야 하고, 이를 위해선 장래의 배출량 증가 및 감소량에 대한 추계가 사전에 이루어져 있어야 한다. 그러나 개발계획안이 확정되지도 않았고, 더욱이 세부적인 탄소감축계획도 마련되지 않은 상태에서 목표연도의 탄소배출량과 감축량을 추산한다는 것은 불가능하다. 이를 타개하는 방법이 개략적인 감축비율을 제시하는 방법이다. 이 비율은 다른 도시개발의 탄소감축 사례, 정부나 자치단체에서 정한 탄소감축 목표치, 관련 행정지침에서 정한 감축 목표치 등을 참조하거나, 사업자의 실무경험, 감축의지의 수준을 종합적으로 고려하여 환경계획가가 판단하여 설정하게 된다. 그렇다하더라도 감축 목표치의 정확성이 보장되는 것은 아니다. 그래서 UNFCCC 총회에 보고되는 각국의 탄소감축 보고서나 자치단체의 기후대응계획에서 자주 사용하는 방법이 시나리오 구성법이다. 이 방법은 탄소감축의 목표치를 개략적인 비율로 제시하되, 하한선과 상한선을 두고 가운데 중간선을 만들어 이후의 감축계획에서 대안이 마련되도록 함으로써 기후대응 전략에 유연성을 부여하는 것이다.

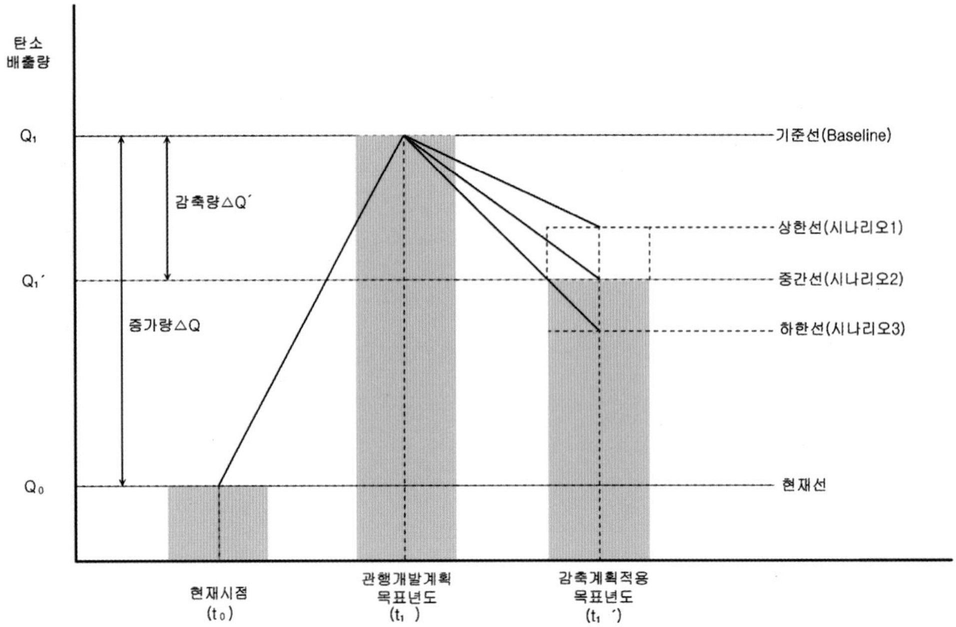

그림 3-9. 탄소감축 기준연도 · 기준선 · 시나리오

탄소감축 시나리오는 보통 세 가지 대안으로 제시된다. 첫 번째 시나리오는 탄소감축 비율이 낮게 설정된 경우로서, 수립된 개발계획에서 명시하고 있거나 법제에서 규정한 것 이외에는 탄소감축 활동을 벌이지 않는 소극적 전략이다. 두 번째는 감축비율이 높게 설정된 경우인데 별도로 수립될 탄소감축계획이 제시하는 저탄소 계획지침 상의 의무조항은 물론 권고조항까지 모두 실행에 옮기고 또한 관련 상위 행정지침의 규정까지 모두 수행할 것을 가정한 아주 적극적인 전략이다. 그리고 세 번째는 위의 중간선으로 계획지침 상의 의무조항, 행정지침의 강제이행 규정은 포함하고 일부 권고조항까지 실행에 옮길 경우를 가정한 타협적 전략이다. 대안별 시나리오에 대한 평가와 선택은 전문가들이 할 수도 있고 시민이나 시민의 의견을 물어서 정할 수도 있다.

국가나 자치단체에서 사용하는 시나리오는 보통 상위 목표치를 총괄적으로 제시하면 이를 달성하기 위해 탄소인벤토리에서 분류한 사회부문별로 감축비율을 각기 나열하고, 그러면 이 비율을 맞추기 위한 세부 전략을 개략적으로 제시하는 방식으로 구성된다. 이에 반해 개발사업에서 사용되는 시나리오는 총괄 목표치에 맞추어 계획항목별로 세부 목표치를 나열하여 계획이행의 강도를 설정하는 방식으로 구성된다.

③ 탄소감축 계획지표 설정

앞서 선택한 시나리오대로 탄소감축계획을 수립하기 위해서는 필수 계획요소와 권고 요소의 가름이 필요하다. 그러자면 탄소중립도시 요건에 해당하는 모든 계획요소를 도출한 다음에 대상지 상황, 사업여건, 감축시나리오에 맞는 지표만을 골라내는 작업이 수반되어야 한다. 이런 계획지표 설정 작업은 그동안 지속가능도시, 생태도시 등을 대상으로 널리 수행되었던 방식을 그대로 좇아가면 된다. 국내외 사례 연구, 신규 개발되는 기술 등을 고려하여 지표를 모두 나열한 다음 계획의 내용별로 계획요소를 영역화하여 위계를 만드는 것이 첫 작업이다. 그것을 가지고 전문가, 현업 실무자를 대상으로 중요도 조사를 하여 핵심요소를 골라내는 작업이 그 다음이고, 이것을 다시 대상지 상황과 사업 특성에 알맞게 중요 지표를 재선정하는 과정이 마지막이다.

그러나 탄소감축계획의 지표가 앞에서 설명한 방식과 다른 점은 정량적인 감축량 산정이 가능한 지표만을 중점 대상으로 해야 한다는 점이다. 생태도시, 지속가능도시는 정성적인 계획지표를 상당 부분 허용하는 반면에 탄소중립도시는 계량적인 탄소감축치를 최종적으로 제시하는데 목표가 있으므로 탄소감축량 산정이 가능한 계획지표를 중심으로 지표체계를 구성하게 된다. 물론 한국형 탄소중립도시는 녹색도시 차원을 포함하고 있으므로 녹색도시가 지향하는 생물다양성, 환경의 질 측면에서 다양한 정성적 지표도 포함하게 된다.

④ 탄소인벤토리 분류체계와 탄소감축량 산정방법 설정

탄소인벤토리는 뒤의 제5장에서 언급할 토지이용별 또는 계획요소별 인벤토리 방식을 이용하여 분류한다. 기준선이 되는 탄소배출량은 토지이용별 인벤토리로 분류한 토지 종류별로 탄소배출량을 계산한 결과를 합산하여 얻게 되고, 탄소감축량은 계획요소별 인벤토리에서 정한 요소별 감축량을 합산한 결과로 구하게 된다.

탄소감축량 산정방법은 일반적으로 원단위법을 이용하여 구하게 되고, 개별 계획요소별 원단위는 단위당(면적 · 인구 · 체적 · 가구 등) 에너지계수, 탄소배출계수를 이용하면 된다. 다른 연구나 계획사례에서 미리 제시된 원단위가 없을 경우에는 에너지소비량 · 절감량, 탄소흡수량에 관한 자료를 구한 다음 별도의 분석을 거쳐 원단위를 도출하게 된다. 이때 에너지가 소비되고 절감되는 경로, 탄소흡수가 이루어지는 과정에 관한 논리적 모형을 치밀하게 구성하여 그 논리대로 탄소배출 · 감축량의 산정식을 구해야만 한다. 원칙적으로 이런 수리적 모형은 시뮬레이션을 통해 원단위 값을 구한 다음에 현장에서 실제 그대로 에너지가 소비되는지, 탄소가 흡수되는지 사후 검증과정을 거쳐야 한다[3].

3) 기본계획 단계: 생태기반과 탄소감축계획에 기초한 토지이용계획 수립

기본계획은 저탄소 도시의 마스터플랜을 만드는 과정으로 생태녹지, 환경오염, 미기후, 지형, 에너지자립, 자원순환, 녹색교통, 녹색공동체 등을 망라한 종합계획을 만드는 과정이다. 기본계획은 한마디로 도시의 저탄소 녹색기반을 구축하려는 기술적 형식이다. 그런데 이 기본계획에 담아야 할 계획 주제가 너무 다양하기 때문에 내용을 부문별로 나누어 계획을 수립하게 된다. 이것을 일반적으로 부문별 계획이라고 한다. 부문별 계획을 기본계획의 일환이라고 이해하면 될 것이다. 그런데 저탄소 환경계획에서는 이와 연관된 개발계획이나 도시계획에서 이미 총괄적 기본계획을 제시하기 때문에 별도의 마스터플랜을 마련하지 않고, 부문별 계획만을 제시하면 된다. 부문별 계획은 탄소중립에 필요한 분야별 전략을 현장에 직접 적용할 때 요구되는 기술적 수단들을 조직화시킨 것이라고 이해하면 된다.

기본계획으로서 부문별 계획이 도시의 기반을 만드는 과정이라고 할 때, 이는 저탄소 기반과 녹색도시[4] 기반으로 대별할 수 있다. 첫째, 저탄소 기반은 탄소감축을 목표로 자립순환도시와 탄소중화도시를 만드는 것이다. 여기서 자립은 에너지부분을, 순환은 자원을 대상으로 하는 것이다. 에너지자립 부분은 기존 에너지 절감과 신재생에너지 도입, 그리고 대중·녹색교통 활성화로 구성되고, 자원순환 부분에는 생활쓰레기, 건설폐자재 등 폐자원 재이용, 수자원 보전과 재이용이 포함된다. 둘째, 녹색도시 기반으로는 청정환경, 자연공생, 녹색공동체가 해당된다. 청정환경은 오염이 없는 쾌적한 환경을 구현하는데 필요한 영역이고 자연공생은 지형순응 개발과 생태계 보전을 위한 분야이며, 녹색공동체는 기

---

3) 국가탄소배출통계, CDM 사업 등과 같이 공인기관에서 공식적으로 탄소감축량을 검증하는 것이 아니라 임의의 개발계획 과정에서 감축량을 산정하고, 수리적 모델 구축과정의 과학성과 자료의 정확성이 보증된다면 사후 검증을 거치지 않더라도 원단위 값을 계획과정에서 사용할 수도 있다.

4) 여기서 녹색도시는 생태도시와는 원론적으로 개념상 다소 차이가 있지만 도시계획이나 환경계획 실무에서는 생태도시 그 자체와 별다른 차이 없이 사용되는 계획개념이다. 그래서 일반적으로 녹색기반은 바로 생태기반을 지칭하는 것으로 이해된다. 그러나 학술적으로는 양자 간에 약간의 차이를 두는 경우도 있다. 생태기반은 협의로 볼 때 자연환경과 관련된 물적 기반을 뜻하는 것이고 녹색기반은 여기에 더해 청정환경(오염예방), 자연경관, 녹색공동체 등을 포괄하는 개념이다. 만약 생태기반을 광의로 본다면, 생태도시가 정주, 에너지, 자원, 환경, 공동체, 문화 등을 포괄하는 개념이므로, 녹색기반과 별다른 차이를 발견할 수가 없다.

후행동을 위한 시민조직과 문화프로그램에 관한 것이다. 크게 보아 생물다양성과 탄소감축이 부문별 계획의 핵심 목표라고 하겠다. 그러나 이런 모든 부문별 계획은 결국 탄소중립형 토지이용계획을 만드는 작업으로 이어져야 한다. 저탄소 환경계획을 담당하는 전문가팀과 개발계획을 주도하는 도시계획팀과의 협동 작업이 필요한 대목이다. 이렇게 협력(coordination)을 통해 작성된 토지이용계획에 기초하여 탄소중립 세부 계획도 만들어져야 하다. 상호 환류의 절차를 거쳐 탄소중립형(저탄소 녹색형) 토지이용계획이 만들어지고 또한 이 토지이용에 기초하여 부문별 저탄소 환경계획이 작성되는 것이다.

i) 환경분석 기반 보전적지 도출

자연지리, 동식물분포, 생태계구조(경관생태학), 생태계구조(경관생태학), 생태계기능, 미기상, 생활환경 등 30여개 항목에 걸친 환경특성 분석, 그리고 여기서 파악된 환경민감지역의 도면 중첩을 통해 보전적지(환경적으로 보전가치가 높은 토지)를 도출하되, 환경보전의 수준에 따라 우선보전적지와 일반보전적지로 구분하여 제시함.

□ 우선 + 일반보전적지

구분	내 용	면 적(m²)
■ (검정)	우선보전적지	4,637,292.26
■ (연두)	일반보전적지	7,966,614.51

ii) 보전적지 기반 생태녹지체계 설정

위에서 도출된 보전적지에 기초하여 녹지연결성평가, 동물이동모의실험, 수계 · 지형축, 전문가 참여 등을 거쳐 환경계획가(필자)가 생태적 목적의 녹지체계를 설정하여 토지이용계획 계획가에게 먼저 제시함.

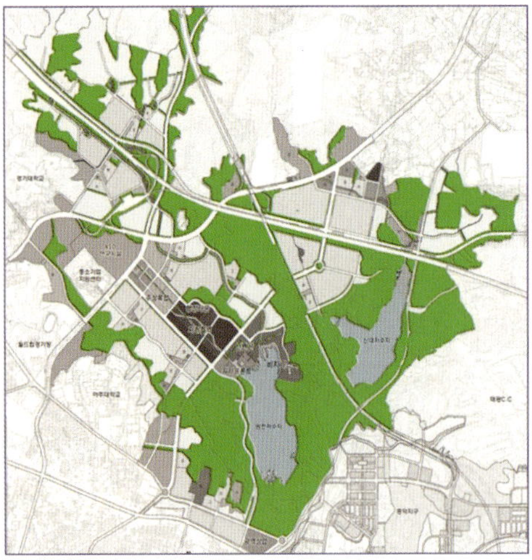

iii) 생태녹지체계 기반 토지이용계획 작성

환경계획에서 제안된 생태녹지체계를 토대로 도시계획 실무진이 토지이용계획을 작성하는데, 이 과정에서 양측 계획팀의 협력 작업이 이루어지면서 도로체계, 공원녹지체계, 단지 · 기반시설배치 등 도시공간구조에 관한 토지이용계획을 최종적으로 마련하게 됨

그림 3-10. 환경계획에 의한 생태적 토지이용계획 과정 예시(광교신도시)

4) 상세계획 단계: 저탄소 환경상세계획에 의한 탄소중립 지구단위계획 지침 작성

기본계획이 도시 혹은 특정 사업지구 전체를 대상으로 기술적 전략을 마련하는 과정이라면, 상세계획은 전체 중의 일부 구역(단지, 가구街區, 마을)을 대상으로 구체적인 실천계획을 마련하는 절차이다. 보통 도시개발에서 상세계획은 바로 건축과 조경이 포함된 단지계획을 말하는 것이고, 이런 단지 조성을 위해 도시계획 차원에서 지구단위계획을 수립하는 단계라고 이해하면 된다. 쉽게 말해 단지계획, 지구단위계획이 보통 공간계획에서의 상세계획을 지칭한다. 단지계획은 건축계획, 조경계획, 토목(단지기반)계획, 도로계획 등이 포함된 건설공사를 실행시키기 위한 계획이자 설계라고 보면 되고, 지구단위계획은 이런 단지계획을 작성하기 이전에 마련된, 건축, 조경, 토목 등이 준수해야 할 상위 규제적 성격의 지침이라고 보면 된다. 곧 지구단위계획은 토지이용계획과 단지계획의 중간에서 상호 원활하게 연계시켜주는 유도책이라고 할 수 있다.

상세계획 단계에서 저탄소 환경계획이 해야 할 일은 지구단위계획에 반영되어야 할 탄소중립 녹색단지 지침을 작성하는 것이다. 그러자면 우선 구체적인 탄소저감 · 회피 · 흡수계획과 녹색환경계획을 세부 구역 즉 단지 · 가구(Black)별로 마련해야 한다. 단지별 탄소감축 및 녹색환경계획은 지구단위계획 지침 작성의 기초가 되는 동시에 단지계획을 만드는 데도 토대가 된다. 이런 세부 구역별 저탄소 환경상세계획의 내용은 향후 단지설계, 실시설계, 건축 · 조경 · 토목설계에 지속적으로 영향을 미쳐서 해당 설계안에 반영되어야 한다. 물론 환경상세계획이 단지조성의 상위 지침이 되는 지구단위계획에 제대로 반영되어 있다면, 각 분야별 실시설계안에 직접 영향을 미치지 않더라도 해당 설계내용에 반영될 수 있는 체제가 만들어지긴 한다. 여하튼 환경상세계획의 최고 목표는 바로 지구단위계획의 지침 중에 '저탄소 녹색단지 조성 지침'이 한 부분을 차지하게 만드는 것이다.

5) 집행 및 평가단계: 실시설계 반영과 탄소감축량 산정

집행계획에서 중요한 점은 부문별 계획과 상세계획에서 제시된 과제를 세부 사업계획으로 연결시키고, 계획의 효과를 평가하는 것이다. 세부 사업계획을 마련하자면 먼저 과제별 집행계획을 마련해야 한다. 물론 이에 선행하여 환경계획의 내용이 건축, 조경, 교통, 환경처리, 에너지, 토목, 수자원, 기반시설 등에 관계된 엔지니어 설계안과 단지조성 실시설계에 반영되어 있는 것이 좋다. 저탄소 환경계획의 세부 컨텐츠가 관련된 기술분야의 계획 · 설계에 적절히 용해되어 있지 않으면, 비록 지구단위계획 지침에 반영되어 있다 하더라도, 지구단위계획의 직접 적용을 받지 않는 분야별 설계에서는 이를 간과할 수가 있기 때문이다. 지구단위계획의 모든 지침은 강제성을 띤 의무조항이 아니라 권고나 유도조항이 대부분을 차지하기 때문이다. 비록 지침에는 반영되어 있지 않더라도 분야별 설계에 포함돼 있다면 해당 부분은 건설공사로 이어질 수 밖에 없기에 설계에 반영시키는 것도 중요한 일 중의 하나이다.

저탄소 환경계획은 환경영향평가와 연계하여 수립되는데, 본 계획이 사전환경성검토, 환경영향평가의 초안 및 본안의 영향저감대책의 일환으로 유용한 정보를 제공하게 되고, 환경성검토에서 제시된 대책을 본 계획이 구체화시켜주는 역할도 한다. 환경계획은 도시개발을 추진하는 과정에서 개발사업자가 필요하다면 친환경 건축물(그린빌딩), 친환경 단지로 인증을 받는데 커다란 기여를 하게 된다[5].

저탄소 환경계획의 핵심은 탄소감축의 효과를 정량적으로 표현하는 것에 있다. 탄소감축량을 산정하여 목표치와 비교하는 일이 본 계획의 으뜸 목표이기 때문이다. 감축량은 현재의 배출량, 즉 도시개발의 경우에는 관행 개발계획에 의한 배출량과 대비하여 계산되기 때문에 세 차례에 걸친 탄소발생량 산정이 요구된다. 개발계획이 만들어지기 이전인 현재의

---

5) 2012년 현재 환경부가 도입하려고 준비 중인 '건축물 환경영향평가' 제도가 향후 시행된다면, 저탄소 환경계획은 저에너지 건축, 생태건축, 자원절약건축 등에 관한 계획요소를 포함하고 있기에 평가에 유익한 작용을 할 것이다.

탄소배출량, 관행적(즉 탄소감축계획이 적용되지 않은) 개발계획을 가정한 탄소배출량, 그리고 탄소감축계획(즉 저탄소 환경계획)이 적용됐을 경우의 탄소감축량이 그것이다.

마. 저탄소 환경계획의 운영

도시개발과 연동하여 저탄소 계획을 운영할 경우엔 개발계획의 한 부문계획으로 존재한다. 이 경우 도시개발관련 제도에서 저탄소 환경계획 수립을 의무화해야 한다. 예를 들어 현행 보금자리주택사업(저소득층을 위한 임대주택단지 건설사업)의 경우 정부의 행정지침에는 개발계획(보금자리주택사업에서는 지구계획이라 칭함)의 한 부문으로 환경보전 및 탄소저감 등에 관한 환경계획을 수립하도록 하고 있다. 그래서 보금자리주택지구 사업 담당 시행자가 개발계획을 수립한다고 가정할 경우에는 저탄소 환경계획을 지구지정, 지구계획 수립 두 단계에 걸쳐서 작성할 수 있다. 지구지정 단계에는 현황분석과 지표설정을 통해 환경계획 구상안을 만들고, 지구계획(개발계획) 단계에는 부문별계획과 탄소감축량에 관한 기본계획과 단지별 상세계획을 작성하는 것이다.

① **사업지구 지정 단계**: 탄소배출여건 및 현황 분석, 기본구상[탄소감축 목표치, 감축시나리오, 저탄소 공간구조 구상, 핵심지표 설정(공원녹지율, 생태면적율, 에너지절감율, 탄소감축비 등)]

② **지구계획 수립 단계**: 저탄소 토지이용, 부문별 계획(에너지자립 · 자원순환 · 녹색교통 · 생태기반 · 탄소흡수), 탐소감축량 산정

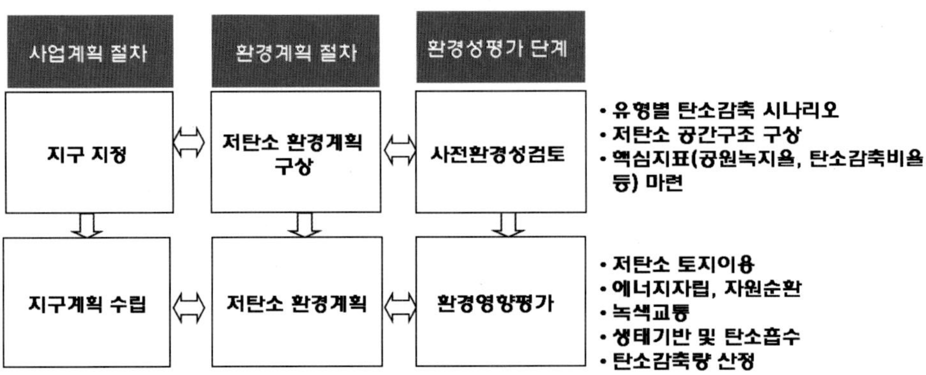

그림 3-11. 사업단계별 저탄소 환경계획 운영(1)

탄소중립도시 실현을 위해 도시개발사업에 저탄소 환경계획을 적용하고자 한다면 관련 법률이나 정책지침에서 이 계획의 수립에 관한 규정이 포함되어 있어야 한다. 예를 들어 정부가 보금자리주택단지를 건설하면서 탄소감축사업을 추진하고 싶다면 보금자리주택지구 업무처리지침에서 정한 지구계획의 내용 중에서 환경계획에 관한 조항을 활용하면 된다. 현재 보금자리주택사업 정책지침에는 환경보전 및 탄소저감 등 환경계획에 관한 사항을 포함하고 있으므로 이를 적절히 활용하여 탄소감축, 녹색기반에 관한 기본계획과 단지별 상세계획을 수립할 수 있다. 환경계획이 지구계획의 다른 부문계획과 연계하여 저탄소형 토지이용계획, 녹색단지 실현 지구단위계획도 마련할 수 있고, 공원녹지계획, 에너지공급계획, 교통계획 등과 연계할 수도 있다. 환경계획에서 제시할 보전적지, 생태녹지체계, 생태복원 및 창출, 수체계 등은 공원녹지계획과 연계시키고, 에너지자립에 관한 사항은 에너지공급계획으로 연결시키며, 대중 및 녹색교통에 관한 것은 교통계획과 연동하여 수립할 수 있는 것이다.

표 3-3. 보금자리주택사업지구 업무처리지침(별표 1)에서 정한 환경계획 규정(2011.10. 개정)

구분	지구계획
토지이용계획	- 주택건설용지에 관한 계획 - 공공시설용지에 관한 계획
기반시설 설치계획	- 교통계획 - 공원·녹지계획 - 공공 및 편익시설계획 - 공급처리시설계획 - 에너지 공급계획 - 기타 시설계획
환경보전 및 탄소저감 등 환경계획	※ 현재의 정부 지침에는 좌측 란의 계획 제목에 관한 조항만 있고 우측란은 비워져 있어 세부 사항 규정이 없다. 그래서 아래와 같이 계획의 세부 사항에 관한 조문이 포함되어야 한다. - 녹색기반(녹색단지 공간구조, 생태기반확충) - 탄소감축(탄소저감, 탄소흡수, 탄소감축량 산정)
도시관리계획 결정에 관한 사항	- 용도지역 · 지구 · 구역 및 도시계획시설 결정 - 지구단위계획

이처럼 저탄소 환경계획을 지구지정, 계획수립 2단계로 나누어 운영한다면 탄소감축 목표치 설정에서부터 탄소감축량 산정에 이르는 일련의 계획작업의 업무를 순차적 배열할 수 있다. 제일 먼저 탄소감축 목표치와 이것의 달성경로에 관한 탄소감축 시나리오 구성이 첫 번째 작업이고 그 다음이 계획지표를 설정하는 것이다. 이를 위해선 환경적 특성을 분석하여 탄소배출 및 흡수 여건을 파악하는 것이 전제되어야 한다. 그래서 개발이전 대상지의 탄소배출현황에 관한 탄소정보지도가 만들어지고 이를 기초로 현재의 탄소배출량이 계산된다. 물론 이전에 탄소배출 및 감축에 관한 통계적 계정, 배출 원단위 등에 관한 탄소인벤토리가 구축되어 있어야 한다. 환경적 특성 분석을 거친 환경계획은 대상지에서 환경적으로 보전가치 높은 지역, 즉 보전적지를 찾아내어 도면화하게 되고, 이를 기초로 생태계 연결, 녹지이용, 바람통로, 수체계, 지형축 등을 감안하여 생태녹지체계를 설정하게 된다. 바로 이 생태녹지체계가 토지이용계획에서 교통체계와 함께 공간구조를 결정하는 중요한 요소로 작용한다.

토지이용계획이 만들어지면 토지이용별 탄소배출 원단위를 사용하여 계획목표연도의 탄소배출량 계산이 가능하다. 이 때 추산된 탄소배출량은 탄소감축계획이 적용되지 않은 양으로서 향후 감축량 산정의 기준선이 된다. 토지이용에 기초하여 탄소감축계획, 즉 부문별 저탄소 환경계획이 작성되고, 아울러 단지(블록)별로 탄소중립 녹색 지구단위계획 지침도 마련된다. 계획 지침이 마련되면 향후 단지계획 수립시에 이것을 실현시키기 위한 환경상세계획도 동시에 만들어진다. 앞에서 작성된 부문별 계획과 환경상세계획안은 도시개발에 참여하는 모든 엔지니어링 부문계획에 반영된다. 공원녹지, 에너지, 교통, 공공 및 편익시설, 공급처리시설 등 관련계획에 반영되면 환경계획은 소기의 목표를 달성하게 되는 것이다. 그러나 마지막으로 환경계획의 효과를 계량적으로 평가하는 탄소감축량 산정 작업이 이루어지지 않는다면 본 저탄소 계획은 큰 의미를 갖기가 어렵다. 탄소감축계획 요소별로 탄소감축량과 흡수량을 산정하고, 아울러 입주민 기후행동지침이 마련되었다면 이것에 의한 탄소감축량 산정도 이루어져야 한다.

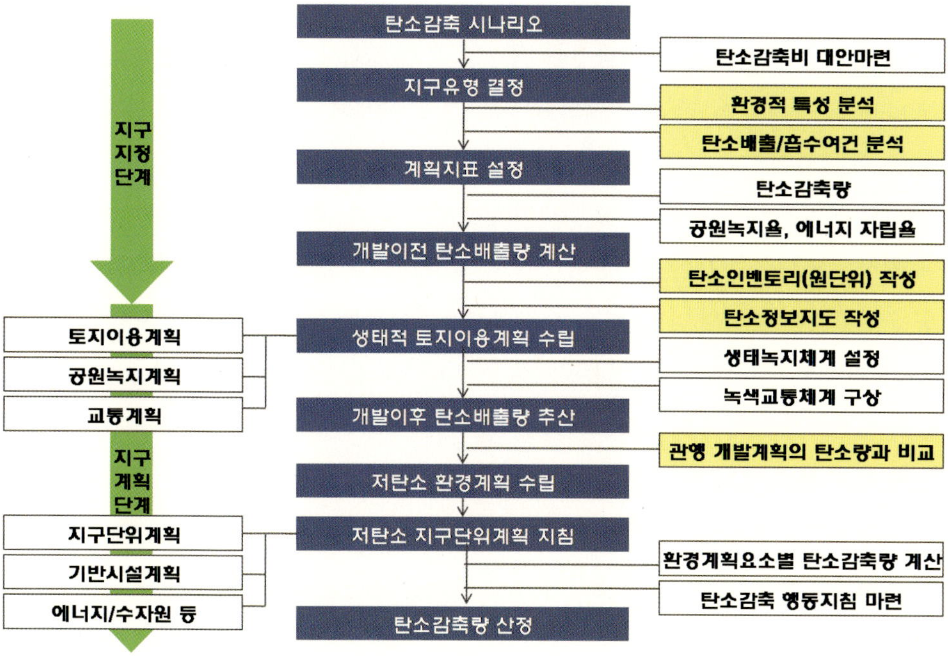

그림 3-12. 사업단계별 저탄소 환경계획 운영(2)

탄소감축량 산정 과정에 대한 사항을 보다 자세히 설명하면, 개발이전 현재의 탄소배출량 계산이 물리적 현황 분석시에 처음 이루어지고, 개발계획이 완성되면 이것에 의한 배출량 산정이 두 번째 수행되며 저탄소 환경계획에 따른 탄소감축량 산정이 세 번째 작업이고, 마지막은 주민사업자 · 행정의 기후행동지침에 의한 감축량을 산정하는 작업이다. 여기서 기후행동지침은 도시개발이 완료되어 입주민의 에너지절약, 녹색교통이용 등 생활 속의 기후보호 활동에 관한 것과 개발공사 과정에서 건설사의 에너지 효율적 건설장비 운용, 과잉 차량통행 제한 등의 탄소감축 노력, 그리고 사업 전 과정에 관여한 행정인력의 에너지 및 자원절감 업무에 관한 행동규준을 말하는 것이다. 순전히 건설과정에서의 저탄소 환경계획에 의한 탄소감축량만을 산정할 경우에는 마지막 기후행동 부분은 제외해야 하고, 일반적인 신도시 형성 과정으로서 탄소중립도시의 효과를 총량적으로 평가하고자 할 경우엔 포함시키는 것이 바람직한 접근법이라 하겠다. 기존 도시에 대한 재정비를 하는 경우에는 후자의 접근법을 택하는 것이 합리적이다. 탄소중립도시가 지향하는 바는 물리적 환경을 저탄소 상태로 바꾸는 것뿐만 아니라 도시공동체 자체를 저탄소 사회로 전환하는 것까지 포함하고 있기 때문이다.

저탄소 환경계획에 의한 탄소감축량을 산정할 경우 계획요소별로 감축이행의 수준을 파악해야 한다. 지구단위계획 지침에서 의무조항인 경우에는 반드시 감축량에 포함시켜야 하지만, 어느 계획지침이 권고조항으로 되어 있다면 감축량에 포함시킬지 여부를 더 숙고해 봐야만 한다. 권고형 지침은 실제 사업자가 반드시 준수하지 않아도 되는 규정이기 때문에 지침상에 해당 조항이 있다는 것만으로 요소별 감축량을 산정하여 이것을 총 탄소감축량에 합산하는 것은 논리적이지 않다. 그래서 따져봐야 할 사항은 바로 해당 지침이 실제 다른 기술부문의 실시계획이나 단지설계에 반영되었는지 여부이다. 권고조항이 다른 부문의 계획이나 설계에 반영되었다면 감축량에 포함해야 하는 것이다. 그래서 의무조항은 능동적 기준으로, 권고조항은 수동적 기준으로 삼아서 감축량 산정에 참고해야 한다.

최근 정부가 도입한 '건축물의 에너지절약 설계기준(2010)'에 의하면 일정 규모 이상의 건축물을 설계할 경우에는 반드시 정부가 정한 에너지성능 등급을 득하도록 규정하고 있다. 그래서 건물 부문 탄소감축량 산정시에는 기본적으로 정부의 에너지기준에 해당하는 만큼의 탄소발생 감축분을 계산해야만 한다. 만약 이에 더해 사업자가 더 강화된 수준으로 저에너지건물을 설계할 경우에는 늘어난 탄소감축분에 대한 계산이 추가되어야 한다.

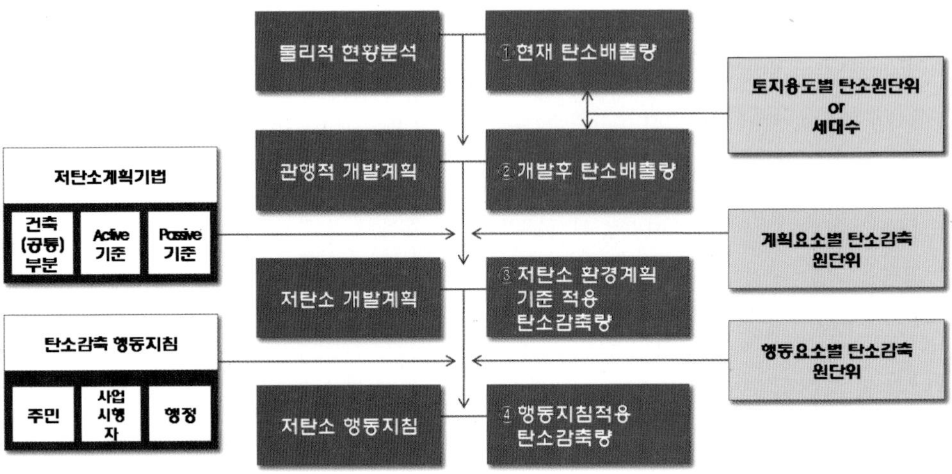

그림 3-13. 탄소감축량 산정 과정

1. 탄소중립도시의 계획지표

탄소중립도시를 실현하기 위한 세부 계획지표를 분류하는 방법에는 첫째, 공간계획 종류별 지표 분류법, 둘째, 탄소감축방법에 의한 지표 분류법, 셋째, 탄소감축기법(기술)에 의한 지표 분류법, 넷째, 사례분석에 의한 지표 도출법이 있다. 이 네 가지 분류법에 제시된 모든 지표를 기술안정성 · 유지관리 · 경제성 등의 측면에서 검토하여 실제 도시개발 현장에 적용이 가능한 지표를 추출하게 된다. 이것은 다시 도시계획이나 실무 엔지니어링 과정에 적용했을 때 장래 탄소감축량 산정이 가능한 현실적 지표만을 최종 선정하는 작업으로 이어진다.

가. 공간계획의 종류에 의한 지표 분류

탄소중립도시를 실현하기 위해서는 먼저 건축차원에서 제로에너지를 장기적으로 지향하는 에너지 고효율 주택과 저에너지의 친환경 그린빌딩 계획과 관련된 지표가 제시될 수 있다. 단지차원에서는 건물의 배치와 조경공간의 생태녹화, 미기후관리, 에너지자립과 자원순환, 녹색교통 등과 관련된 계획지표가 제지될 수 있다. 건물 · 단지 · 자연환경이 전체적으로 조화를 이루기 위한 도시차원의 계획지표에는 기반시설의 에너지자립, 압축형 도시공간구조 등이 있다.
각 공간계획 차원별 지표를 구성하기 위한 접근방안은 다음과 같다.

① 도시계획 차원

기반시설의 에너지자립, 수자원 보전과 물순환체계 구축, 생태녹지체계 구축과 생태공간

창출, 탄소흡수림 조성, 녹색교통 및 대중교통체계 확보, 압축형 도시공간구조, 자원회수 시설 도입등

② 단지계획 차원

교통최소화 단지배치, 자동차 진입 · 이동거리 단축, 탄소흡수 수종 선정, 생태조경, 빗물 저류 및 재이용, 자전거 · 보행자도로, 열섬저감 · 바람통로 등의 미기후관리 등

③ 건축계획 차원

친환경 그린빌딩: 전력사용 절감시설 도입, 주택외피시스템, 냉난방 시스템, 건물녹화, 빗물저류 및 재이용시설

제로에너지주택: 신재생에너지 도입, 주택외피시스템, 고효율 냉난방 시스템

나. 탄소감축 방법에 의한 지표 분류

1) 탄소저감을 위한 계획지표

① 저탄소 토지이용

복합용도계획, 집약적 공간구조, 일조량 · 풍향 등을 고려한 시설물 설치, 바람통로와 열섬저감을 고려한 공간형태, 생태녹지체계의 구축 등

② 녹색 · 대중교통

보행자 네트워크, 자전거 전용도로 및 네트워크, 자전거 주차장(보관시설), 자전거 이용자를 위한 공공 샤워시설 설치, 대중교통 전용지구나 카프리존(car free zone) 지정, 에너지 절약형 신교통수단 도입(BRT, 노면전차, 전기버스 등) 등

③ 자원순환

중수시스템 도입, 우수저류 및 재활용, 쓰레기 분리, 건설폐기물 재활용, 자원회수시설 도입 등

2) 탄소흡수를 위한 계획지표

① 산림녹지체계

공원녹지율 · 생태면적율 기준 적용, 탄소흡수림 조성, 단지내 텃밭 조성, 가로녹화, 지붕녹화, 옥상녹화, 벽면녹화, 그린매트릭스, 녹화도로(Green Way), 비오톱 연결체계, 습지조성, 탄소흡수림, 탄소 고흡수 수종식재 등

② 수생태 체계

생태연못 조성, 어류산란 및 서식처 조성, 자연형 하천, 생태실개천 조성, 비점오염원처리 잔디도랑 및 자연정화연못, 투수성 포장, 탄소흡수 고효율 습지 조성 등

다. 탄소감축기법(기술)에 의한 지표 분류

다양한 국내외 사례 검토와 현장조사를 통해 탄소중립 계획수립에 활용할 수 있는 기법(기술)의 목록을 작성하였다. 기술목록에는 탄소중립화를 위한 계획기법, 탄소저감 시설도입을 위한 현장기술로 구분하여 작성한다. 현재 우리나라의 기술개발 수준, 기술의 안정성, 경제성, 유지관리의 용이성 등을 종합하여 구체적 도시개발 현장에 적용가능한 탄소감축기술이나 기법을 추출하면 다음 표와 같다. 신재생에너지, 토지이용, 생태녹지, 자원순환, 녹색 · 대중교통, 그린빌딩으로 구분하여 적용 기술을 나열하였다.

표 4-1. 탄소감축 기술 목록과 현장 적용가능성

분야별	계획 및 적용 기술	적용가능성
신재생에너지	· 태양광, 태양열 · 수소연료전지 · 메탄발효 바이오가스, 매립가스 · 풍력, 지열 · 쓰레기 소각열 · 열병합발전 설치	○ △ △ ○ △ △

(표 계속)

토지이용	· 컴팩트 씨티형 계획 · 침투형 지면포장 · 풍향, 바람통로 계획 · 보차분리 · 건물의 친환경적 배치	○ ○ ○ ○ △
생태녹지	· 비오톱 조성 · 녹지체계 연계 · 교내 유기농 텃밭	△ △ ×
자원순환	· 폐열 회수장치 · 폐기물 및 재활용 관리 · 관수 시스템 정비 · 우수 및 중수 이용(빗물분산형관리) · 절수형 기구 설치 · 하수, 오수 재활용	△ ○ ○ ○ ○ ○
녹색 · 대중교통	· 지상 차량제한(전면 지하 주차장 설비) · 그린 파킹시설 · 대체연료 운송수단(바이오디젤, 하이브리드차) · 대중교통 지향형 계획 · 도시 자전거 대여 · 카풀 정류장(car pool lot) 조성	○ ○ △ ○ ○ ○
그린빌딩	· 탄소저감 빌딩(패시브하우스, 유리온실 등) · 건물녹화(옥상녹화, 벽면 녹화 등) · 친환경 건축재료 사용 · 전원 자동제어 · 빌딩에너지관리시스템(BEMS) 도입 · 냉난방, 급수, 조명의 중앙집중식 공급체제 · 심야전력 사용 절약형 설비 · LEED	○ ○ △ ○ ○ ○ ○ ○

적용가능성: ○ 양호, △ 보통, × 어려움

라. 탄소중립도시 사례분석에 의한 계획지표 도출

탄소중립도시를 선도적으로 구상했던 국내외 사례의 계획내용을 분석해 보면 계획지표를 도출하는데 유용한 정보를 제공한다. 제로에너지의 이상적 계획안이 제시된 마스다르 프로젝트, 에너지자립을 지상에 실현시킨 베드제드, 자원순환과 에너지절감의 모범을 보여주는 허스타드 도시재개발, 시민참여를 통해 점진적 환경개선을 실천한 세타가야, 그리고 2007년부터 생태도시의 이념과 실천원리를 계획안에 담은 한국의 에코시티 4개 시범사업

계획(가평, 안산, 고성, 부천)[1]을 분석의 대상으로 삼았다. 계획내용에 대한 분석은 물적 환경개선, 저탄소 도시기반, 지역활성화라는 3가지 측면에서 분석하였다. 지역활성화라는 관점이 포함된 것은 한국의 에코시티 시범사업이 지역의 경제적 지속가능성 측면이 강조된데 따른 것이다. 도시환경을 단순히 생태환경과 저탄소라는 측면에서만 개선하는 게 아니라 지역에 이미 부존하고 있거나 창출하고자 하는 환경자원을 적극 활용하여 녹색경제를 창출하는 것이 에코시티사업의 주요한 정책목표였기 때문이다.

1) UAE 아부다비의 마스다르 시티(Masdar City)

마스다르 시티는 2016년 완공을 목표로 건설 중인 도시로서 탄소중립에서 나아가 재생에너지 사용을 통한 탄소프리(Carbon-Free) 도시를 선언하고 탄소제로를 지향하는 신도시를 계획하였다. 화석에너지 대신 태양광, 태양열, 지열, 풍력 등 신재생에너지를 자체적으로 생산 · 사용하여 향후 100% 에너지자립도시 건설을 목표로 하였다.

마스다르 시티는 신재생에너지를 최대한 활용하여 탄소발생량을 최소화하고 도시내부에 폐자원 및 폐기물을 재사용하여 전환에너지화하는 시스템을 도입하였으며, '마스다르 청정에너지 기술기금'을 설립하여 '07년 2억5천만 달러(약 3,100억원)에 달하는 자본을 유치하고 이를 신재생에너지 사업확대를 위한 기술연구 및 개발에 투자하고 있다. 신재생에너지를 활용한 교통수단을 적용하여 화석연료에 의존하는 자동차 사용을 최소화하며, 도시 전역에 설치된 유비쿼터스 센서를 이용하여 시민들의 에너지 사용량을 지속적으로 관리한다. 설계단계에서 자연통풍을 고려하여 건물 냉각 및 바람길, 도시전체 물순환시스템을 구축한다.

2) 영국 베드제드(BedZED: Beddington Zero Energy Development)

영국의 베드제드는 런던 남부 외곽에 위치한 오수처리시설 부지 재생사업의 일환으로 조성된 도시로 조성사업은 '00년에 시작하여 '02년 9월에 완료하였다. 신재생에너지 사용과 에너지효율성 제고로 제로에너지에 도전하며, 소비되는 난방과 전력은 단지내에서 생산

---

1) 환경부는 2006년부터 2010년까지 환경보전 정책의 틀을 유지하면서 지역민의 삶의 질 향상과 지역발전을 도모하는 에코시티 시범사업을 추진하였다. 지자체의 공모를 받아 가평, 안산, 고성, 부천, 순천, 증평을 시범사업 대상지로 선정하여 에코시티 기본계획 및 상세계획을 수립하였다.

되는 신재생에너지를 활용하고 있다. 모든 주택의 지붕 위에 태양광패널을 설치하고, 단지내 열병합 자가발전소에서는 산업폐기물을 소각하여 에너지를 생산하고 있으며, 단지내 모든 주택의 난방수요가 일반주택의 10분의 1 수준이 되도록 설계하였다.

자원의 재활용 증진을 위해서는 빗물과 오수의 정화수는 화장실과 옥상정원 관리에 활용하며, 화장실에는 물절약 변기와 수도꼭지를 설치하였다. 건축물 자재는 재활용이 가능한 자원을 활용하고 건축부지에서 35마일 이내에 있는 향토자재를 공급하였다. 저배출 교통수단 활용을 위해서 단지내 차량통행을 억제하고 전기차 또는 액화석유가스차에 우선권을 부여하고 있다. 모든 도로는 보행자와 자전거 통행자에게 우선권을 부여하고, 공동차량제도(Car Sharing) 및 카풀제를 도입하였다.

3) 스웨덴의 하마비 허스타드(Hammarby Sjöstad)

스웨덴의 하마비는 계획초기부터 자원순환과 에너지 혁신을 담은 하마비 모델을 개발한 사례이다. 지구내 난방 등 에너지 대부분을 친환경 재생에너지를 통해 조달하였으며, 폐수 및 폐기물로부터 재생가능 에너지를 추출하고, 식물의 비료 역시 유기폐기물에서 생산되는 등 성공적인 자원순환 시스템을 구축하였다. 하마비 호수 인접 야산의 지하에는 쓰레기 중계처리장(Transfer Terminal)을 건설하였고, 개별 주거단지 쓰레기장에서 매설된 진공흡입관이 연결되어 있으며, 유인송풍기에 의한 진공력으로 쓰레기를 반송한 후, 선별·압축하여 반출하는 기능을 수행하고 있다. 우수의 저류와 활용, 호수의 친수이용 등 물을 위주로 한 오픈스페이스 계획을 하였는데, 물을 도시생태계의 근간으로 삼아, 수질정화습지, 호수내부 습지, 수변습지 등을 조성하고 친수실개천과 생태수로를 보행로와 연계 배치하였다. 또한 업무빌딩과 주거동에서 나오는 빗물은 인공형 초기우수처리장치(1차 정화) → 인접 생태정화습지(2차 정화) → 인공수로를 통해 호수로 유입하도록 계획하였다.

대중교통 및 녹색교통을 중심으로 교통망을 확충하여 노면전차를 중심으로 대중교통시스템을 구축하고 수상보트 등을 활용하고 있으며, 차량보유를 2세대당 1.5대로 제한하고 자동차 공유제(Car Sharing)를 실시하고 있다.

4) 일본 도쿄도 세타가야구

노후주거환경과 도시시설을 개선하기 위한 도심재생형 생태마을 만들기를 추진하였다.

키타자와천을 생태복원하고 주민과 행정이 함께 공원길, 벚꽃가로수, 실개천, 인도 등을 조성하였다. 호안은 다양한 들꽃을 식재하고 수질보호를 위해 보도경계에 높이 40㎝정도의 울타리를 설치하였다. 실개천의 수원은 도쿄도 하수처리장에서 고도처리된 재생수의 일부를 끌어와 실개천 공원 지하에 있는 처리시설에서 한번 더 정화하여 사용하고 있다. 2004년에 개원한 사쿠라가오카스미레바(桜丘すみれば) 자연정원은 오래된 가옥을 매입하여 공원으로 조성한 사례로 해설자가 상주하는 도시녹지이다.

특이한 점은 주민참여를 통한 생태도시 조성으로 사업방향을 명확히 설정하고 진행했다는 점이다. 마을만들기 펀드를 통해 주민이 직접 참여하여 생태공원, 하천정비에 나섰다. (재)세타가야 트러스트 마을만들기는 사쿠라가오카스미레바 공원녹지를 정비할 때, 재정지원은 물론 주민참여형의 기획 및 운영을 담당하였으며, 행정은 주민참여를 지원하기 위한 조례 등을 제정하였다.

5) 국내 에코시티 시범사업(환경부) 계획사례

① 가평군

상수원보호구역으로 오랫동안 개발이 어려운 지역에서 환경보전과 경제활성화를 동시에 도모할 수 있는 지역발전 모델을 만들기 위해 에코시티 시범사업을 추진하였고, 그 일환으로 환경부의 지원 하에 에코시티 기본계획을 2007년 수립하였다. 그 주요내용은 다음과 같다.

- 원지형을 살리고 자연형 하천정비 등을 통한 지속가능한 토지이용계획을 수립
- 산악지역의 지형적 여건을 활용한 녹색교통체계 구축
- 우수 · 중수의 재활용, 상하수도 시설확충
- 신규개발지역 등을 중심으로 신재생에너지 도입
- U-City 계획기법을 도입하여 환경 및 재난관리시스템 구축
- 지역의 특성에 따른 어메니티자원 발굴
- 상천리 신역사 및 청평리 신역사 주변에 대한 시범사업 계획
  - 원지형을 고려한 도로 선형 설계 및 택지구획
  - 하천변을 따라 보행녹도 및 녹지축을 확보하여 안정적인 생태서식환경 조성
  - 태양광 · 열 등 신재생에너지 활용, 에너지절약형 설계 등을 도입한 펜션단지, 주거

단지 등을 계획

- 관광자원으로서 유기농업을 체험할 수 있는 농업생태공원 계획

· 청평지역에 대한 시범사업 계획

- 청평 구역사 및 폐선부지를 재활용한 에코역사공원을 조성하고 역사건물을 이용한 에코뮤지엄 센터 설치
- 관광자원으로서 물을 중심으로 한 생태테마파크를 조성
- 자연환경에서 생활하는 예술가 마을 조성
- 인근의 우수한 산림자원을 활용하여 산책로, 트래킹코스를 개발하고 다양한 프로그램을 운영하는 스트레스 치유센터를 조성

② 고성군

비무장지대 접경지역으로 개발압력이 높지 않은 지역에서 우수한 생태자원을 보전하면서 새로운 지역경제 활성화의 원동력을 찾기하기 위해 에코시티 시범사업 계획을 수립하였다. 그 주요내용은 다음과 같다.

· 기후변화에 대응하는 청정 · 생태휴양도시로 조성

· 시민활동과 연계한 지역환경가꾸기를 추진하면서 생태관광 및 환경비즈니스의 전문리더를 양성

· 녹색교통, 신재생에너지 사용, 환경오염배출물 저감 등을 통한 도시환경부하 최소화

· 화진포 녹색기술공원을 계획

- 화진포의 아름다운 자연환경과 생태적 가치를 보존하면서 지역주민 소득향상을 도모
- 녹색기술공원내 차량이용을 억제하는 도로다이어트 계획을 수립
- 벽면녹화, 자연지형 살리기 등 주변 자연환경과 어울리는 건축계획
- 사업활성화를 위한 환경페스티벌 등 다양한 프로그램 계획

· 가진 생태주거단지 시범사업 계획

- 도시지역의 관광객이나 은퇴자를 위한 생태휴양단지 조성
- 기존의 개발촉진지구로 지정된 가진 전원주택사업을 생태전원주거단지로 전환
- 자연지형을 활용하기 위하여 저층의 단독, 연립형 주거유형을 도입하고 자연순응형 단지내 도로조성

- 생태숲 및 하천에 친수기술을 적용하고 공동텃밭 등 조성
- 태양에너지 및 폐기물 자원순환시스템 도입

· 태양열 주택, 음식물쓰레기 처리기, 분리형 쓰레기 처리시설 등 설치

③ 대부도(안산시)

서해안 철새도래 지역의 하나인 대부도의 생태자원을 보전하고 지역주민의 삶의 질, 특히 환경의 질을 향상시키기 위한 에코시티 기본계획을 수립하였는데, 거기에는 다음과 같은 내용을 담고 있다.

· 철새가 서식하는 청정에너지 도시를 추진

· 철새도래지, 황금산 등의 훼손지역에 대한 생태복원

· 대부도가 가지고 있는 지역자원을 활용하여 생태관광, 체험관광을 유도

· 철새들을 위한 조류습지공원 조성계획을 수립

- 철새들의 이동로(Flyway)상에 위치한 지역적 특성을 살려 기존의 수질정화습지 기능을 유지
- 환경교육 및 생태체험, 지역활성화가 가능한 테마생태공원 조성
- 해양환경 및 내륙환경에 적응할 수 있는 식재계획 및 자연친화적 소재를 사용한 포장계획

· 토취장으로 훼손된 황금산 생태복원사업을 계획

- 원식생기반으로 한 황금산 생태복원을 실시하고 운동장, 실내체육관 등 환경친화적 커뮤니티 공간을 조성
- 태양광 발전 등을 통해 자체전력 사용

· 대부도 에코시티 구심점이 되는 생태주거단지를 계획

- 친환경 주거단지로서 기존 지형을 활용하여 저밀도 단지형으로 조성하고 지역주민의 생산활동 공간인 포도밭과 연계
- 에너지절감형 패시브하우스(Passive House) 주택으로 열사용을 저감하고 태양열 시스템을 도입
- 이밖에 교통정온화계획, 보행 및 자전거도로, 물순환시스템, 인공지반녹화 등을 실시

6) 사례분석의 종합에 의한 계획지표 도출

국내외 사례를 종합 분석하여 계획지표를 도출하면 다음 표와 같다. 한국의 탄소중립도시격에 해당하는 저탄소 녹색도시 정책의 선두 사업이었던 '에코시티'의 관점에서 계획요소가 속하는 분야를 구분하였다. 물적 환경개선에는 시민 정주환경개선과 생태기반 구축으로 다시 나누고, 지역활성화에는 커뮤니티 증진과 문화성 회복으로, 저탄소 도시는 저탄소 환경기반, 탄소비지니스, 저탄소 사회로 세분하였다. 한국의 에코시티 시범사업이 저탄소 환경기반을 구축하는 동시에 경제적 · 사회적 지속가능성도 강조하고 있기에 지역활성화 영역을 계획지표에 포함시켰다.

표 4-2. 에코시티 관점에서의 국내외 사례의 계획요소

구분		계획 요소	적용 사례						
			국외 사례				국내 사례		
			마스다르	베드제드	하마비	세타가야	가평	고성	안산
물적환경 개선	시민정주환경개선	환경친화적 배치					◎	◎	◎
		적정밀도 개발		◎			◎	◎	◎
		대중교통체계 구축		◎	◎				
		환경오염 억제	◎	◎	◎	◎			
		폐기물 관리	◎		◎				
		경관개선		◎					◎
		유비쿼터스 기술을 바탕으로 한 도시 및 환경관리	◎				◎		
	생태 기반 구축	오픈스페이스 및 녹지조성				◎	◎	◎	◎
		자연자원 보전 및 비오톱조성					◎	◎	◎
지역 활성화	커뮤니티 증진	주민참여				◎			
		커뮤니티 공간조성				◎			
	문화성 회복	지역 어메니티자원 발굴				◎			
		문화 및 예술요소 도입					◎		
		역사성 보전					◎		

(표 계속)

저탄소도시	저탄소 환경 기반	에너지 효율성 증진	◎	◎	◎		◎	◎	◎
		신재생에너지 도입	◎	◎	◎		◎	◎	◎
		자원순환시스템	◎	◎	◎				
		미기후관리	◎		◎				
		물순환시스템	◎	◎	◎			◎	◎
		녹색교통체계 활성화	◎	◎	◎				
		저탄소 교통수단 도입	◎	◎	◎				
	탄소 비지니스	저탄소 생태관광프로그램 도입					◎	◎	◎
		친환경 사회적 일자리 창출							
		탄소상쇄 프로그램 도입							
	저탄소 사회	탄소저감을 위한 주민활동						◎	

주: ◎ 사례별로 중점을 두고 추진하거나 적용된 계획요소

위의 사례분석을 통해 도출된 계획지표가 에코시티라는 관점에서 분류된 것이라면, 이를 이제 본서의 주제인 탄소중립도시의 관점에서 재정리하면 다음과 같다. 탄소중립도시에 강조하는 저탄소 환경기반을 중심 영역으로 하여 지역활성화를 부수적 영역으로 구분한 것이다. 앞의 제2장에서 뿐만 아니라 본장에서도 분석된 해외의 사례를 보면, 탄소중립도시는 온실가스감축에 초점을 맞춘, 에너지자립에 중심 목표를 둔 도시개발 방식임을 알 수 있다. 이에 반해 우리나라의 탄소중립도시는 2009년부터 추진된 '저탄소 녹색성장'이라는 국정 영향과 1990년대 초반부터 시작된 지속가능성 정책의 영향으로 지역공동체 활성화, 일자리 창출 등과 같은 경제사회적 요소도 주요한 계획대상으로 삼고 있다. 탄소중립도시를 저탄소 환경기반과 녹색공동체(지역사회) 활성화로 대별했을 때, 전자는 생태기반, 에너지, 자원순환, 녹색 · 대중교통으로 구분되고, 후자는 일자리, 생태관광, 탄소상쇄 프로그램, 주민기후행동으로 나눌 수 있다.

표 4-3. 탄소중립도시 계획항목과 요소

<table>
<tr><th colspan="3">계획 항목</th><th>계획요소</th></tr>
<tr><td rowspan="6">저탄소 환경기반 구축</td><td rowspan="3">녹색 기반</td><td>생태녹지와 탄소흡수</td><td>- 생태녹지체계 구축과 자연입지적 단지배치
- 탄소흡수림 조성: 탄소 고흡수력 수종 선택
- 생태공간 창출: 생태공원, 도시환경림 등 조성
- 오픈스페이스 확보 도시기능 및 건물배치
- 보행가로 활성화</td></tr>
<tr><td>자연자원 보전</td><td>- 생태적 중요지역 및 자원의 보존
- 수환경보전</td></tr>
<tr><td>청정한 환경</td><td>- 대기질개선
- 수질개선
- 소음 · 진동개선</td></tr>
<tr><td rowspan="3">에너지</td><td>에너지 효율성 증진</td><td>- 저에너지 에코하우스 도입
- 저에너지 친환경 빌딩 도입
- 환경친화적 건축재료
- 자연채광을 고려한 건축물 배치
- LED조명 등 전기절약설비 도입</td></tr>
<tr><td>신재생에너지 도입</td><td>- 태양광, 태양열, 풍력, 지열 등을 도입
- 폐자원, 바이오매스 등을 이용한 열병합발전</td></tr>
<tr><td>미기후 관리</td><td>- 바람길 확보
- 열섬저감대책 마련</td></tr>
<tr><td rowspan="5">저탄소 환경기반 구축</td><td rowspan="2">자원 순환</td><td>자원순환시스템 도입</td><td>- 생활폐기물 재활용
- 음식물 쓰레기 재활용
- 건설폐기물 재이용</td></tr>
<tr><td>물순환 시스템 도입</td><td>- 중수 및 우수의 재활용
- 산곡수, 하천수, 자연용출수 적극 활용
- 투수면적 최대화
- 유수지 및 함양지 설치</td></tr>
<tr><td rowspan="3">녹색 대중 교통</td><td>대중교통체계 효율화</td><td>- 대중교통중심 도시구조
- 도시권-생활권 순환버스 연계</td></tr>
<tr><td>녹색교통 활성화</td><td>- 보행자 중심도로 설치
- 자전거도로 설치
- 자전거 간이 플랫폼 설치
- 자전거 운영프로그램 도입</td></tr>
<tr><td>저탄소 교통수단</td><td>- 친환경 대중교통 도입
- 에너지 절약형 교통수단 도입
- Car Sharing 프로그램 도입</td></tr>
</table>

(표 계속)

녹색공동체 활성화	친환경 사회적 일자리 창출	- 친환경 일자리 창출을 위한 교육프로그램 운영 - 저탄소기반과 연계된 지역민 일자리 창출 - 친환경 사회적 기업 설립(필요시)
	저탄소 녹색관광	- 저탄소형 생태관광시설 설치 - 생태관광프로그램 운영 지역민 고용창출
	탄소상쇄 프로그램	- 탄소포인트제 참여 - 친환경기업과 연계(필요시)
	주민 기후행동	- 사업과정 지역주민 참여 - 탄소저감 주민행동프로그램 개발 및 운영

마. 탄소감축 계량화가 가능한 지표의 선정

탄소중립도시의 핵심은 바로 탄소감축(carbon reduction)에 있고, 이는 탄소배출량 및 감축량을 수리적으로 계산하는데 있다. 따라서 앞에서 제시된 계획지표를 탄소감축이라는 측면에서 살펴보면, 현재 우리나라의 계획기술 수준에서 감축량 계산이 불가능한 계획요소는 모두 제외할 수밖에 없다. 그래서 국내외 사례분석에서 도출된 지표를 우선 탄소감축량 산정이 가능한 정량적 지표만을 가려내고 이것을 다시 탄소저감 · 흡수 · 회피의 세 가지로 나누어 정리하면 아래 표와 같다. 탄소저감은 불가피하게 발생하는 탄소를 친환경 건물, 자원재활용 등을 통해 그 양을 줄이는 것이고, 탄소흡수는 발생된 탄소를 녹지의 광합성 작용과 탄소저장 기능을 통해 흡수하는 것이며, 탄소회피는 신재생에너지, 녹색교통 등을 통해 원천적으로 탄소발생을 제로로 만들거나 마이너스의 상태(자체 수요량을 초과한 에너지생산량을 외부에 공급)를 만드는 것이다.

표 4-4. 현재 정량화가 가능한 탄소중립도시 계획항목과 탄소감축 지표

<table>
<tr><th colspan="2">구분</th><th>계획 지표</th></tr>
<tr><td rowspan="4">탄소저감
(mitigate)</td><td rowspan="4">에너지절감</td><td>공동주택외피시스템</td></tr>
<tr><td>LED조명</td></tr>
<tr><td>미기후 조절</td></tr>
<tr><td>중수 · 우수활용</td></tr>
<tr><td rowspan="7">탄소흡수
(absorb)</td><td rowspan="7">녹지확보</td><td>존치공원내 수목량</td></tr>
<tr><td>계획공원내 수목량</td></tr>
<tr><td>녹도조성</td></tr>
<tr><td>비점오염원정화 녹지설치</td></tr>
<tr><td>시설녹지</td></tr>
<tr><td>단지내 조경</td></tr>
<tr><td>가로수식재</td></tr>
<tr><td rowspan="3">탄소회피
(avoid)</td><td>신재생에너지</td><td>태양광, 태양열, 지열등 사용</td></tr>
<tr><td>교통계획</td><td>단지내 도로배치</td></tr>
<tr><td>녹색교통</td><td>보행 및 자전거</td></tr>
</table>

2. 탄소중립도시 조성 계획기준

어느 도시가 물리적으로나 사회적으로 탄소중립도시로서의 구성요건을 갖추는 과정에서 생태계, 에너지, 자원, 교통, 공동체, 주민행동 등에서 우선적으로 실현되어야 할 중요 요소가 존재한다. 그러자면 앞에서 제시한 탄소중립도시 계획지표 중에서 저탄소 환경계획을 수립할 경우에 우선적으로 포함시켜야 할 계획요소를 도출하는 게 필요하다. 탄소중립도시를 계획하는데 중요하게 다루어야 할 요소들을 나열해 보면 다음 표와 같다. 그리고 이들 중요 계획요소들에 대한 저탄소 녹색도시 조성 계획기준을 상세하게 정리하여 나타낸 것이 아래에 계속되는 계획기준 설명서이다.

표 4-5. 탄소중립도시의 중요 계획요소

분야		중요 계획 요소
생태기반	생태녹지 및 탄소흡수	- 자연지형을 살린 단지배치 - 탄소흡수 환경림 조성 - 자연형 오픈스페이스 확보
	자연자원보전	- 우수 생태공간 보전 - 생태녹지체계 형성
에너지자립	에너지 효율성 증진	- 입면녹화 친환경 주택(eco-house) - 저에너지 그린빌딩(passive house) - 환경친화적 건축재료 - 자연채광을 고려한 건축물 배치
	신재생에너지 도입	- 태양광, 태양열, 풍력, 지열 등을 도입 - 폐자원, 바이오매스 등을 이용한 열병합발전
	미기후 관리	- 바람길 확보 - 열섬저감대책 마련

(표 계속)

자원순환	자원순환시스템	- 쓰레기 분리수거 시설 설치 - 폐기물 재활용 거점시설 설치
	물순환 시스템	- 중수 및 우수의 재활용 - 투수면적 최대화 - 유수지 및 함양지 설치
녹색교통	녹색교통 활성화	- 보행자 중심도로 설치 - 자전거도로 설치 - 자전거 운영프로그램 도입
	저탄소 교통수단	- 친환경 대중교통 도입 - 저에너지 녹색교통수단 도입 - 카쉐어링(car sharing) 프로그램 도입

가. 생태기반 구축

구분	오픈스페이스 및 녹지조성	중요계획요소	자연지형을 살린 단지배치
계획기준			

· 지형축의 보전
- 기암괴석, 노거수(보호수), 폭포, 용소, 산간습지, 석호, 사빈, 사구, 해빈 등 주변 200m 이내지역 개발입지 제한
- 산지 구릉지 5-6부 능선(비도시지역 6부, 도시지역 5부) 이상이 전체 면적의 30-40% 이상이면 입지 제한
- 6부 능선 이상은 제척하되 평탄지 및 완경사지(10° 내외)인 경우 일정 부분 개발 가능
- 급경사지(경사도 15° 혹은 경사율 25% 이상)가 전체 면적의 30-40% 이상이면 개발입지 제한
- 산사태 발생지역, 상습적인 침수지역은 개발입지에서 제한

· 자연지형의 활용
- 부지내 표고차가 15m 이상인 경우에는 필로티, 테라스 등 지형순응 건축기법 도입
- 지형의 변동을 30%(6m 이상 절성토 면적) 이내로 최소화
- 주거단지 내부와 외부의 지형이 자연스럽게 연결되도록 지형축을 만듦
- 사면녹화 및 옹벽처리시 사면의 구배를 최대한 완만하게 처리(1:1-1:2 이하)

(표 계속)

· 경관심의제도의 산지구릉지 관련 심의기준
- 절성토비율(옹벽 최고높이를 절토된 종단면 길이로 나눈 값): 20% 미만
- 절토(옹벽) 사면고가 최대높이 6m이내 또는 건물높이의 2배 이상 발생 제한
- 2단 절토인 경우 총 높이가 15m 이상을 넘지 않도록 계획
- 지형변동비율(종단면으로 6m 이상 절성토한 면적): 30% 이하
- 경사율 25% 이상은 절대보전, 15% 이상은 상대보전을 원칙으로 보전지역 설정
- 경사율 15-25% 지역은 공원녹지로 조성하거나 개발시 지형을 살린 친환경 개발을 유도
- 자연적인 경사면을 살려 개성적인 도시경관 연출

· 능선분할 기준
- 적용 대상 산을 기준으로 최고 표고(해발)와 최저 표고(해발) 차이를 10등분하여 구분
- 최고 표고 : 계획부지 경계로부터 2km 이내 위치한 가장 높은 표고
- 최저 표고 : 위의 최고 표고를 기준으로 16방향 단면도 추출방법에 따라 추출된 하위 4개를 평균한 값
- 단독 산지의 최고표고가 해발 100m 이하일 경우에는 적용 배제

* 국토연구원(2003), 환경친화적 단지조성 계획 · 설계지침
* 환경부(2003), 환경친화적 계획기법 및 운용방안 개발에 관한 연구
* 이상문(2012), 소규모 개발사업의 친환경적 입지 및 계획기준, 화성시 도시정책포럼 자료

분야	오픈스페이스 및 녹지조성	중요계획요소	탄소흡수림 및 탄소 고흡수 수종 식재
계획기준			

· 탄소흡수를 위한 녹지 확보
- 탄소흡수를 위하여 공원은 물론 시설녹지, 녹도, 가로수, 민간조경공간 등에 탄소흡수 개념의 녹지대를 조성하고 수종별 탄소상쇄지표를 활용하여 적절한 수종을 선택
- 단위면적당 탄소흡수률 제고를 위해 다층구조(지피-관목-아교목-교목)로 식재하고 식재의 밀도를 대폭 강화

· 탄소흡수량이 높은 수목을 식재
- 탄소흡수 효과는 영급 2-3이 뛰어나며, 유목이나 고령목은 흡수효과가 떨어짐
- 탄소흡수량의 산정은 공원녹지(녹도 및 시설녹지 포함), 단지내 조경, 가로수 식재를 포함한 조경수목에 의한 탄소흡수량의 총합을 계산
- 민간부문인 단지내 조경의 경우에도 권장수종을 정하여 탄소흡수량을 높일 수 있도록 유도
- 관목류보다 교목류가 탄소흡수능력이 뛰어나며, 녹지설계시 탄소흡수 효과는 거의 없으면서도 에너지 투입이 일어나는 잔디의 사용은 가급적 제한

· 생태연못 및 습지계획
- 습지 하부 지질의 탄층은 탄소저장고 역할 수행
- 습지 등에 식재된 갈대 및 수생식물과 식물플랑크톤의 광합성 작용으로 탄소상쇄 효과 기대
- 갈대 등 수생식물은 3.6kg/m^2, 식물플랑크톤은 0.5kg/m^2 탄소흡수 효과

* 국립산림과학원 탄소상쇄 기준

분야	오픈스페이스 및 녹지조성	중요계획요소	자연형 오픈스페이스 확보

계획기준

· 단지내 자연 지형 조성을 통한 오픈스페이스 확보
- 성토에 의한 굴곡 지형 조성으로 녹지면적 증대와 자연경관 연출 효과 기대
- 인위적인 구릉지형에 다층림, 수환경, 벌목단, 낙엽층 등 자연생태적 요소를 도입
- 인공산은 단지내 절토 흙을 이용하며, 표면은 대지조성전의 표토를 이용하여 마무리 하여 개발 전후 생태적 연속성을 확보
- 표토를 성토시에 사용하는 경우 50cm 이상 두께로 하여 식재된 수목이 왕성하게 생육하여 조기에 자연회복이 되도록 토양층을 구성함
- 지하 주차장의 경우 지상부 식재공간 최대화하고 포장을 10~20% 이하로 최소화
- 기존지형을 이용한 인공산은 높이 1.5m에서부터 7.0m 정도까지의 다양한 형태로 조성
- 단지외곽부 완충녹지 마운딩 폭은 최소 5m 이상 확보하고 소음, 대기오염 영향이 심할 경우에는 30~50m 이상도 가능

분야	자연자원보전	중요계획요소	우수 생태공간 보전

계획기준

· 생태적 배후지 보전으로 생태거점 확보
- 자연적으로 형성된 산림, 습지, 하천 등을 보존
- 천연기념물, 법적 보호종, 중요 동식물 집단서식처인 경우에는 보존용지로 확보하고 주변에 50~500m 이상의 완충녹지대 설치
- 도시차원 생태거점 주변에는 UN생물권 계획방법대로 완충지대(필요시 전이지대) 설정
- 생태자연도 1등급, 녹지자연도 7등급, 국토환경성평가 1등급, 영급 4영급 이상은 원형녹지로 존치하고, 임야율 30% 이상인 부지는 원형존치녹지율 20%(총임야면적 대비) 이상 확보하여 단지내부 생태거점으로 활용

· 생태보전적지 개발입지 보전
- 사업지구에 생태자연도 1등급 10% 이상, 1~2등급 합산 30~40% 이상은 개발 부적합
- 녹지자연도 7등급 이상이 30% 이상, 6등급 이상으로 급경사지(경사율 25% 이상)는 입지제한
- 임상이 양호한 4영급 이상이 30% 이상을 차지하는 경우 개발에 부적합
- 국토환경평가 1등급이 10% 이상, 1~2등급이 30~40% 이상을 차지하면 개발입지 제한
- 습지보전지역, 생태경관보전지역, 야생동식물보호구역, 멸종위기야생동식물 서식지 주변 500m 이내 지역은 개발입지 제한
- 우수한 자연생태계 보존을 위한 환경관계기관 등에 의한 조사지점(생태계변화 관찰지역, 전국하구역 생태계조사지역, 전국자연경관 조사지역, 겨울철새 동시센서스 조사지역 등) 주변 500m 이내 지역 개발입지 제한

(표 계속)

· 하천의 생태적 기능 보전
  - 하천의 경우 자연적 특성을 감안하여 수변 완충녹지대 폭 5~10m 이상 설치
  - 하천생태계의 종단 및 횡단 연속성이 유지될 수 있도록 보존 및 복원계획을 수립
  - 정수식물 군락지를 조성하여 수환경의 생물학적 정화기능을 극대화 함
  - 여울, 소, 우각호 등을 생태계 서식지 및 홍수 저류공간으로 보존 및 복원
  - 사행하도의 곡류(자연형 하천)=곡률반경(r)/하폭(B), 일반적으로 2.2~4.0r/B 사이가 되도록 함
  - 기존의 식물군락을 보존하고 어류 및 조류의 생육 환경을 조성
  - 단지내부에 산지에서 발원한 수로가 있을 경우 생태적 개방수로로 계획

* 국토연구원(2003), 환경친화적 단지조성 계획 · 설계지침
* 한국환경정책평가연구원(2002), 환경영향의 합리적 예측평가를 위한 기법 연구

분야	자연자원보전	중요계획요소	생태녹지체계 형성
계획기준			

· 생태녹지체계 형성
  - 시가지 외곽 녹지와 내부 근린공원, 시설녹지, 녹도, 가로수, 민간조경공간 등을 연결
  - 신규 택지개발인 경우 공원녹지를 최소 20%(면적 330만㎥ 이상은 25~27%) 이상 확보하고 도시 전체에 걸쳐 녹지 네트워크를 형성

광역녹지축의 최소 폭	주녹지축	150m
	부녹지축	70m
도시녹지축의 최소 폭	주녹지축	70m
	부녹지축	50m

  - 도로변 가로수, 생울타리, 완충녹지 등도 선적인 도시녹화 요소로 활용
  - 완충녹지대는 공업지역 외곽 30m 이상, 8차선 간선도로변 15m 이상 확보

완충녹지 최소기준	철도변 완충녹지대 확보(혹은 이격)			30m
	고속국도변 환충녹지대 확보(혹은 이격)			30m
	도로변 완충녹지대	8차선 (35m도로)	부지+완충녹지(마운딩)+도로	15m
		6차선 (25m도로)	부지+완충녹지(마운딩)+도로	10m
		4차선 (20m도로)	부지+완충녹지(마운딩)+도로	5m

(표 계속)

- 도로 등에 의해 생태계 연결 단절을 방지하기 위해 30m 폭 이상의 생태교량 설치
- 단지내부 녹지체계를 위해 공동주택단지의 경우 생태면적율 35~40% 이상 확보
- 주민기피시설 주변에는 녹지대폭 30m, 이격거리 50m, 녹시율 55% 이상 확보

* 국토연구원(2003), 환경친화적 단지조성 계획 · 설계지침
* 한국환경정책평가연구원(2002), 환경영향의 합리적 예측평가를 위한 기법 연구

나. 에너지 자립

분야	에너지효율성 증진	중요계획요소	입면녹화 친환경주택(eco-house)
계획기준			

· 건물 옥상녹화와 구조물 입면녹화
- 옥상녹화로 겨울 난방비 16.6% 절감, 여름철 30℃기준 주변보다 2-3℃ 냉각, 흡음효과로 20dB 저감 효과(50m^2 녹화 기준)
- 민간건물은 생태면적률 확보차원에서 옥상녹화, 벽면녹화 시도
- 공공건물의 벽면 및 담장 녹화는 적극 시행하고, 옹벽은 입면녹화 의무화
- 옥상녹화시 토양심도는 30-50cm 이상 확보
- 옥상녹화로 인한 에너지감축 효과 0.338kW/m^2 · day

* 박미영(2009), 저탄소 녹색도시 지향을 위한 옥상녹화 조성 활성화 방안
* 환경부(2011), 대학 온실가스 감축계획 수립 가이드라인

분야	에너지효율성 증진	중요계획요소	저에너지 건축물 (passive house)
계획기준			

· 계획기법
- 건물의 외벽과 천정에 고효율 단열재를 보강하여 건물의 열 손실 감소 유도
- 옥상녹화, 벽면녹화, 테라스녹화를 통한 건물 온도 조절과 녹지 확보
- 자연채광에 의한 쾌적한 실내 환경 조성
- 차양시설, 부착온실, 아트리움을 이용한 건축물 온도조절
- 실내환경, 외기조건, 에너지사용량 등의 정보를 처리하고 에너지사용을 최적화시켜주는 건축물에너지관리시스템 도입

(표 계속)

> ※ 에코 3리터 하우스(대림건설 용인기술연구소)
> - 외단열, 이중외피, 3중창호, 열교환 환기, 수소연료전지 등 저에너지 기술이 적용된 실험주택으로 m^2당 냉 · 난방 연료를 1년에 3리터만 사용하며 소비되는 에너지는 일반 공동주택의 1/7정도
> - 친환경 · 저에너지 건축 기술이 종합적으로 적용된 에너지자립형 주택

· 고기밀 창호 및 출입문
- 에너지 손실을 최소화하기 위해 단열 및 기밀성을 향상
- 열차단재, 복층유리의 사용으로 벽, 지붕과 창문의 단열 및 기밀성을 향상
- 환경변화에 대응한 열손실, 열부하 저감을 도모함
- 건물에서 창호의 열손실은 벽체의 6배에 달하며, 에너지사용량의 10~30%를 차지
- 창틀은 합성수지 또는 목재계통 재료를 사용하며, 금속재 창틀을 사용하는 경우 열교체 차단재가 적용된 창틀 사용
- 복층유리 및 이중창의 유리 사이 공기층 12mm 이상 확보: 22mm(5+12+5mm) 또는 이에 준하는 복층창 사용

· 외벽단열
- 건물 외피의 단열을 위해 보편적으로 적용되는 내단열 공법은 시공성, 경제성 측면에서 우수하나 열교(thermal bridge)를 통한 열손실이 크고, 결로 등의 문제가 발생할 가능성이 높아 외단열 형태를 적용하여 에너지 손실을 저감할 수 있도록 유도
- 단열재 두께는 80mm 이상으로 계획하도록 유도(단열재 두께 확장 및 단열창호 사용시 30%의 에너지 소비량 절감)

분야	에너지효율성 증진	중요계획요소	환경친화적 건축재료

계획기준

· 친환경 자재 사용
- 자원 재활용, 에너지 절감, 환경오염 저감 등의 효과를 기대 할 수 있도록 환경친화적 자재의 사용을 권장함
- 환경마크 또는 GR마크를 획득한 9종 이상의 자재를 전체 세대수의 3분의 2이상 세대에 적용하도록 권장함
- 새집 증후군을 유발하는 휘발성 유기화합물(VOC)인 벤젠, 톨루엔, 클로로포름, 아세톤, 스틸렌, 포름알데히드 등 발암물질이 포함된 자재의 사용을 금지하며, 사용이 불가피한 경우 사용자재와 유해가능성 및 이의 저감대책 적용여부 공개
- 공원 및 공공기관에 포장 자재보다 친환경 자재 설치 권장
- 건축자재의 선정은 내구성, 오염물질 발생도, 내재에너지량, 재활용성, 재활용자재의 함유도 및 기타 환경부하가 작은 생산공정을 통하여 생산된 친환경적 자재를 선정
- 원자재나 건축재료는 에너지의 효율성이 높고 환경파괴가 적은 재료를 사용하고 가능한 한 벽돌이나 판석같은 기사용된 재료를 재사용하는 것을 고려
- 무게를 줄이거나 단열효과를 증가시키기 위해 경석같은 쇄석으로 만들어진 경량의 콘크리트 블록이나 벽돌의 사용 유도
- 유리블록 사용시 재생유리를 이용하는 것을 고려하도록 함
- 지역사회 자원순환 일환으로 가급적 지역경제권 내에서 생산된 제품을 활용

분야	에너지효율성 증진	중요계획요소	자연채광을 고려한 건축물 배치
계획기준			

· 남향 배치 및 자연채광 최대화
- 단독주택 및 공동주택은 신재생에너지 중 일조량 및 일조시간, 복사량 등 태양에너지 활용 여건과 관련 있는 태양전지판과 태양열 집열판의 설치를 위해 그림자의 영향을 받지 않는 곳에서 정남향으로 배치될 수 있도록 유도
- 여건상 정남이 어려운 경우 동 · 서로 45도의 변위를 가질 수 있음
- 단독주택 및 공동주택의 개구부 및 창은 남측을 확대하여 일조량이 풍부하게 조성하며, 북측 개구부 및 창의 면적을 최소화하여 난방에너지 절감 시도
- 단지배치: 주택의 남향배치 용이하도록 가능한 남북장방형, 남동향, 남서향 배치
- 건축계획: 창문의 크기와 배치도 태양의 방향을 고려해서 설정
- 식재계획: 북쪽은 상록수, 남쪽과 동서쪽은 낙엽수 중심으로 식재

분야	신재생에너지도입	중요계획요소	태양광, 태양열 도입
계획기준			

· 태양열, 태양광 에너지 활용 방안
- 기존의 화석연료를 친환경 · 고효율로 변환하여 이용하거나 햇빛, 물, 지열, 생물유기체 등 재생가능한 에너지를 이용
- 초기 설치비용이 부담 되지만 무한한 에너지자원인 신재생에너지 도입을 통해 화석연료 의존도를 낮추며 탄소배출도 줄이는 경제 및 환경에 중요한 역할을 수행
- 지열 냉 · 난방 시스템의 경우 유지관리비가 거의 없으며, 쾌적한 실내공기를 항시 유지할 수 있고, 불필요한 설비가 없어 도시미관에 악영향을 주지 않음

· 태양광 발전 시스템
- 단독주택(블록형 단독주택 포함) 태양광 발전 시스템은 주택의 규모를 고려하여 설치
- 공동주택은 공용공간(주차장, 외부공간 등) 및 부대시설에 태양광 발전시스템 이용
- 공공청사, 도서관, 문화시설 등의 공공시설 및 교육시설(유치원 제외)은 총전력사용량의 10% 이상을 태양광 발전을 통해 공급
- 공원, 실개천변, 가로공원 등은 총전력사용의 10% 이상 태양광을 통해 공급

· 태양열 발전 및 지열 냉 · 난방 시스템 적용
- 태양열 집열기 및 지열 파이프라인 설치 가능 건축물은 모두 적용

* 액티브솔라시스템(active solar system): 집열기, 축열장치 등을 따로 설치하고, 펌프 등의 동력을 이용하는 등 적극적으로 태양열을 이용하는 방식
* 패시브 솔라시스템(passive solar system): 유리온실, 천창 등만 설치하여 부가적인 기계 장치없이 태양에너지를 채열하여 활용하는 방식

분야	신재생에너지도입	중요계획요소	지열, 풍력도입

계획기준

· 지열 시스템
- 땅속 10m 이하의 연중 일정한 온도(15±5℃)를 이용한 열펌프와 함께 냉동사이클을 구성하여 난방 및 급탕에 활용
- 냉방시에 열펌프 장비내에 물이 순환할 수 있는 장치를 적용하여 유체가 순환하면서 실내의 열을 뽑아서 땅속으로 버리고, 난방시에는 땅속의 열을 뽑아서 난방부하측으로 열을 버리는 시스템 활용으로 냉난방에 있어 에너지 사용을 저감할수 있음
- 수직형 집열기는 대지면적이 제한된 곳에서 사용되며, 지하공의 구경은 100~150mm 수준이며 토양의 조건, 설치되는 시스템의 용량에 따라 15m에서 250m 깊이로 타공
- 지하공간의 열적간섭을 예방하기 위해 공간 간격을 5m 정도로 구성

· 풍력 시스템
- 시동풍속이 2.5m/s이며, 정격풍속이 13m/s로 통상 풍력발전을 위해서는 연평균 4m/s이상의 풍속이 필요
- 풍력발전기 도입 입지선정시 유의사항
  ▷ 바람에너지의 부존량이 크고, 풍속과 풍향의 변동이 적은 지점
  ▷ 소음문제와 사고 방지를 위해 주택, 도로 등에서 떨어진 장소를 선정
  ▷ 전력계통과 연계하는 경우는 기존 계통의 특성을 파악하여 연계점과 용량을 결정
  ▷ 지반이 견고하고, 지형이 복잡하지 않은 평탄한 지점을 선정
  ▷ 발전단지내 투수성포장 비율을 40~50% 정도까지 상향시켜 계획

분야	신재생에너지도입	중요계획요소	폐자원, 바이오매스를 이용한 열병합발전

계획기준

· 열병합 발전 개념
- 한정된 화석연료의 사용을 줄이고 거주환경의 개선을 위해 유해배기가스의 배출이 없는 자연에너지 및 재생에너지의 이용을 극대화함

· 계획기준
- 재생에너지를 활용하여 난방, 온수, 발전을 위한 지역난방발전소를 가동
- 바이오매스를 활용하려면 주변에 대규모 농작물 재배지, 산림지 등이 이동거리가 멀지 않은 곳에 분포하고 있어야 함
- 바이오매스는 도시보다 농촌지역에 적합한 방식
- 대규모 외부 에너지공급방식을 지양하고 지역사회 내부에 에너지자립 체계를 구축
- CESS(Community Energy Supply System)방식의 도입 권장

분야	미기후 관리	중요계획요소	바람길 확보

계획기준

· 바람길 계획
- 도시내에서의 통풍은 자연의 바람을 받아들이고 오염된 공기를 배출시키는 역할을 하므로 자연통풍을 고려하여 단지를 배치함

· 계획기준
- 당해 도시의 풍량, 계절별 풍향, 주요 바람의 통로 등이 사업지구에 미치는 영향을 고려하여 용도지역을 배치함
- 미기상 분석시 풍동 실험이나 대기순환 예측 모델링을 통해 바람통로 설정
- 주동에 의해 바람이 와류되거나 일시 정체되어 국지풍이 발생하는 현상 방지
- 통로주변은 저층형 주택을 배치하며, 건물 단위의 경우 통풍대를 설정하여 실내공기의 흐름을 유도함
- 도로에 수목을 식재하는 등 여름철 차가운 공기의 흐름을 유도하여 열섬현상을 완화
- 분지지형의 경우 여름철 더운 공기가 단지내 정체되지 않도록 공기이동로를 확보
- 녹지축을 바람길(풍도)과 일치시켜 비오톱이자 기후톱의 역할을 하도록 계획
- 도시의 주 바람길이 되는 녹지축은 30~50m 이상의 폭이 되도록 확보
- 풍량, 풍향, 강우량, 바람길, 열섬현상 등에 미치는 영향을 고려하여 단지 배치
- 수공간을 이용하여 여름철 미풍의 발생을 촉진
- 수림대와 건물을 이용하여 강한 계절풍 또는 국지풍 영향을 최소화

분야	미기후 관리	중요계획요소	열섬저감대책 마련

계획기준

· 열섬저감 계획
- 열환경 관리가 필요한 용지는 정밀 바람장시뮬레이션 및 정밀 열환경시뮬레이션을 실시하여 열섬 및 바람의 정체현상을 완화할 수 있도록 건축물 배치 유도
- 정밀시뮬레이션 결과 바람통로에 부득이 건축하고자 할 경우, 바람통로 확보를 위하여 건축물의 밀도(인동간격, 층고 등)조절, 오픈스페이스 조성, 저층 필로티 등을 통해 대기순환이 원활하게 이루어지도록 건축계획 유도
- 도시열섬에 대응하기 위하여 중심상업 및 주상복합, 고밀주거단지인 경우 열환경관리를 위하여 건축물 녹화 등을 우선 계획
- 열섬저감 녹지대 및 수변공간(실개천 및 단지내 인공수로) 조성으로 온도저감 유도
- 과다한 인공포장은 건물저층이 더운 열(열파)에 노출되게 하여 에어컨 등 냉방에너지 사용을 촉진하므로, 건물주변 인공포장은 가급적 제한하고 대신 녹지대로 최소 5m 이상 위요

다. 물 · 자원 순환

분야	자원순환시스템	중요계획요소	쓰레기 분리수거시설 설치

계획기준

· 쓰레기 분리수거 설치 개념
- 자원의 효율적 재활용, 매립쓰레기 최소화 등을 위해 쓰레기 분리수거 공간 및 기계시설 분리함을 설치

· 계획기준
- 쓰레기자동집하시스템을 도입할 경우 주동별 투입구, 반경 0.5~1km 단위 중간수집장, 도시단위 최종 선별처리장을 설치하고, 기반조성 설계시에 단지 및 도시 지하에 쓰레기송수송관로 설비 계획 반영
- 공동주택단지별로 쓰레기 분리수거를 위한 시설을 설치하고 알루미늄, 유리 등 재활용 쓰레기를 위해 별도의 보관용 창고시설을 설치
- 쓰레기 처리량을 최소화하며, 유기쓰레기는 악취발생이 최소화하도록 시설 설치
- 개별 주동 주변에 중간수거용 임시 쓰레기 저장소를 설치함
  ▷ 주동 주변: 중간수거용 쓰레기통
  ▷ 단지 내부: 4칸으로 분리된 0.5m^3 용량의 임시쓰레기 저장고
- 주민의 자체적인 환경감시 활동과 연계하여 분리수거장 선정과 관리
- 분리시설이 미관악화의 요인이 될수 있으므로 차폐식재를 하거나 미관시설 설치

분야	자원순환시스템	중요계획요소	폐기물 재활용 거점 설치

계획기준

· 폐기물 집적화단지 조성
- 도시운영시 발생되는 폐기물재활용센터 구상
- 쓰레기집하시설 등 폐기자원회수 인프라 구축
- 자원회수, 수질처리, 음식물쓰레기처리, 열병합발전 등 환경처리 집적화단지를 시민체육 · 여가공원, 청소년 환경교육장으로 조성
- 환경시설 집적화 장점: 에너지 회수가 용이, 중복투자 방지, 잉여 인력 및 물적 자원의 효과적 활용, 토지이용 효율성 제고, 환경 민원 및 관리 용이

· 폐기자원 재활용을 통한 청정녹색도시
- 기존의 쓰레기분리, 소각열 이용 등 초보적 수준의 자원재활용에서 탈피하여 폐기자원은 물론 수자원, 생태자원 등 전 영역에 걸쳐 고도화된 재활용시스템을 구축
- 폐기물처리시설에서는 폐기물을 수거한 후, 전처리시설(MBT+RDF)을 도입하여 매립량을 줄이며, 고체연료(RDF)를 집단에너지 공급시설내 전용 열병합발전소의 연료로 공급
- 음식물쓰레기와 하수슬러지를 합병 · 소화함으로써 발생되는 가연성 가스를 집단에너지 공급시설 내 연료로 사용

· 건설폐기물 재활용
- 공사과정 발생 건설폐기물 재활용계획 구상
- 공사 발생 건설폐기물을 순환골재로 복원하여 공원 및 주거단지 소재로 재활용
- 단지계획시 환경마크 또는 GR마크를 획득한 순환자재 사용을 적극 권장

분야	물순환시스템	중요계획요소	중수 및 우수의 재활용

계획기준

· 종합적 물순환시스템 구축
- 우수, 중수, 하천수, 하수처리수, 저류수, 자연용출수 등 자연수와 고도하수처리수에 이르기까지 종합적인 수자원 재활용망을 구축
- 공공시설과 주거단지에 우수저류 · 침투 · 이동 · 재활용시스템의 전면 도입
- 습지, 연못 등 우수의 생태적 이용을 고려하여 자연배수체계와 연계
- 공원 · 녹도 등 녹지체계, 열섬차단녹지 · 바람통로 등 미기후관리와 연계된 수류순환망 구축

· 우수의 활용
- 우수가 단지내에서 재활용 될 수 있도록 필터 및 저장장치 등의 기반시설을 설치
- 단지 내 연못을 상시 저류녹지로 활용
- 공원, 학교운동장, 광장, 주차장, 공동주택 동간 등에 침투트렌치 및 우수저류탱크를 설치
- 우수활용시설 규모(m^3) 산출: 지붕면적(m^2)×0.03m 이상(수도법 시행규칙 제7조 3항 기준)

· 중수의 활용
- 상수사용량을 감소하고, 하수방류량을 절감할 수 있도록 중수체계 도입
- 중수플랜트는 중수의 용도(조경용수, 화장실세정 등)에 따라 처리수준이 다르기 때문에 적합한 수질로 처리

* 수도법 시행규칙 제4조 3항: 빗물이용시설의 시설기준 등

분야	물순환시스템	중요계획요소	투수면적 최대화

계획기준

· 투수성 포장
- 공원, 광장, 주차장 등은 가급적 투수성 포장을 유도
- 토양수의 증발에 의한 기온의 저하, 토양미생물의 보전, 지반침하의 저감, 지하수함량에 의한 수순환 재생, 미기후조절, 수질오염저감 등 환경 보전효과 기대

구분	특성	대상지 적용
투수콘 포장	· 기존의 아스팔트, 콘크리트 포장과는 달리 우수를 지하로 침수시킬 수 있어 강우시 배수로에의 집중현상을 저감 · 통기성을 유지하고 표면색채로 도입 가능	· 광장, 주차장, 보도, 자전거도로
우드칩 포장 (wooden chip)	· 목재부스러기를 이용하여 토양의 통기성과 수분유지 · 고정된 포장재료가 아니기 때문에 주변으로 유실될 우려 · 경사지를 통나무로 계단식으로 처리	· 관리의 어려움 · 공원내 산책로 등에 적용가능
투수성벽돌 포장	· 우수의 침투성과 보습성을 유지	· 광장, 주차장, 공원, 보도
잔디그리드 포장	· 블록 사이에 토양을 삽입 후 잔디피복 · 우수시 블록사이로 우수침투	· 광장, 주차장, 공원, 보도

〈투수성포장의 적용 검토〉

분야	물순환시스템	중요계획요소	유수지 및 함양지 설치
계획기준			

· 수환경 및 친수공간을 위한 저류지, 유수지, 함양지 설치
- 자연용출수 및 계곡하천수를 활용한 도심내 수순환체계 도입
- 실개천, 잔디도랑, 유수지 등을 이용한 다단계 저류방식의 자연배수체계 도입
- 도로면 등의 우수를 측구 트렌치를 통해 지중으로 침투시키고, 지붕면에 내린 비를 빗물받이로 저류조에 연결
- 도시실개천과 연계된 블록(공공청사, 공동주택 등)은 단지 수공간(실개천 등)과 연계되도록 시스템 연결
  ▷ 단지인접 계곡수가 존재하면 입 · 출수구를 지정하여 단지내 실개천 용수로 사용
  ▷ 공동주택단지, 공공시설 등에는 지하저류조 설치를 적극 권장
- 단지내부 계곡수가 연결되는 지점에 함양지(생태연못)를 설치하여 물을 저류시키고 단지내 실개천을 통해 흘려보내도록 계획
  ▷ 생태연못 시점부 및 종점부 저류지 규모를 약 15㎡ 이상 하도록 하며, 단지내 실개천은 수로폭 0.3m 이상, 수심 0.1m이상 설치
- 빗물저장과 수생비오톱 기능을 담당할 생태연못 등은 다음의 기준에 맞도록 조성
  ▷ 설치규모는 수생동식물을 위한 연못은 최소 50㎡ 이상, 연못 주변 습지대는 최소 30㎡ 이상으로 조성
  ▷ 생태연못 등은 최소 1개소 이상 조성하도록 유도
  ▷ 다양한 생물의 서식에 도움이 되는 부정형 생태연못을 조성
  ▷ 물의 유입구, 출수구를 고려한 계획수심, 수변부 경사, 수변부 형상계획을 수립하여 조성
  ▷ 겨울철 동결, 여름철의 지나친 수온상승을 방지하기 위하여 1미터 이상의 수심을 가지도록 조성

· 우수 및 중수를 통해 상수 1㎥의 생산 · 공급에 소요되는 에너지사용량 절감
- 상수도 1.8kWh, 중수도 1.1kWh, 빗물이용시설 0.0012kWh에너지 절감 효과

라. 녹색 · 대중교통

분야	녹색교통 활성화	중요계획요소	보행녹도 설치
계획기준			

· 보행녹도(보행자도로) 계획 기법
- 단지내 동선의 기본방향은 보행자가 우선하는 동선체계를 원칙으로 함
- 보행자도로는 시설녹지, 단지 조경공간, 공원 등과 연결되도록 녹지네트워크 구성
- 자전거도로와 연계시키고 근린공원 이용을 고려하여 동선체계를 구축함
- 보행로를 따라 수목을 열식하여 선형 녹지를 형성하고 휴게, 편의시설 설치
- 대중교통 시설과의 연계, 일반도로와 교차 최소화, 이용자 안전성 등을 고려
- 보행자 도로의 보행자 척도를 고려하여 기능적이고 안전한 보행공간 조성
- 보행자 도로 주변 탄소흡수 우수종 식재
- 보행로 주변 3~7m 폭 이상의 수림대를 조성하여 생태공간으로도 기능하도록 계획

분야	녹색교통 활성화	중요계획요소	자전거도로 설치

계획기준

· 자전거 전용도로 설치
- 자전거도로가 중간에 단절되지 않도록 명확한 동선체계 구축, 대중교통수단과의 연결성을 확보
- 주행공간 주변에 녹지대 및 휴식시설 설치
- 급경사가 많은 지역은 자전거 노선에서 배제
- 주동 인접, 학교, 상가, 교통거점 등에 주륜 시설 마련
- 일반도로에 자전거전용도로를 설치할 경우 차도와의 분리대 등 안전시설을 설치하며, 차도와의 경계를 명확히 함
- 포장면은 평탄성을 유지하고 다른 교통과 구분되도록 색깔, 질감, 무늬 등을 차별화
- 자전거도로는 보행자전용도로와 연계하여 노선을 배치
- 자전거도로의 포장은 반드시 투수성 포장으로 조성
- 노외주차장에는 해당 총면적의 5% 이상을 자전거 주차장으로 설치

구분	폭원	설치속도	회전반경	구배
설치 기준	최소 1.5m 이상	자전거전용도로: 10~30km/h 보행자겸용도로: 10~15km/h	10m 이상	종단구배 : 2.5~3.0% 횡단구배 : 1.5~2.0%

〈자전거도로 설치 기준〉

분야	녹색교통 활성화	중요계획요소	자전거 운영프로그램 도입

계획기준

· 자전거 활성화를 위한 인프라 구축
- 주요 시설을 연결하는 자전거 가로망 체계를 구성하며, 저수지, 하천 등 경관이 양호한 레저형 자전거도로 확보
- 자전거도로는 투수성 포장으로 하며, 태양광 조명등 설치
- 자전거도로를 교통수단형, 레저형으로 구분하여 계획
- 교통수단형 자전거도로는 차도와 입체교차 시스템을 구축하여 원활한 소통 유도
- 레저형 자전거도로는 하천, 근린공원, 체육공원등과 연계된 루트를 계획
- 대중교통의 주요 결절점에 교통특성을 고려한 환승시설(자전거 주차장, 샤워시설, 수리점 등) 설치 유도
- 승용차진입 억제구역 지정을 통해 대중교통 및 자전거 활성화
- 자전거도로의 폭을 2.25~3.0m로 계획 유도

* '자전거이용시설의 구조 · 시설기준에 관한 규칙' 에는 자전거도로 폭 1.1m 이상 규정
* 2기 신도시 2.0m, 서울시 도로양측 편방향 1.5m, 도로편측 양방향 3m

분야	저탄소 교통수단 도입	중요계획요소	친환경 대중교통 도입 저에너지 교통수단 도입

계획기준

· 대중교통 소통 및 접근성 제고
- 대중교통 통행로에 지능형 교통체계(ITS, Intelligent Transportation Systems) 도입
- 대중교통과 개인교통 수단간 연계, 환승편의 시설 확충
- 교통의 주요 결절점에 환승시설(환승센터, 터미널, 주차장 등) 설치

· 대중교통 접근체계 마련
- 대중교통(지하철) 중심의 도시계획(TOD)으로 도시전역에서 도보(POD)나 자전거(BOD)로 10분 이내 대중교통센터(지하철역) 등에 도착할 수 있도록 도시구조 구축
- 대중교통 수단간의 원활한 연계를 위한 트랜짓몰(transit mall) 조성

· 저에너지 녹색교통수단 적극 도입
- 전기 셔틀버스, 하이브리드 자동차, CNG 순환버스 도입 등 대중교통 수단 검토
- 교통수단 중 자전거, 전기자전거, 전기스쿠터, 40Km/h 이하의 초경량 저속차량 등 저속 녹색교통수단을 위한 전용도로 조성 필요

분야	저탄소 교통수단 도입	중요계획요소	Car Sharing 프로그램 도입

계획기준

· 차량공유제(Car-Sharing) 프로그램 도입
- 국내에는 아직 체계적인 Car-Sharing 사례가 없어 비즈니스 모델 개발이 시급
- 국내 자동차시장 분석 및 자동차 임대사업의 시장 분석을 통해 Car-Sharing 도입과 관련한 제반 여건 분석 필요
- 스위스의 경우 Car-Sharing에 의한 에너지 절약 측면에서 자가용에서 Car-Sharing으로 전환한 경우 연비소비량의 57%가 저감되었으며, 일본의 경우 연비소비량의 감소로 인해 이산화탄소 배출량이 1인당 1.89tCO_2/yr이 감소되는 것으로 보고.
- 현재 국내 시장에서는 Car-Sharing에 대한 인식 및 시장조사가 이루어지지 않은 상태로서 공공기관 및 비영리 기관의 지원에 의한 Car-Sharing센터를 조성하는 방안이 있음
- Car-Sharing 전용 주차구역을 조성하면 이용에 이점을 제공할 수 있음

* 한국교통연구원, 자동차 공동이용 시스템 도입방안 연구
* 한국생산기술연구원, 국내적용을 위한 Car-Sharing 비즈니스 모델 기획

1. 탄소인벤토리에 대한 접근방식

탄소인벤토리는 국가 · 자치단체 · 기업 등 기관이 온실가스 배출 및 감축 현황을 파악하여 대외적으로 보고하기 위해 배출원의 유형별 목록에 관한 양식화된 계정으로서 '온실가스 배출통계'를 말한다. 온실가스 인벤토리는 과학자들이 지구 대기모델을 구축하기 위해 자연적, 인위적 배출원의 종류를 분류하는데 사용된다. 정책입안자들은 이를 온실가스 감축관련 정책 · 전략을 수립하거나 기후정책의 과정을 추적하는데 사용하며, 행정이나 공공기관에서는 현장에 적용 가능한 감축 목표량이나 감축 비율을 설정하는데 활용한다. 공공이나 민간기업에서는 배출원을 파악하여 그것의 정량적 변화 추세를 분석하는데 활용한다. 또한 이는 교토의정서에서 규정한 청정개발체제(CDM) 방식에 의해 개발사업자가 배출기준량과 감축량을 산정하여 공식적인 인증을 받는 과정에서도 활용된다. 마지막으로 녹색도시, 그린빌딩, 생태조경 등 저탄소를 지향하는 계획가에게는 탄소감축계획 기법을 통해서 줄어드는 배출량을 파악하기 위한 수단으로 활용되기도 한다.

탄소인벤토리, 즉 온실가스 배출통계는 UNFCCC에 의한 인벤토리 분류체계와 교토의정서에 의한 분류체계가 있다. 2006년에 수정된 후자의 분류체계(IPCC 분류체계)에 의해 국가는 UNFCCC 및 KP(Kyoto Protocol) 총회에 매년 온실가스 종류별 배출량 현황과 탄소고정에 의한 탄소흡수량을 포함한 국가인벤토리를 보고하게 되는데 이를 위해 공통보고양식을 사용하게 된다. 일반적으로 탄소배출량은 탄소를 발생시키는 인간의 활동량(activity volume)에 에너지 원단위[1] 및 탄소배출계수를 곱하여 구하고, 감축량은 여기에

---

1) 에너지 원단위는 단위활동당, 단위면적당, 단위인구당 등과 같이 특정 단위당 소비되는 에너지의 양을 말한다. 단위활동은 다른 활동과 구분되는 독립적인 활동의 종류별로 나타내는데 구분이 어려울 경우에는 복합활동의 단위(면적당, 가구당, 행정단위당 등)를 설정하여 나타낼 수도 있다.

다 감소된 탄소집약도[2]를 곱하여 값을 얻는다.

국가는 IPCC 배출계수를 적용하여 국가단위의 탄소배출량을 계산하고(1계층 Tier1), 자치단체는 해당 국가에서 정한 배출계수를 적용하여 행정구역 단위의 배출량을 산정하며(2계층Tier2), 그 이하의 기업이나 부문에서는 보다 상세한 조건의 배출계수를 적용하여 배출량을 구한다(3계층 Tier3). 이와 같은 방법은 하향식 체제(tier system)로서 활동의 평균적 산술(일반 배출계수 적용)에 의거한 접근법이라 할 수 있다. 한편 특정 단계의 탄소배출량을 산정할 경우에는 배출원의 범위를 직접배출과 간접배출로 구분하고 그 경계를 명확하게 설정하여 분석할 필요가 있는데, 이를 범위 한정법(scoping system)이라 할 수 있다. 우리나라 자치단체의 온실가스 감축계획에서는 위의 두 가지 방식을 모두 사용하고 있다.

표 5-1. 탄소배출량 산정 방법론

국내외 산정 지침	산정 방법론
계층에 의한 적용 (2006 IPCC Guideline)	Tier 1(IPCC 배출계수 적용)
	Tier 2(해당국가 배출계수 적용)
	Tier 3(상세 조건 적용)
범위에 의한 적용 (GHG Protocol)	Scope 1(직접 배출 범위)
	Scope 2(간접 배출-전력)
	Scope 3(간접 배출-기타)
에너지 사용량 관리방법에 의한 적용 (에너지관리공단)	단순 적용(에너지원별 산정)
	복합 적용(시설별 산정)
탄소흡수원에 의한 상쇄량 산정 (산림청)	녹지유형별 흡수계수 적용
	수종별 흡수계수 적용

탄소인벤토리는 유엔기후변화협약과 각 국가의 온실가스 관련 법률에 의거하여 국가, 지자체, 기업 등이 대외적으로 공식 보고하기 위해 작성하는 통계 이외에도 임의의 지역차

2) 탄소집약도는 에너지 사용량, 탄소흡수의 변화가 특정 분야나 공간에 집약되는 수준을 말하는데, 기술의 진화나 생활양식의 변화에 따라 특정 활동이나 공간에서의 탄소집약도는 변할 수 있다. 최근에는 신재생에너지나 자원순환기술, 탄소고정 기술의 도입으로 탄소집약도의 변화가 일어난다. 탄소집약도는 탄소감축량을 산정하는데 이용되고, 에너지 원단위와 탄소집약도를 동시에 고려하면 탄소배출계수가 만들어 진다.

원에서 탄소감축계획으로 인한 활동 전후의 배출량 증감을 비교하기 위해서도 만들어진다. 우리나라의 경우 2010년 설립된 '온실가스종합정보센터'에서 IPCC 가이드라인과 '저탄소녹색성장기본법'에 따라 국가 온실가스 배출량 · 흡수량, 배출 · 흡수계수, 온실가스 관련 각종 정보 및 통계를 개발하여 검증 및 관리를 하고 있다.

임의적 방식으로서 자치단체가 주민이나 기업, 공공기관을 대상으로 탄소감축 행동계획을 수립하여 이를 실행에 옮길 경우, 감축되는 탄소량을 감축활동 요소별로 계정화하여 나타낸 것도 탄소인벤토리에 해당한다. 그리고 도시계획, 건축, 조경, 토목 등 특정 지역을 대상으로 공간계획을 수립하는 분야에서 대상지의 탄소감축을 위한 통계적 정보를 감축계획의 내용에 의거하여 계정화(accounting)하려는 것도 인벤토리에 속한다. 이는 IPCC나 해당 국가에서 일반화된 배출계수를 사용하기 보다는 해당 지역의 특정한 조건이 반영된 배출 · 감축 원단위를 적용하여 지역 전체의 총 배출 · 감축량을 산정해 나가는 상향식(bottom up) 접근법이다.

도시개발 현장에 저탄소 환경계획을 수립하고 이에 따른 탄소감축량을 산정하기 위해서는 저탄소 계획요소별로 탄소인벤토리가 만들어져야 한다. 도시개발은 구역(사업지구) 혹은 단지(블록) 단위에서 이루어지기 때문에 국가, 행정구역 등 광역 지역단위에나 적용 가능한 사회부문별 탄소인벤토리는 적용할 수 없다. 그 대신에 토지이용 · 건조물 · 자연물 · 활동 · 처리물질의 종류별로 단위면적 · 인구 · 체적 당 탄소배출 혹은 탄소흡수 원단위가 있어야 한다. 탄소배출과 흡수, 그리고 감축에 대한 원단위를 만들기 위해서는 당연히 위의 종류별 단위당 에너지사용 및 탄소흡수에 관한 기초정보가 있어야 한다. 이것에 의해 거시적 탄소인벤토리보다는 미시적 인벤토리가 만들어지는 것이다.

표 5-2. 탄소인벤토리 구축 체계

구분	특성	적용범위	비고
사회부문별 탄소인벤토리	- 국가나 지자체의 사회부문별 에너지사용 등의 통계를 기준으로 행정단위 총배출량 산정에 이용 - 현재 IPCC 온실가스 배출원 분류체계 - 구체적 도시현장 적용에는 한계	국가 지자체 기업	IPCC체계 한국환경공단(2010), 온실가스 배출량 산정지침
감축활동별 탄소인벤토리	- 지자체 단위의 통계확보가 가능 - 배출량보다는 장래 감축량에 초점 - 감축활동의 특성을 반영하여 가정, 상업, 수송 등으로 분류 - 물리적인 도시계획과 연계가 불가능	지자체	환경부(2010), 지자체 온실가스 감축 계획 수립 가이드라인
토지이용별 탄소인벤토리	- 토지이용 종류별 에너지 소비량을 조사하여 주거용지, 상업용지 등의 탄소배출 원단위 산출 - 도시계획과 연계가 가능 - 도로는 교통량에 따른 별도의 배출량 산정이 필요함 - 개별시설 적용에는 한계 - 탄소감축량 산정에 적용하기는 불가능	구역단위 단지단위	이강국 · 홍원화(2006) 국토연구원(2008) 한국토지공사(2009)
계획요소별 탄소인벤토리	- 탄소감축계획을 통해 실제 감축가능한 탄소량을 산정하는 것이 가능하여 탄소중립도시 계획모델에 활용성이 높음 - 단지규모에 적합	단지단위	도시환경연구센터(2010) 에코프론티어(2011)

2. 국가 단위: 산업부문별 탄소인벤토리

가. 정부차원 탄소인벤토리 개요

세계 각국은 기후변화협약에 따른 국가차원의 대응책으로 UNFCCC가 요구하는 국가 온실가스 통계시스템을 구축해야 하는데, 우리나라의 경우 2005년에 시스템을 구축하였다. 국가적 기후변화대응 정책 수립 및 이행의 실효성 확보를 위해서는 탄소인벤토리 구축이 절실하다. 기후변화대응이 본격화되면 무엇보다 정부는 자국에 입지한 산업체, 공공기관, 기반시설 등이 온실가스의 주요 배출원이기 때문에 자체적으로 에너지절감 정책을 행동으로 옮겨야 한다. 정부는 개인이나 기업의 에너지소비에 대한 규제자의 역할을 하면서도, 공영방식의 국토 및 산업개발을 주도하는 에너지 소비자이기도 하며, 시민의 소비양식을 변화시킬 수 있는 촉진자로서의 역할도 한다. 기후변화대응 종합정책 수립을 위해 온실가스의 배출원을 파악하고, 부문별 온실가스의 배출량을 산정하여 감축계획을 수립하는 일은 기후변화 대응을 위한 중요한 작업이다. 기후정책을 통해 국가 및 지역사회는 에너지이용 효율화를 통해 국토의 대기환경 및 기후환경 개선에 일조할 수 있으며, 온실가스 저감과 관련된 신재생에너지, 자원순환 관련 산업은 핵심적인 성장동력원으로 발전하여 국가경제에 기여할 수 있다.

국가단위의 기후대응 정책의 수립과 탄소감축 행동계획을 위해 많이 이용되는 것이 산업 등 사회 각 부문별로 개발된 IPCC의 온실가스 인벤토리 체계이다. 온실가스 배출량 산정을 위한 분류체계는 '2006 IPCC 가이드라인[3]'의 시스템을 활용하는데, 여기서 제시된 분

3) 2006 IPCC Guidelines for National Greenhouse Gas Inventories, IPCC, 2006(2010. 6 현재 4차 수정됨)

류체계는 국가단위의 온실가스 배출량을 산정하기 위한 것이다. 그런데 여기에는 배출원별 관리권한의 구분, 해당지역 외에 위치한 배출원의 배출량, 간접 온실가스 배출량 등에 대한 고려가 부족하다. 지자체의 지역단위에서도 적용 가능하기 위해서는 분류체계에 위의 사항이 반영되어야 한다.

표 5-3. IPCC의 온실가스 인벤토리 체계

IPCC 카테고리		대분류	중분류	소분류
직접 배출원	에너지	연료연소활동	에너지 산업	주요활동 전력 및 열생산
				석유정제
				고체연료의 제조 및 기타에너지 산업
			제조업/건설	
			수송	민간항공
				도로수송
				철도
				수상운수
				기타수송
			기타분류	상업/공공
				가정
				농림어업
			미분류	
		연료로부터 탈루성 배출	고체연료	
			석유 및 천연가스	
			에너지 생산으로부터의 기타 배출	
	산업공정 및 제품사용	이산화탄소 수송 및 저장		
		광물산업		
		화학산업		
		금속산업		
		연료로부터 비에너지 제품 및 용매 사용		
		전자산업		
		오존층 파괴물질의 대체물질로서 제품사용		
		기타제품 제조 및 사용		
		기타		
	농업산림 및 기타 토지이용	가축	장내발효	
			비료관리	
		토지	임지	
			농경지	
			초지	
			습지	
			주거지	
			기타 토지	
		토지에 대한 통합적 원천 및 non-CO_2 배출원		

(표 계속)

직접 배출원	폐기물	기타
		고형폐기물 매립
		고형폐기물의 생물학적 처리
		폐기물의 소각 및 노천소각
		폐수처리 및 배출(가정 및 산업폐수처리 및 배출)
		기타
간접 배출원	전력	가정용, 공공용, 서비스업, 생산부문
	열	
	수도	가정용, 업무용, 영업용, 기타
	폐기물	매립, 소각, 하폐수, 고형폐기물 생물학적 처리

나. 자치단체 적용 인벤토리 분류체계[4)]

현재 유엔기후변화협약에 따라 제출하고 있는 국가 온실가스인벤토리 보고서가 근거하고 있는 지침은 2006 IPCC 가이드라인이다. 이는 교통의정서에서 정한 6개 온실가스 이외에 다양한 불소함유물 등 여러 온실가스를 포함하고 있으나[5)], 한국환경공단(2010)이 제시한 '지자체 온실가스 배출량 산정 지침'에서는 교토의정서에서 규정한 6개 온실가스만을 산정 대상으로 하였다[6)]. 온실가스 배출량 산정범위는 2006 IPCC 가이드라인에서 제시하고 있는 '에너지', '산업공정', '농 · 임업 및 기타 토지이용, '폐기물' 등 4개 분야이며, 총 180 여개 카테고리에 대하여 온실가스 배출량을 산정한다.

탄소인벤토리는 기본적으로 2006 IPCC 가이드라인의 분류체계를 따르나, 지자체 온실가스 인벤토리의 특성을 반영하기 위해 일부 카테고리를 세분화하고, 기존 통계자료 구축 및 접근성의 한계로 일부 카테고리는 통합 · 변경하여 배출량을 산정할 수 있다. 한국환경공단(2010)에서 제시하고 있는 인벤토리에서는 배출원에 대한 지자체 관리권한에 따라 인벤토리를 세분할 수 있도록 하기 위해 2006 IPCC 가이드라인에서 하나로

4) 한국환경공단(2010.9), "지자체 온실가스 배출량 산정 지침"을 참조하여 정리하였음

5) 2006 IPCC 가이드라인에서 정하고 있는 온실가스는 이산화탄소(CO_2), 메탄(CH_4), 아산화질소(N_2O), 수소불화탄소(HFCS), 과불화탄소(PFCS), 육불화황(SF_6), 삼불화질소(NF_3), 삼불화메틸오불화황(SF_5CF_3), 할로겐화에테르($C_4F_9OC_2H_5$), 기타 몬트리올의정서에 포함되지 않은 Halocarbons 등이다.

6) 교통의정서에 정한 6개 온실가스는 CO_2, CH_4, N_2O, HFCS, PFCS, SF_6이다.

통합되어 있는 카테고리를 별도의 세부 카테고리로 분리하여 산정할 수 있도록 하였다. 우리나라 자치단체에서 범용적으로 사용하고 있는 탄소인벤토리의 분류는 다음과 같이 이루어지고 있다.

온실가스 배출량 산정은 Scope 3(해당 지자체 행정구역 외에 위치한 지자체의 관리대상 배출원)을 제외한 Scope 1(해당 지자체 행정구역 내에서 발생되는 직접배출 및 흡수원)과 Scope 2(해당 지자체 행정구역내에서 발생 되는 간접 배출원)로 구분한다.

Scope 1은 온실가스가 직접적으로 배출, 흡수되는 배출원으로 지자체 관리권한에 따라 에너지, 산업공정 및 AFOLU(Agriculture, Forestry and Other Land Use, 농업 및 기타 토지이용), 폐기물 분야로 구분하여 관리할 수 있다. 에너지 분야의 공항 · 항만 · 철도운영 등은 해당 배출시설이 지자체 행정구역 내에 존재하나 지자체에서 배출되는 온실가스를 관리할 수 있는 권한이 없으므로 지자체 비관리 대상(Scope-1-B)으로 분류하였으며, 공공시설 배출량은 지자체에서 직접적인 관리 권한이 있으므로 직접 관리대상(Scope 1-A-a)으로 분류하였다. 산업공정 및 AFOLU 분야는 간접관리 대상(Scope 1-A-b)이다. 폐기물 분야는 지자체에서 관리하는 환경기초시설에서 배출된 온실가스를 Scope 1-A-a로 분류하고, 개인 소유의 폐기물 처리시설에서 배출되는 온실가스는 Scope 1-A-b 로 분류하였다.

Scope 2는 온실가스를 발생시키는 간접배출원으로 전력사용, 열사용, 수도사용, 폐기물 발생 등에 의한 온실가스 배출량을 산정하기 위한 것이다. 간접배출량을 별도의 Scope으로 분리한 것은 중복산정으로 인한 혼란을 방지하기 위한 것으로 최종단계에서 직 · 간접을 모두 고려하여 종합배출량을 산정한다. 전력은 사용단계에서 온실가스를 배출하지 않으나 생산단계에서 온실가스를 배출하게 된다. 전력생산 시에 배출되는 온실가스는 Scope 1에서 산정되나, 실제 온실가스가 배출되지 않는 소비단계에서 배출량을 별도로 산정하는 것은 전력수요를 줄이는 것이 전력생산에 의한 배출을 줄이기 위한 계획수립에 활용할 수 있기 때문이다. 전력사용 중 관공용과 기타 공공용은 지자체에서 직접 관할권이 있어 Scope 2-A-a로 분류하였으며, 국군용, 수도, 전철은 Scope 2-B로 분류하였다.

Scope 3은 온실가스 관리정책에 대한 온실가스 인벤토리의 활용성을 확대하기 위한 것으로, 배출원이 해당 지역 내에 있지 않으나, 지자체의 직접적인 관리를 받는 배출원[7]에서의 배출량을 산정한다. Scope3는 지자체 온실가스 인벤토리 구축시 단순히 지역 경계만을

---

7) 예) 충북 수안보에 위치한 서울특별시 공무원 연수원을 서울특별시의 Scope3 배출량으로 함

기준으로 하지 않고 관리권한을 고려함으로써 실질적인 배출량 관리가 가능하도록 하는 데 의미가 있다. Scope3 배출량 산정은 직접배출원인 에너지 고정연소(자체 보일러 등), 간접배출원인 전력, 열, 수도, 폐기물 등을 대상으로 한다.

표 5-4. 지자체 기후정책 활용을 위한 인벤토리 구성

<table>
<tr><th>대분류</th><th>중분류</th><th>소분류</th></tr>
<tr><td rowspan="3">Scope1
(해당 지자체 행정구역 내에서 발생되는 직접 배출 및 흡수원)</td><td rowspan="2">Scope1-A
(지자체 관리대상)</td><td>Scope1-A-a(직접관리)</td></tr>
<tr><td>Scope1-A-b(간접관리)</td></tr>
<tr><td colspan="2">Scope1-B(지자체 비관리대상)</td></tr>
<tr><td rowspan="3">Scope2
(해당 지자체 행정구역 내에서 발생되는 간접 배출원)</td><td rowspan="2">Scope2-A
(지자체 관리대상)</td><td>Scope2-A-a(직접관리)</td></tr>
<tr><td>Scope2-A-b(간접관리)</td></tr>
<tr><td colspan="2">Scope2-B(지자체 비관리 대상)</td></tr>
<tr><td rowspan="2">Scope3
(해당 지자체 행정구역외에 위치한 지자체 관리대상 배출원)</td><td colspan="2">Scope3-A(직접 배출원)</td></tr>
<tr><td colspan="2">Scope3-B(간접 배출원)</td></tr>
<tr><td colspan="3">· 지자체 관리대상: 지자체에 관리권한이 있는 배출 및 흡수원
· 지자체 비관리대상: 지자체에 관리권한이 없는 배출 및 흡수원
· 직접관리: 지자체에서 운영하거나 소유권이 있는 배출 및 흡수원
· 간접관리: 직접관리 대상은 아니나, 관련 정책수립 등의 대상이 될 수 있는 배출원
· 직접배출: 온실가스를 직접적으로 배출(예, 화력발전에 의한 전력 생산)
· 간접배출: 직접 온실가스 배출은 없으나, 이를 수반하는 인간활동(예: 전력 사용)</td></tr>
</table>

자료: 한국환경공단(2010.9), 지자체 온실가스 배출량 산정지침

다. 탄소인벤토리의 활용

국가 및 자치단체 차원의 인벤토리는 사용목적에 따라 분야별 인벤토리(국가통계 형식), 감축량 관리를 위한 인벤토리 등으로 구분할 수 있다.

① 분야별 인벤토리

분야별 인벤토리는 UNFCCC에 보고하는 '국가온실가스인벤토리 양식(CRF)[8)]'으로, 각 분야별 온실가스 배출량을 나타낸다.

표 5-5. 분야별 인벤토리 형식

부문			CO_2	CH_4	N_2O	HFCS	PFCS	SF_6
직접 배출	에너지		· · ·	· · ·	· · ·	· · ·	· · ·	· · ·
	산업공정		· · ·	· · ·	· · ·	· · ·	· · ·	· · ·
	폐기물		· · ·	· · ·	· · ·	· · ·	· · ·	· · ·
	농축산 산림 및 토지이용	농축산	· · ·	· · ·	· · ·	· · ·	· · ·	· · ·
	농축산 산림 및 토지이용	산림 및 토지 이용	· · ·	· · ·	· · ·	· · ·	· · ·	· · ·
	총 배출량		· · ·	· · ·	· · ·	· · ·	· · ·	· · ·
	순 배출량		· · ·	· · ·	· · ·	· · ·	· · ·	· · ·
간접 배출	수전		· · ·	· · ·	· · ·	· · ·	· · ·	· · ·
	수열		· · ·	· · ·	· · ·	· · ·	· · ·	· · ·
	수도		· · ·	· · ·	· · ·	· · ·	· · ·	· · ·
	폐기물		· · ·	· · ·	· · ·	· · ·	· · ·	· · ·
	총 배출량		· · ·	· · ·	· · ·	· · ·	· · ·	· · ·
혼합 배출량			· · ·	· · ·	· · ·	· · ·	· · ·	· · ·

② 감축량 관리를 위한 인벤토리

분류1, 분류2, 분류3 등에 따라 온실가스 배출량을 관리함으로써 합리적이고 실현가능성 있는 감축목표를 설정할 수 있다.

---

8) Common Reporting Format

표 5-6. 인벤토리 형식

분류1	분류2	분류3	에너지	산업 공정	농·축산	폐기물	총 배출량	산림 및 토지 이용	순 배출량
직접 배출원	관리 대상	직접 관리	···	···	···	···	···	···	···
		간접 관리	···	···	···	···	···	···	···
비 관리대상			···	···	···	···	···	···	···

분류1	분류2	분류3	수전	수열	수도	폐기물	총배출량
간접 배출원	관리대상	직접관리	···	···	···	···	···
		간접관리	···	···	···	···	···
비 관리대상			···	···	···	···	···

분류1	분류2	시설1	시설2	시설3	시설4	시설5	···	총배출량
지역외 관리대상	직접 배출원	···	···	···	···	···	···	···
	간접 배출원	···	···	···	···	···	···	···

3. 지자체 행정단위: 감축활동별 탄소인벤토리

가. 개요

국가나 자치단체에 적용한 사회(산업)분야별 탄소인벤토리를 바탕으로 특정 도시의 온실가스 감축정책을 수립할 경우, 이를 주택, 상업지, 교통수단, 공공시설 등 하위의 구체적 공간단위나 개별적인 시민활동에 적용하기에는 무리가 있다. IPCC 시스템에 기초한 정부의 인벤토리 체계는 기본적으로 사회분야별 배출량 현황을 파악하기 위한 것이지 시민, 기업, 공공기관 등의 구체적 기후행동에 따른 감축량을 파악하는 것이 아니기 때문이다. 따라서 현재 각 지방자치단체는 온실가스 감축량 목표를 설정해 놓고 이를 달성하기 위한 세부 기후행동계획을 수립하여 다양한 사업을 추진하는 동시에 시민운동도 전개하고 있다.

개별 시민은 에너지나 자원을 소비하는 원인자인 동시에 이를 절약하는 활동의 원천이기도 하다. 이들의 활동은 독립적으로 구분된 단일 에너지원만을 대상으로 하는 것이 아니라 다양한 에너지원을 복합적으로 소비하고 또한 여러 형태로 절감활동을 벌인다. 따라서 탄소감축대책의 실제적 효과, 즉 탄소감축량을 산정하기 위해서는 먼저 감축대책의 분야를 구분하고 시민 · 기업 · 공공기관 등이 전개할 수 있는 감축활동을 세분하는 작업이 이루어져야 한다.

환경부 · 국립환경과학원(2010)[9]이 제시하고 있는 지자체 온실가스 감축계획 수립 가이드라인에서는 크게 가정, 상업 · 공공, 수송, 공통의 네 부문으로 나누고 그 하위에 세부

---

9) 환경부 · 국립과학원(2010.7), 지자체 기후변화대응종합계획 수립 지원을 위한 온실가스 감축계획 수립 가이드라인

활동과 대책을 나열하고 있다. 공통부문은 특정 부문이 아닌 여러 부문과 관련된 대책을 별도로 관리하기 위한 것이다.

나. 감축활동별 탄소인벤토리[10)]

1) 가정 부문

가정에서 에너지를 저감할 수 있는 주요 대책에 홈에너지관리시스템 보급, 고효율기기 보급, 대기전력 저감 제품 보급, 저탄소 녹색마을 조성 · 확대, 탄소감축형 건축물 보급 확대, 물절약시스템 구축, 신재생에너지 설비 보급 및 이용확대, 녹색생활 실천 등을 포함할 수 있다. 각 대책에는 실행에 옮길 수 있는 세부대책들이 나열되고, 세부대책이 수행될 경우 저감되는 온실가스 감축량은 환경부 · 국립환경과학원이 제시한 산정식을 이용하여 계산할 수 있다. 아래의 표는 가정 부문 중 녹색생활 실천에 따른 세부 대책과 지표, 감축량 산정식을 예시적으로 보여주기 위한 것이다.

표 5-7. 가정 부문 중 녹색생활 실천의 일부 예시

대책명	세부대책명	지표	감축량 산정식
녹색생활 실천	TV시청시간 줄이기	· 실천율(%)	감축량 원단위(kg/대 · 년)×지자체가구수×가구당 TV 보급률(대/가구)×실천율(%)
	컴퓨터사용시간 줄이기	· 실천율(%)	감축량 원단위(kg/대 · 년)×지자체가구수×가구당 컴퓨터 보급률(대/가구)×실천율(%)
	냉장고 적정용량 유지하기	· 실천율(%)	감축량 원단위(kg/대 · 년)×지자체가구수×가구당 냉장고 보급률(대/가구)×실천율(%)
	세탁 사용시간 줄이기	· 실천율(%)	감축량 원단위(kg/대 · 년)×지자체가구수×가구당 세탁기 보급률(대/가구)×실천율(%)

10) 전게서 pp.46-56을 참조하여 내용을 정리하였다.

(표 계속)

녹색생활 실천	청소 횟수 줄이기	· 실천율(%)	감축량 원단위(kg/대 · 년)×지자체가구수×가구당 청소기 보급률(대/가구)×실천율(%)
	다리미시간 줄이기	· 실천율(%)	감축량 원단위(kg/대 · 년)×지자체가구수×가구당 다리미 보급률(대/가구)×실천율(%)
	냉방시간 줄이기	· 실천율(%)	감축량 원단위(kg/대 · 년)×지자체가구수×가구당 에어컨 보급률(대/가구)×실천율(%)

자료: 환경부 · 국립과학원(2010), 지자체 기후변화대응종합계획 수립 지원을 위한 온실가스 감축계획 수립 가이드라인

2) 상업 · 공공 부문

상업 · 공공 부문에서는 건물에너지 관리시스템(BEMS)도입, 고효율 기기의 보급, 신 재생에너지 설비 및 보급, 저탄소 고효율형 건물 확대, 녹색생활 실천 및 활성화로 대책이 나뉘어 진다. 각 대책별로 추진 가능한 세부대책들을 기술하고, 각 대책들이 향후 도입 되었을 때 감축되는 온실가스량은 환경부 · 국립환경과학원이 제시한 산정식을 이용하여 계산할 수 있다. 아래의 표는 상업 · 공공 부문 중 신재생에너지 설비 및 보급 부분의 세부 대책과 지표, 그리고 감축량 산정식을 예시적으로 보여주고 있다.

표 5-8. 상업 · 공공 부문 중 신재생에너지 설비 및 보급 부분 예시

대책명	세부대책명	지표	감축량 산정식
신재생 에너지 설비 및 보급	태양광 발전설비 설치	· 보급률(%) · 건물연면적(m^2)	감축량 원단위(kg/m^2 · 년)×보급률(%)*건물연면적(m^2)
	지열에너지 보급	· 보급률(%) · 건물연면적(m^2)	감축량 원단위(kg/m^2 · 년)×보급률(%)*건물연면적(m^2)
	태양열 온수기 도입	· 보급률(%) · 건물연면적(m^2)	감축량 원단위(kg/m^2 · 년)×보급률(%)*건물연면적(m^2)
	하수열 및 하천수열 냉난방	· 보급률(%) · 건물연면적(m^2)	감축량 원단위(kg/m^2 · 년)×보급률(%)*건물연면적(m^2)

(표 계속)

신재생 에너지 설비 및 보급	빗물 재이용 시설 확대	· 일 급수사용량(m^3) · 빗물대체율(%)	감축량 원단위(kg/m^3)×일 급수량의 빗물 대체율(%)×365일

자료: 환경부 · 국립과학원(2010), 지자체 기후변화대응종합계획 수립 지원을 위한 온실가스 감축계획 수립 가이드라인

3) 수송 부문

수송 부문은 크게 대중교통 이용의 활성화, 교통운영관리 및 개선, 그린카 도입, 자전거 활성화, 녹색생활실천, 녹색물류체계 구축으로 분류할 수 있다. 아래의 표는 수송 부문 중 에너지효율 개선 및 그린기술 도입 부분의 세부 대책과 지표, 그리고 감축량 산정식을 예시적으로 보여주고 있다.

표 5-9. 수송 부문 대책별 지표 및 감축량 산정식

대책명	세부대책명	지표	감축량 산정식
에너지 효율 개선 및 그린기술 도입	그린카 보급 확대	· 승용차 등록대수 · 전기자동차 보급률	감축량 원단위(kg/대 · 년)×승용차 등록대수(대)×전기자동차 도입률(%)
		· 승용차 등록대수 · 수소연료전지자동차 보급률	감축량 원단위(kg/대 · 년)×승용차 등록대수(대)×수소연료전지자동차 도입률(%)
		· 승용차 등록대수 · 하이브리드차 보급률	감축량 원단위(kg/대 · 년)×승용차 등록대수(대)×하이브리드차 도입률(%)
		· 승용차 등록대수 · 플러그하이브리드차 보급률	감축량 원단위(kg/대 · 년)×승용차 등록대수(대)×플러그하이브리드차 도입률(%)
	CNG차량 보급 확대 - 버스중심	· 버스 등록대수 · CNG 버스 보급률	감축량 원단위(kg/대 · 년)×버스 등록대수(대)×CNG 버스 도입률(%)
	자동차 공회전 규제	· 승용차/버스 등록대수 · 공회전 규제 보급률	감축량 원단위(kg/대 · 년)×승용차/버스 등록대수(대)×공회전 규제 도입률(%)
	수동변속기 차량 장려	· 승용차 등록대수 · 수동변속기 차량 보급률	감축량 원단위(kg/대 · 년)×승용차 등록대수(대)×수동변속기 차량 도입률(%)

(표 계속)

에너지 효율 개선 및 그린기술 도입	경차 보급 및 이용확대	· 승용차 등록대수 · 경차 보급률	감축량 원단위(kg/대 · 년)×승용차 등록대수(대)×경차 보급률(%)

자료: 환경부 · 국립과학원(2010), 지자체 기후변화대응종합계획 수립 지원을 위한 온실가스 감축계획 수립 가이드라인

4) 공통 부문

공통 부문은 여러 부문에 걸쳐 있는 대책을 말한다. 탄소흡수림 조성, 탄소포인트제 등과 같이 특정 부문이 아닌 여러 부문과 관련 있는 대책들은 별도로 분류할 수 있다. 탄소관리, 스마트그리드 사업 추진, 탄소흡수원 확충, 탄소지표 개발, 조림관리, 녹색생활 실천 및 활성화 등이 이에 해당한다. 아래의 표는 공통 부문 중에서 탄소관리와 탄소흡수원 확충 부분의 세부 대책과 탄소감축량 산정에 관한 예시이다.

표 5-10. 공통 부문 대책별 지표 및 감축량 산정식

대책명	세부대책명	지표	감축량 산정식
탄소관리	탄소포인트제	· 에너지 절약률(%) · 참여가구(건물)수	탄소포인트제 참여가구(건물)수×가구(건물)당 에너지절약률(%)×가구(건물)당 연평균에너지소비량(TOE)×온실가스 배출계수
	탄소중립프로그램	· 시민 및 기업의 참여율 · 온실가스감축량	
	배출권거래제 시범사업	· 참여율 · 온실가스감축량	
탄소흡수원 확충	탄소중립공원 조성 및 숲 가꾸기	· 숲 조성면적(ha)	
	가로수 심기	· 보급나무(그루)	심을나무수×감축량원단위(kg/tree · 년)
	옥상 녹화 사업	· 옥상녹화 조성면적(m^2)	옥상녹화 조성면적(m^2)×감축량원단위(kg/m^2 · 년)
	바다 · 숲 조성	· 바다 · 숲 조성면적(ha)	바다 · 숲 조성면적×감축량원단위(ton/ha · 년)

자료: 환경부 · 국립과학원(2010), 지자체 기후변화대응종합계획 수립 지원을 위한 온실가스 감축계획 수립 가이드라인

4. 구역 단위: 토지이용별 탄소인벤토리

가. 개요

온실가스 배출량 산정을 위한 국가 및 자치단체의 사회부문별 인벤토리 체제는 배출량 산정 과정에 있어서 먼저 추상적 분류체계가 주어져야만 이에 의거해 구체적인 통계수집과 분석이 이루어지는 하향식 접근법이다. 기존에 발행된 통계자료를 활용해서 사회분야별(산업종류별)로 재차 가공된 에너지소비 정보를 산출하는 방식은 구체적 현장을 대상으로 하지 않으나 국가나 광역단위에서는 현장조사의 어려움 때문에 불가피한 측면이 있다.

그러나 구체적 도시 현장, 즉 인구활동 · 토지이용 · 건조물 · 물질 등이 복합적으로 탄소를 발생시키는 일정 구역단위에서는 통계치가 적용되는 공간범위가 너무 국소적이어서 행정통계를 활용하여 에너지사용량을 추계하기 어렵다. 이런 현상은 배출량 산정 대상지의 규모가 더 작아질수록 행정통계치의 적용 오차가 더 커지는 상황을 만들어 낸다.

이러한 단점을 극복하기 위하여 구역 이하의 공간단위에서는 상향식 접근법을 활용한다. 이는 개별 배출원, 즉 세분류된 토지이용 종류, 시설물(도로 · 환경처리장 · 공원 등), 건축물, 자연물(수림 · 습지 등), 세부 활동(보행 · 대중교통이용 · 자원절약활동 등) 등으로부터 배출 · 흡수되는 온실가스를 계산하고 그 합을 공간 · 활동의 종류별로 구하는 방식이다.

이 방법은 다시 토지이용, 건조물, 자연환경 등 물리적 배출원(흡수원)에 초점을 맞춘 배출원 접근법(emission-source approach)[11]과 에너지의 최종 사용자인 인간의 행위를 기

11) 주거 · 상업 등 토지용도, 건축물, 도로, 공장, 수림대, 습지, 갯벌 등 현장성과 가촉성을 가진 물적인 환경이 여기에 해당된다. 배출원 접근법은 그 분석 대상을 탄소배출원은 물론 흡수원까지 모두 포괄한다.

준으로 한 최종사용자 접근법(end-user approach)[12]으로 나누어 생각할 수 있다. 전자는 다양한 토지용도가 집합된 구역(예: 신도시, 택지지구 등)단위에 적합하고 후자는 특정 토지용도 내부의 단지규모 이하의 소규모 주거지(예: 아파트단지, 단독주택지 등), 단위건조물(건물, 조경공간 등), 사회단위(가정, 기업, 공공기관 등)에 적용하기에 알맞다. 두 방법 모두 배출원 자료와 배출인자가 정확히 알려져 있는 경우에 적합하다.

탄소배출량을 수리적으로 정확하게 산정하기 위해서는 분석의 대상과 범위를 명확하게 한정시키는 스코핑(scoping) 과정이 매우 중요하다. 탄소발생에는 복합적 요인이 작용하고 공간적 경계가 다소 불분명하다. 에너지나 자원의 이동경로가 복잡하고 사용 주체가 혼재되어 있기 때문이다. 이런 혼란을 없애려면 먼저 배출량 분석의 공간적 범위를 명확히 설정하는 것이 필요하다. 행정구역, 사업지구, 가구(街區, block), 아파트단지, 구획선, 공원, 필지, 건물 등 경계가 분명해야 한다. 아울러 배출량 분석의 대상도 분명하게 설정되어 있어야 한다. 행정에서 공식적으로 사용하는 탄소인벤토리에 의거한 행정구역 내의 모든 배출활동[13]에 대한 것인지, 아니면 특정 물적 환경에 국한된 것인지, 그렇지 않으면 특정 조직이나 개인의 에너지소비 · 절약 행위에 대한 것인지가 결정되어 있어야 한다. 스코핑 과정에서 일반적으로 공간규모가 커질수록 배출원 접근법을 취하게 되고, 공간범위가 작을수록 배출원 접근법이나 최종 사용자 접근법 모두를 활용할 수 있다. 행정구역 등 거시적 규모에서는 개인이나 조직의 에너지 소비활동을 낱낱이 조사할 수 없기 때문에 최종 사용자 접근법은 그 적용에 한계가 있다.

이러한 상향식 접근법 중 배출원 접근방식에 의거하여 최영국 외(2008)[14]는 토지용도별 이산화탄소 배출원단위 산정을 시도하여 건물용도를 분류하고 에너지사용량을 조사하여 이산화탄소 배출량을 추정하였다. 탄소배출원을 산업분야나 도시서비스 등 추상적인 대상으로 설정하지 않고 토지이용과 건축물이라는 구체적인 물적 환경으로 스코핑하여 배출원의 탄소배출량을 계산한 것이다. 이를 위해 토지이용별, 건물용도별 에너지사용량과 단위면적당 에너지소비 원단위를 활용하여 탄소배출 원단위를 만들어 냈다.

---

12) 전기절약하기, 물절약하기, 쓰레기분리하기, 자동차 대신 보행이나 자전거타기 등 에너지나 자원을 절약하기 위한 일체의 인간의 활동이 여기에 해당한다.

13) 사회부문별 분류체계나 도시서비스부문별 분류체계에 의한 인간의 활동

14) 최영국외 8인(2008), 기후변화에 대응한 지속가능한 국토관리전략(1), 국토연구원

나. 토지용도별 탄소배출 원단위 도출

이강국 · 홍원화(2006)[15]는 도시내 각 건물용도별 실제 에너지 사용량 자료를 바탕으로 에너지소비의 시공간적 분포특성을 분석하였다. 도시 에너지소비는 인공적인 토지이용에 기인하고, 토지이용의 차이는 에너지소비량의 차이를 유발하며 건축물 용도는 에너지소비량에 차이를 가져온다는 전제하에 분석한 것이다. 대구광역시를 대상으로 토지이용, 도시내 건축물 자료, 용도별 주요 건축물의 에너지소비 원단위, 에너지 부하량을 500x500m 공간크기로 Mesh Data화하여 에너지소비의 공간 · 시간적 분포와 변화 특성을 분석하였다.

표 5-11. 대구 건물용도별 에너지소비 원단위 설정 사례

건출물 용도분류	난방용 (Mcal/m² · 년)	급탕용 (Mcal/m² · 년)	냉방용 (Mcal/m² · 년)	전력 (kWh/m² · 년)	상수 (m²/m² · 년)	가스 (m²/m² · 년)
주거건축	138.5	85.6	46.2	37.6	2.960	264.0
업무건축	94.9	13.4	71.4	170.0	2.073	6.3
상업건축	35.3	22.5	85.8	291.3	3.252	19.2
문화건축	43.0	63.6	69.9	200.2	3.805	*
병원건축	80.0	205.5	123.2	185.3	4.182	22.6
숙박건축	118.3	309.6	64.9	132.5	9.941	16.3
교육건축	80.1	-	-	23.2	3.565	-
기타용도	98.3	-	214.7	455.5	-	-

자료: 이강국 · 홍원화(2006), 도시에너지 소비의 공간 · 시간적 특성 분석 연구

국토연구원(2008)[16]의 연구에서는 건축물 용도에 따른 에너지소비량을 조사하여 주소지별로 수집된 에너지사용량(전기, 가스 등)을 필지단위로 다시 집계하여 원단위 분석의 기본단위로 사용했다. 필지별 에너지 사용량이 집계되면, 여기에 단위 에너지당 CO_2 배출량

15) 이강국 · 홍원화(2006), 도시에너지 소비의 공간 · 시간적 특성 분석 연구

16) 최영국외 8인(2008), 위의 전게서.

을 추계하는 공식을 적용하여 용도별 단위면적당 탄소배출 원단위를 산정하였다.

표 5-12. 중심상업업무지역의 CO_2 배출 원단위

건출물 용도		전기사용에 의한 CO_2 배출 원단위 (kg/m^2 · 년)			가스사용에 의한 CO_2 배출 원단위 (kg/m^2 · 년)		
		필지 원단위	건축면적 원단위	연면적 원단위	필지 원단위	건축면적 원단위	연면적 원단위
평균 CO_2 배출 원단위		101.1	327.1	71.5	76.3	450.1	58.6
주거 용도	단독 주택	35.5	54.6	40.0	43.9	75.4	28.0
	공동 주택	46.1	106.0	20.8	60.0	182.0	24.3
	주거용 평균	40.8	80.3	30.4	52.0	128.7	26.1
상업 용도	일반 상업시설	128.8	142.7	173.3	94.8	109.8	70.9
	중심 상업시설	275.4	2,195.9	47.6	134.7	593.0	23.2
	상업용 평균	202.1	1,169.3	110.5	114.8	351.4	47.0
공공 용도	공공 시설	225.2	135.0	35.9	56.2	195.6	34.8
	교육 시설	73.2	81.4	25.4	15.1	31.7	9.7
	공공용 평균	149.2	108.2	30.7	35.7	113.7	22.3
공업 용도	공업 및 물류시설	54.0	108.4	81.1	159.4	1,455.8	147.2
기타 용도	기타 시설	59.2	169.5	105.0	19.8	200.7	50.6

자료: 최영국외 8인(2008), 기후변화에 대응한 지속가능한 국토관리전략(1), 국토연구원

표 5-13. 주거지역의 CO_2 배출 원단위

건출물 용도		전기사용에 의한 CO_2배출원단위 (kg/m^2 · 년)			가스사용에 의한 CO_2배출원단위 (kg/m^2 · 년)		
		필지 원단위	건축면적 원단위	연면적 원단위	필지 원단위	건축면적 원단위	연면적 원단위
평균 CO_2배출 원단위		58.3	131.0	80.8	57.3	120.8	27.1
주거 용도	단독 주택	24.8	48.3	29.0	36.6	64.7	29.8
	공동 주택	26.4	56.6	22.7	45.6	87.6	29.2
	주거용 평균	25.6	52.5	25.8	41.1	76.2	29.5
상업 용도	일반상업 시설	79.4	121.3	53.5	44.3	107.2	29.1
	중심 상업시설	130.1	242.3	65.2	91.5	145.2	30.0
	상업용 평균	104.8	181.8	59.3	67.9	126.2	29.5
공공 용도	공공 시설	179.0	390.4	198.8	93.5	122.3	24.4
	교육 시설	32.3	109.9	50.1	82.6	73.2	33.9
	공공용 평균	1056	250.1	124.5	88.1	97.7	29.1
공업 용도	공업 및 물류시설	20.4	65.0	137.9	46.4	164.1	21.0
기타 용도	기타 시설	35.1	105.3	56.4	42.9	140.0	26.1

자료: 최영국외 8인(2008), 기후변화에 대응한 지속가능한 국토관리전략(1), 국토연구원

한편 신도시계획의 일환으로 토지이용계획을 수립하면서 이에 따른 탄소발생량을 산정할 경우에는 아래 표에 제시된 용지유형별 탄소배출 원단위를 참조할 수 있다. 한국토지공사(2009)는 '동탄(2)신도시'를 계획하면서 도시개발 전후의 탄소발생량을 비교하여 늘어난 탄소량을 저감시키기 위해 감축방안을 제시한 바 있다. 그 과정에서 단독주택, 공동주택 등 주택용지와 상업업무용지와 공공시설용지 등 산업용지의 세부 종류별로 탄소배출 원단위를 산출하였다. 탄소배출 원단위에 계획용지별 면적을 곱하여 전체 용지종류에 대해 합산하면 도시 전체의 탄소배출량 산출이 가능하다. 다만 공원, 시설녹지, 하천 등 탄소흡

수 부분이 누락되어 있어, 별도로 녹지면적당 흡수량 원단위 산정 작업이 필요하다.

표 5-14. 용지종류별 탄소배출 원단위

<table>
<tr><td rowspan="7">주택용지</td><th colspan="3" rowspan="2">구분</th><th colspan="2">CO_2 배출 원단위
(tCO_2/세대)</th></tr>
<tr><th>전력</th><th>난방</th></tr>
<tr><td colspan="3">단독주택</td><td rowspan="5">3.158</td><td rowspan="5">6.927</td></tr>
<tr><td colspan="3">공동주택</td></tr>
<tr><td colspan="3">아파트</td></tr>
<tr><td colspan="3">연립</td></tr>
<tr><td colspan="3">주상복합</td></tr>
<tr><td rowspan="22">산업용지
(상업,
업무,
자족,
공공시설)</td><th colspan="2">구분</th><th>예상유입기능</th><th colspan="2">CO_2 배출 원단위
(tCO_2/m^2)</th></tr>
<tr><td rowspan="8">상업업무용지</td><td>업무복합용지</td><td>전체 서비스업</td><td colspan="2">0.092</td></tr>
<tr><td>문화복합용지</td><td>전체 서비스업</td><td colspan="2">0.092</td></tr>
<tr><td>상업시설용지</td><td>도소매</td><td colspan="2">0.030</td></tr>
<tr><td>주상복합용지</td><td>전체 서비스업</td><td colspan="2">0.092</td></tr>
<tr><td>유통업무시설용지</td><td>운수</td><td colspan="2">1.637</td></tr>
<tr><td>업무시설용지</td><td>전체 서비스업</td><td colspan="2">0.092</td></tr>
<tr><td>복합환승센터</td><td>도소매</td><td colspan="2">0.030</td></tr>
<tr><td>지원시설용지</td><td>전체 제조업</td><td colspan="2">0.236</td></tr>
<tr><td rowspan="13">공공시설용지</td><td>공공기설</td><td>공공행정 및 국방</td><td colspan="2">0.019</td></tr>
<tr><td>학교</td><td>교육서비스업</td><td colspan="2">0.015</td></tr>
<tr><td>유치원</td><td>교육서비스업</td><td colspan="2">0.015</td></tr>
<tr><td>커뮤니티센터</td><td>기타서비스업</td><td colspan="2">0.286</td></tr>
<tr><td>문화시설</td><td>기타서비스업</td><td colspan="2">0.286</td></tr>
<tr><td>체육시설</td><td>기타서비스업</td><td colspan="2">0.286</td></tr>
<tr><td>의료시설</td><td>보건 및
사회복지사업</td><td colspan="2">0.027</td></tr>
<tr><td>종교시설</td><td>기타서비스업</td><td colspan="2">0.286</td></tr>
<tr><td>전기공급시설</td><td>전기,가스,수도</td><td colspan="2">0.874</td></tr>
<tr><td>수도용지</td><td>전기,가스,수도</td><td colspan="2">0.874</td></tr>
<tr><td>하수처리시설</td><td>기타서비스업</td><td colspan="2">0.286</td></tr>
<tr><td>위험물처리시설</td><td>기타서비스업</td><td colspan="2">0.286</td></tr>
</table>

자료: 한국토지공사(2009), 동탄(2)신도시 저탄소도시 도입 연구, p.80.

표 5-15. 토지이용계획 수립 도시지역 온실가스 배출량 산정식

구분	중분류		산정식	자료 출처 및 방법론
에너지 사용량	전력	가정	경기도 세대당 전력소비량 ×세대수×배출계수	· 에너지총조사(2009) · 환경부가이드라인
		상업, 공공, 산업	경기도 면적당 전력소비량 ×면적×배출계수	· 에너지총조사(2009) · 통계연보 · 환경부가이드라인
	도시가스		도시가스소비량×배출계수	· 택지개발사업계획(안)의 도시가스공급계획 · 환경부가이드라인
	열		열공급량×배출계수	· 택지개발사업계획(안)의 에너지공급계획 · 경기도 기후변화대응종합계획」 계수 적용
상하 수도 사용량	상수도 사용량		세대당구성원수×1인당수도사용량×계획인구×배출계수	· 택지개발사업계획(안)의 상수도 수용 추정 · 환경부가이드라인
	하수발생량		CH_4:하수처리량×BOD유입농도 ×BOD제거율×(1-CH4회수율) ×21×배출계수 N_2O:1인당 생활계폐기물 발생량 ×계획인구×배출계수	· 택지개발사업계획(안)의 하수 발생량 · 하수도통계(2009) · CH_4:환경부가이드라인 · N_2O:「경기도 기후변화대응종합계획」 적용
폐기물 발생량	생활계 폐기물		1인당 생활계폐기물 발생량 ×계획인구×배출계수	· 통계연보 ·「경기도 기후변화대응종합계획」 계수 적용
교통	차량대수		예상차량대수×일평균주행거리 ×365×배출계수	· 통계연보 · 동탄(2)신도시 저탄소 도시 도입연구(2009) ·「경기도 기후변화대응종합계획」 방법론적용
흡수량	공원 및 녹지		공원,녹지면적×배출계수	· 택지개발사업계획(안)의 토지이용계획 ·「경기도 기후변화대응종합계획」 계수 적용

자료: 경기개발연구원(2011), 저탄소 녹색 신도시 계획수립 지침 개발

5. 단지 단위: 계획요소별 탄소인벤토리

가. 개요

탄소급증의 주원인이 되고 있는 각종 도시개발사업에서 탄소감축을 실현하기 위한 수단은 탄소중립계획, 즉 저탄소 환경계획을 수립하여 이를 도시계획 현장에서 집행하는 것이다. 저탄소 환경계획은 도시에서 발생하는 탄소의 양을 줄이기 위한 것으로 모든 계획요소는 탄소저감이나 탄소흡수 효과를 기반으로 하고 있다. 따라서 계획요소별 탄소인벤토리는 탄소배출을 기본특성으로 분류한 국가, 지자체, 도시지역 단위의 인벤토리와는 달리 탄소감축을 기반으로 하게 된다. 따라서 계획요소별 탄소의 원단위도 발생 원단위가 아니라 감축 원단위가 된다.

산업부문별, 토지이용별 탄소인벤토리가 탄소발생을 중심으로 원단위를 가지고 있는 반면, 계획요소별 인벤토리는 탄소감축에 해당하는 인간의 계획행위별 감축 원단위를 포함하고 있다. 이는 인벤토리 구축 및 원단위 산정에 있어 접근방식의 큰 차이라 할 수 있다.

모든 탄소중립 계획요소는 계획행위별로 에너지소비량과 탄소흡수량에 관한 원단위를 만들어 낼 수 있다. 인간의 에너지소비와 식물의 광합성작용 이 두 가지 현상이 배출원단위 작성의 기본이 된다. 에너지는 탄소배출의 근원이면서 탄소저감과 탄소회피에 연관되고 식물광합성은 탄소흡수에 관계된다.

도시개발시 증가되는 온실가스 배출량의 산정은 개발이전의 초기 인구규모나 토지이용별 면적을 근거로 계산이 이루어지고, 이를 통해 구해진 배출량은 향후 개발과정에서 발생하는 배출량의 양적 증감을 비교하는 기준선(baseline)이 된다. 인구를 근거로 할 경우에는 1인당 탄소발생 원단위에 총인구수를 곱하여 구하게 되고, 토지이용을 기초로 할 경우에는 단위면적당 탄소발생 원단위에 토지이용별 면적을 곱하여 구하되, 탄소발생 원단위와

면적은 토지이용 종류에 따라 각기 달라지게 된다.

건설공사는 매우 많은 양의 온실가스를 일시에 발생시키는 활동이다. 건물신축, 도로개설, 각종 시설공사, 공사장비 사용, 건설인력 유지 등은 외부로부터 막대한 양의 물질을 투입하면서 에너지 사용량이 매우 큰 활동이다. 도시는 건설공사가 완료되어 운영단계에 접어들어 입주민이 본격적으로 늘어나게 되면 교통운영, 기반시설 유지, 토지이용행위, 인구활동, 각종 시설운영 등으로 인해 에너지 소비량이 크게 증가하게 된다.

탄소중립도시는 이처럼 공사과정이나 운영단계에서 증가된 탄소배출량을 줄이기 위해 각 개발단계에 적합한 탄소감축 활동이 다양하게 수행되는 도시이다. 그런데 감축활동은 특정 공간에서 아주 구체적이고 가시적으로 이루어지기 때문에 이를 위한 감축계획 또한 활동요소별로 명시적으로 탄소감축량을 계산할 수 있어야 한다. 세부 계획요소에 대한 지표가 설정되어 있어야 하고 요소별 탄소배출 원단위가 만들어져 있어야 한다. 이것이 계획 인벤토리 작업의 시작이다.

표 5-16. 도시개발시의 온실가스 증가 및 감축계획 내용

<table>
<tr><th>개발단계</th><th>구분</th><th>온실가스 발생</th><th>온실가스 감축계획 내용</th></tr>
<tr><td rowspan="2">개발 이전</td><td>토지이용</td><td>-</td><td rowspan="2">탄소배출량의 기준선(baseline)</td></tr>
<tr><td>인구</td><td>+</td></tr>
<tr><td rowspan="6">공사 과정</td><td>토지이용</td><td>+</td><td rowspan="6">· 자원절약형 도시설계 및 공법개발
· 자원 및 에너지 고효율 제품 사용
· 개발대상지와 근접한 건설 원자재 생산지의 재료 선택</td></tr>
<tr><td>건축물 건설</td><td>+</td></tr>
<tr><td>도로개설</td><td>+</td></tr>
<tr><td>기타시설 건설</td><td>+</td></tr>
<tr><td>공사장비 사용</td><td>+</td></tr>
<tr><td>인력 고용</td><td>+</td></tr>
<tr><td rowspan="6">운영 단계 (개발 계획)</td><td>토지이용</td><td>+</td><td>· 대중교통 중심의 공간구조
· 녹지 네트워크 구축
· 수자원 계획</td></tr>
<tr><td>인구</td><td>+</td><td>-</td></tr>
<tr><td>전력 및 에너지 공급</td><td>+</td><td>· 신재생 에너지, 열병합발전시스템</td></tr>
<tr><td>교통시스템</td><td>+</td><td>· 대중교통활성화(BRT, 대중교통환승체계)
· 친환경 신교통수단
· 자전거도로체계</td></tr>
<tr><td>수자원 이용</td><td>+</td><td>· 빗물순환 증대 · 복원</td></tr>
<tr><td>쓰레기</td><td>+</td><td>· 바이오매스의 에너지 변화</td></tr>
</table>

(표 계속)

운영 단계 (개발 계획)	건축물의 에너지 소비	+	· 고효율 기자재 · 신재생 에너지

자료: 한국토지공사(2009), 「동탄(2)신도시 저탄소 도시 도입연구」, p.80 〈표4-1〉 참조.

나. 계획인벤토리 분류체계와 감축량 산정식 및 원단위 목록

탄소감축계획의 인벤토리는 탄소를 감축하는 방법에 따라 크게 탄소저감, 탄소흡수, 탄소회피, 주민행동지침으로 구분하여 접근한다. 탄소저감은 불가피하게 발생되는 탄소를 사후적으로, 기술적으로 처리하여 발생량을 감소하는 것이고, 탄소흡수는 식생의 광합성작용을 통해 대기 중 이산화탄소를 흡입하는 식물의 생장에 의한 탄소고정을 말하며, 탄소회피는 원천적으로 탄소를 아예 발생시키지 않는 계획기술을 말한다.

기존의 탄소중립도시 계획지표와 달리 계획인벤토리는 탄소감축량을 정량적으로 계산할 수 있는 요소만을 인벤토리에 포함시킨다는 점이 중요한 착안사항이다. 정량화되지 않는 정성적 계획지표는 탄소감축 계획인벤토리에 포함되지 않는다.

탄소감축의 영역을 탄소저감 · 흡수 · 회피로 구분하여 계획요소를 나열하고 계획에 따른 감축량을 산정하기 위해 필요한 논리식을 제시하여 계획목록의 체계를 구성하였다. 에너지절감, 녹지확보, 신재생에너지 도입, 교통계획, 녹색교통 등으로 구분하여 하위 계획요소를 만들었다. 에너지절감은 탄소저감에 해당하고, 녹지확보는 탄소흡수이며, 신재생에너지 도입, 교통계획 조정, 녹색교통은 탄소회피에 해당한다.

표 5-17. 탄소감축 계획인벤토리

구분		계획요소	탄소감축량 산정식 목록
탄소 저감	에너지 절감	공동주택외피 시스템 적용	외피시스템적용가구수x연간냉난방에너지사용량(kWh)x에너지절약비율x이산화탄소배출계수/1000
		LED조명 설치	가로등(보안등)설치량x일반가로등(메탈할라이드) 전력사용량x교체시 전력 감소율x이산화탄소배출계수/1000
		미기후 조절	세대당 연평균 냉방소비전력(kWh)x{(기존냉방일수- 바람길 도입시 냉방일수)/기존냉방일수}x세대수x 이산화탄소 배출계수/1000
		우수활용	단지별 우수집수량(T)x상수도생산시 사용되는 전력량(kWh/t)x이산화탄소배출계수/1000
탄소 흡수	녹지확보	계획공원내 수목량	Σ수종별x계획본수x연간탄소흡수량(TC)x44/12
		녹도조성	Σ수종별x계획본수x연간탄소흡수량(TC)x44/12
		단지내 조경	Σ수종별x계획본수x연간탄소흡수량(TC)x44/12
		가로수식재	Σ수종별x계획본수x연간탄소흡수량(TC)x44/12
탄소 회피	신재생에너지	태양광,태양열, 지열등 사용	연간총전력사용량x신재생에너지사용목표치(%)x이산화탄소배출계수/1000
	교통계획	단지내 진출입구 조정	단축거리(km)x일일통행량x사업구역별통행비율x차종비율x차량규모비율x연료소비량(l/km)x순발열량(kcal)/10^7x탄소배출계수x365일x44/12
	녹색교통	보행 및 자전거	이용거리(km)x연간이용회수x녹색교통전환율x사업구역별통행비율x차종비율x차량규모비율x연료소비량(l/km)x순발열량(kcal)/10^7x탄소배출계수x365일x44/12
주민 · 기업 · 기관 행동계획			(가구별 연간 이산화탄소배출량+공공기관 이산화탄소배출량)x감축목표치

* 탄소감축량 단위: tCO_2(TC)/year

다음의 표는 단지단위 탄소감축계획을 수립할 경우, 교통부문과 폐기물부문에 적용할 수 있는 탄소배출 원단위 목록이다. 교통부문은 교통수단별로 다른 탄소배출 원단위를 사용하게 되고, 폐기물부문은 세대당 폐기물발생원단위를 탄소배출 원단위로 치환한 값을 이용하여 탄소배출량을 구하게 된다.

표 5-18. 교통과 폐기물 부문의 탄소배출 원단위

	구분(차종)	예상차량대수	CO_2 배출 원단위(tCO_2/대)
교통부문	승용차	계획세대수×세대당 차량대수	4.271
	택시		33.080
	승합차		4.717
	버스		64.917
	화물차		8.959
폐기물부문	계획세대수	소각폐기물 발생량 원단위 (ton/세대)	CO_2 배출 원단위(tCO_2/세대)
	(세대)	0.96	0.420

자료: 한국토지공사(2009),「동탄(2)신도시 저탄소 도시 도입연구」 참조.

공원, 습지(수생태계) 등 녹지는 대표적인 탄소흡수원이다. 탄소흡수량을 구하기 위해서는 녹지유형별 탄소흡수 원단위를 활용하게 되는데, 녹지는 산림녹지, 도시공원, 공원 내 식재공간, 수목 개체별로 탄소흡수 원단위에서 차이가 있어 유형별로 각기 달리 적용하여야 한다.

표 5-19. 녹지유형별 탄소배출 원단위 목록

탄소흡수 요소	산정식	원단위 목록
· 산림 · 자연공원 · 근린공원 · 인공식재지 · 완충녹지	녹지유형별 $1m^2$당 탄소흡수량 ① 흡수량 = 유형별 녹지면적(m^2) ×①	· 산림 면적당 탄소흡수량 4.14 $kgCO_2/m^2$ · 공원식재 면적당 탄소흡수량 2.96 $kgCO_2/m^2$ · 공원전체 면적당 탄소흡수량 1.73 $kgCO_2/m^2$ · 수목 개체당 탄소흡수량 176 $kgCO_2$/tree (「도시수목의 이산화탄소 흡수량」(경기개발연구원) 적용)

자료: 한국수자원공사 · 에코프론티어(2011), 신개념 Green-Tech 설계기술

한편 녹지는 직접적으로 이산화탄소를 흡수하는 것뿐만 아니라 자연적인 빗물처리장(저류녹지)의 기능도 수행함으로써 빗물처리장에 필요한 전력을 줄여주는 효과를 나타낸다. 인공적인 빗물처리장의 단위 우수량 처리에 소요되는 전력량과 단위전력 생산시에 발생되는 탄소배출 원단위를 알게 되면 저류녹지의 탄소감축 효과를 계량적으로 산정할 수 있다. 일반적으로 시설유지에 따른 탄소배출 원단위는 이미 다른 연구를 통해 일반화된 시설종류별 전력소요 원단위와 전력생산시의 탄소배출 원단위를 곱하여 구해진다.

표 5-20. 빗물저류녹지의 탄소감축량 산정 원단위 목록

배출량 산정단계	원단위 목록
빗물처리장 우수1m^3 방류 감소시 저감되는 전력량 ① 우수 1m^3 방류시 전력량 ② 전력 1kWh의 탄소배출량 감축량=목표유출 저감량(m^3)×①×②	· 우수 1m^3 방류시 빗물펌프장 전력소요량 0.0275kWh/m^3(가양빗물펌프장 2011년) · 전력 1kWh의 탄소배출량 0.472kgCO_2e/kWh (온실가스에너지목표관리제 전력배출계수)

자료: 한국수자원공사 · 에코프론티어(2011), 신개념 Green-Tech 설계기술

습지는 탄층을 통해 탄소저장고로서의 기능을 수행하고, 이외에도 빗물 토양침투와 자연정화를 통해 비점오염원 제거 효과를 가진다. 습지는 또한 우수유출 저감효과와 함께 저류시설을 통한 용수대체 효과도 나타낸다. 습지의 탄소흡수량은 해당 면적을 직접 구하여 알게 되고, 다른 부수적인 효과는 해당 기능의 시설이 유지되는데 필요한 전략량을 간접적으로 구하여 감축량을 계산하게 된다.

표 5-21. 인공습지 설치에 따른 탄소감축 원단위 목록

<table>
<tr><th>인공습지</th><th colspan="3">요소별 탄소감축효과 원단위</th><th>탄소감축 원단위</th></tr>
<tr><td rowspan="5">· 녹지조성에 따른 탄소 흡수 효과
· 침투효과에 따른 비점 오염원제어 효과
· 침투, 저류효과에 따른 유출저감 효과
· 저류시설을 통한 용수 대체 효과</td><td>탄소흡수</td><td>녹지면적 1m^2</td><td>2.96kgCO_2 e/년</td><td rowspan="5">3.853
kgCO_2 e/년</td></tr>
<tr><td rowspan="2">비점오염
저감</td><td>하수처리
- 연간침투수량 1m^2</td><td>0.226kgCO_2 e/년</td></tr>
<tr><td>혐기성반응
- 연간BOD감소량 1kg</td><td>0.322kgCO_2 e/년</td></tr>
<tr><td>유출저감</td><td>목표유출 저감량 1m^2</td><td>0.013kgCO_2 e/년</td></tr>
<tr><td>용수대체</td><td>우수 재사용량 1m^2</td><td>0.332kgCO_2 e/년</td></tr>
</table>

자료: 한국수자원공사 · 에코프론티어(2011), 신개념 Green-Tech 설계기술

에너지절감을 위해 건축물 신축시 외피시스템을 고단열 창호에다 단열벽으로 시공하는 방법이 있다. 이것은 냉난방 에너지 절감으로 이어져 탄소배출량의 감소를 가져오는데, 이 때 탄소감축량을 계산하기 위해서는 아래와 같은 산정식과 원단위를 활용하면 된다.

표 5-22. 건물 외피시스템 개선에 의한 탄소감축량 원단위

건물 외피시스템 개선(고단열 창호 및 단열벽)에 의한 탄소감축량
탄소감축량 = 감축원단위(31.924 $kgCO_2/m^2$ · 년)x건물연면적(m^2) 감축원단위 = 356천$Kcal/m^2$(상업용 건물의 면적당 연에너지소비량) × 저감비율(Low-e 저방사유리 적용) × 3.587 tCO_2/TOE(온실가스 배출계수) × 1TOE/10^7Kcal

제6장

탄소중립 계획여건 분석과 탄소정보지도 작성

1. 분석항목 설정 및 탄소급증 요인 파악

가. 탄소중립 여건 분석의 항목 설정

나. 탄소급증 요인으로서 도시개발사업 파악

2. 탄소배출 및 감축 여건 분석

가. 탄소배출 여건

나. 탄소흡수 여건

3. 녹색도시 여건

가. 지형 여건

나. 수환경 여건

다. 미기후 여건

4. 시민기후행동 여건

가. 녹색도시 만들기 시민자율조직: 고리울 에코지기

나. 녹색문화활동 현황

5. 대기중 이산화탄소 농도 측정

가. 이산화탄소의 농도 측정

나. 도시지역인 대상지와 전원지역의 이산화탄소 농도 측정 비교

다. 계절별 이산화탄소 농도 측정

6. 탄소배출량 추정을 위한 탄소정보지도 작성

1. 분석항목 설정 및 탄소급증 요인 파악

가. 탄소중립 여건 분석의 항목 설정

본서에서는 탄소중립도시 계획모델 적용 사례지로 부천고강 도시재정비촉진지구, 일명 뉴타운 사업지구로 설정하였다. 경기도가 주거환경이 열악하고 노후화된 기존 시가지에 대해 새로운 도시재개발 정책으로 내세운 뉴타운 사업은 과거와 같은 산발적인 주택재개발이나 재건축을 지양하여 광역적인 개발범위를 설정함으로써 장기적이고 종합적인 계획에 의해 추진되는 도시재생사업이다. 경기도가 정책을 지원하고 부천시가 계획을 수립하였으며, 주민조합이 사업주체로서 시행하는 사업이다. 2006년부터 계획이 추진되어 2009년말에 재정비촉진계획이 수립 · 완료되어 부천시와 경기도의 승인을 마친 상태이나 현재 주민들이 스스로 동의를 구하여 주택조합을 결성하는 단계에 있다.

탄소중립도시 계획을 위해서는 현황분석에서 먼저 저탄소도시 및 녹색도시 여건을 파악하는 것이 필요하다. 저탄소도시 여건은 탄소감축의 물리적 조건을 파악하려는 것이고, 녹색도시 여건은 건강한 생태계와 청정한 환경을 구현하는데 필요한 환경을 분석하기 위한 것이다. 저탄소 여건은 다시 탄소배출과 탄소감축이라는 관점에서 분석 항목을 나누어 조사하는 것이 바람직하다. 탄소배출 여건에는 인구, 토지이용 등이 있으며, 탄소감축여건으로는 바로 녹지가 해당된다. 녹색도시 조성 여건으로는 수환경, 미기후 등 자연환경이 해당된다. 특히 기후행동의 주체인 시민의 역량과 공동체 참여의 기초로서 시민단체를 포함한 자생적인 시민활동 조직도 파악하였다.

표 6-1. 탄소중립도시 계획여건 분석 항목

구분		분석 항목
저탄소 도시 여건	탄소배출 여건	인구, 토지이용, 건축물, 공공시설, 도로교통 등 현황
	탄소급증 요인 분석	도시개발사업 파악, 장래 토지이용변화 분석
	탄소흡수 여건	녹지(거점녹지, 단지내 녹지) 분포 현황
	탄소배출량 산정 준비	이산화탄소 농도 측정, 탄소정보지도 작성
녹색도시 여건		지형, 수환경, 미기후, 환경오염 조사분석
기후행동 여건		시민조직, 공동체활동, 문화프로그램

나. 탄소급증 요인으로서 도시개발사업 파악

부천고강지구는 경기도 부천시 오정구 고강동 307번지 일원, 면적 1,745,378㎡에 대하여 노후화되고 열악한 주거환경을 개선하기 위한 도시재생사업의 일환으로 도시재정비촉진계획을 수립한 사업지구이다. 본 도시재생사업은 현재 살고 있는 26,370세대에서 8%가 감소한 24,219세대, 65,391인으로 계획되었다. 고강지구는 2009년 현재 재정비촉진계획이 수립된 곳으로 사업시행 시기에 따라 3단계, 13개의 사업구역으로 구분된다.

그림 6-1. 대상지 위치

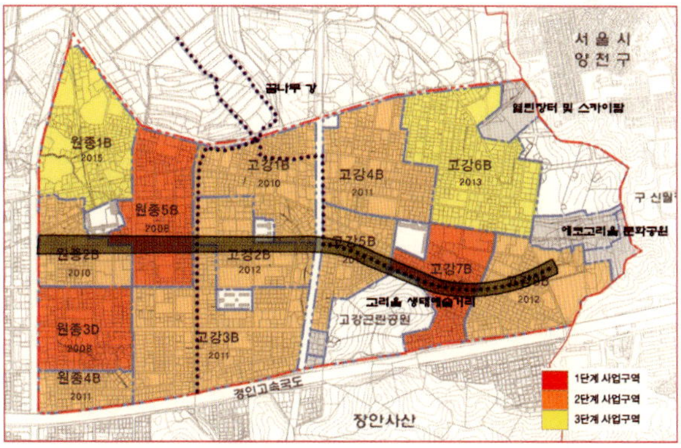

그림 6-2. 사업구역

표 6-3. 단계별 사업구역 구분

구분		구역수	면적(m^2)	비율(%)
주택 재개발	1단계	2	206,062	14.5
	2단계	8	832,649	58.2
	3단계	2	297,407	20.8
도시 환경정비	1단계	1	93,608	6.5
계		13	1,429,726	100.0

표 6-4. 고강지구 인구주택 수용계획

구분	인구	세대(구성비)			
		소계	60m^2이하	60~85m^2	85m^2초과
계	65,391	24,219 (100.0%)	14,295 (59.0%)	7,390 (30.5%)	2,534 (10.5%)

자료: 부천 고강재정비 촉진지구 재정비촉진계획(2009)

현재 수립 · 완료된 사업지구 개발 계획에 의하면 고강지구는 원종역세권이 시가지의 중심을 이루며, 주거 · 상업 · 업무 복합개발이 이루어질 예정이다. 인근 김포공항 항공기 소음의 직접 영향이 극심한 고강6B 블록 동측부는 주거개발이 부적합하여 장래 여건변화에 따라 개발의 성격을 점차 결정해 가는 유보지 성격의 자족용지, 생태문화공원 등으로 계획되었다. 또한 원종역에서부터 에코고리울문화공원(현재 가로공원)으로 이어지는 동서방향의 녹도축(커뮤니티 가로축, 연도형 상업가로, 생태녹지축의 기능 수행)을 설정하여 복합커뮤니티센터, 공원, 광장, 보행자전용도로, 실개천 등을 배치하였다.

그림 6-3. 향후 고강 재정비지구 계획 조감도

표 6-4. 도시재정비계획에서의 토지이용계획

용도		현황		계획	
		면적(m^2)	구성비(%)	면적(m^2)	구성비(%)
주택용지	단독/공동주택	871,730	49.9	1,009,519	57.8
	주상복합	-	-	17,173	1.0
상업용지		263,854	15.1	85,446	4.9
업무용지		3,610	0.2	-	-
종교용지		14,171	0.8	3,841	0.2
기반시설		467,396	26.9	554,641	31.8
교통시설		319,785	18.2	285,747	16.3
일반도로		314,019	18.0	222,498	12.7
보행자전용도로		-	-	63,249	3.6
주차장[1]		2,766	0.2	(10,554)	(0.6)
공간시설		95,639	5.5	206,700	11.9
공원		95,639	5.5	144,028	8.3
녹지		-	-	15,057	0.9
광장		-	-	13,715	0.8
공공공지		-	-	33,900	1.9
공공문화체육		47,921	2.8	62,194	3.6
공공청사		5,891	0.3	18,946	1.1
학교		37,636	2.2	38,248	2.2
청소년수련시설		-	-	5,000	0.3
체육시설		1,298	0.1	-	-
문화복지시설		3,096	0.2	-	-
기타시설		7,051	0.4	-	-
기타		124,617	7.1	74,758	4.3
총계		1,745,378	100.0	1,745,378	100.0

※ 기타시설 - 놀이터, 수도용지

※ 기타용도 - 현황: 쓰레기처리시설, 공장, 창고, 자동차관련, 위험물저장및처리, 나대지, 임야 등

- 계획: (존치관리구역 내) 임야

1) 주차장 계획은 공원과 중복결정임

2. 탄소배출 및 감축 여건 분석

가. 탄소배출 여건

1) 인구 현황

계획지구내 세대수는 26,420세대이고, 소유 세대수는 12,669세대(48.0%), 세입 세대수는 13,751세대(52%)로 세입 세대수가 많은 특성을 보인다. 주택용도에 거주하는 세대수는 25,087세대로 95.0%에 달하며 주택외 용도에 거주하는 세대수는 1,333세대 5.0%이다.

표 6-5. 고강지구내 인구수, 세대수 현황

구분	계		소유		세입	
	세대	인구	세대	인구	세대	인구
합계	26,420	70,959	12,669	38,719	13,751	32,240
주거	25,087	67,704	12,304	37,591	12,783	30,113
비주거	1,333	3,255	365	1,128	968	2,127

자료: 부천 고강재정비 촉진지구 재정비촉진계획(2009)

2) 토지이용 현황

① 건축물 용도 현황

주거용 건축물이 2,608동(78.6%)으로 대부분을 차지하고, 그 다음으로는 상업용 건축물이 612동으로 18.5%를 차지하고 있으며, 일반상업지역내 위락, 숙박 용도의 건축물도 일부 존재하고 있다.

표 6-6. 건축물 용도 현황

구분	계	주거	상업	업무/공공	교육	위락/숙박	기타
건물 동수	3,315	2,608	612	8	24	29	34
%	100.0	78.6	18.5	0.2	0.7	0.9	1.1

자료: 부천 고강재정비 촉진지구 재정비촉진계획(2009)

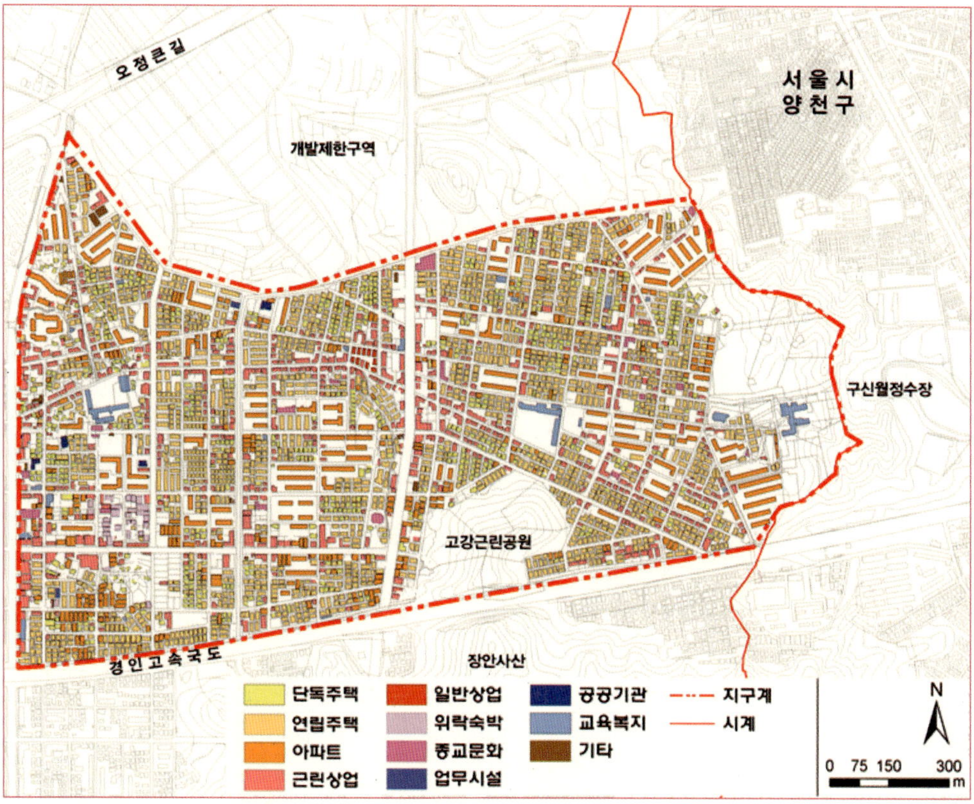

자료: 부천 고강재정비 촉진지구 재정비촉진계획(2009)

그림 6-4. 건축물 용도현황

② 건축물 노후도 현황

고강지구내 건축된지 30년이 경과된 노후된 건축물 현황을 살펴보면, 2008년 현재 527동으로 15.9%를 차지하고 있다. 그 당시 예측된 사항으로는 2011년에 약 28%에 달할 것으로 판단했으며, 장래 2020년이 되면 노후된 건물이 2,199동으로 66.3%에나 이를 전망이다.

표 6-7. 노후도 현황

구분	2008년	2011년	2015년	2020년	2020년 이후
건물 동수	527	932	1,467	2,199	3,315
%	15.9	28.1	44.2	66.3	100.0

자료: 부천 고강재정비 촉진지구 재정비촉진계획(2009)

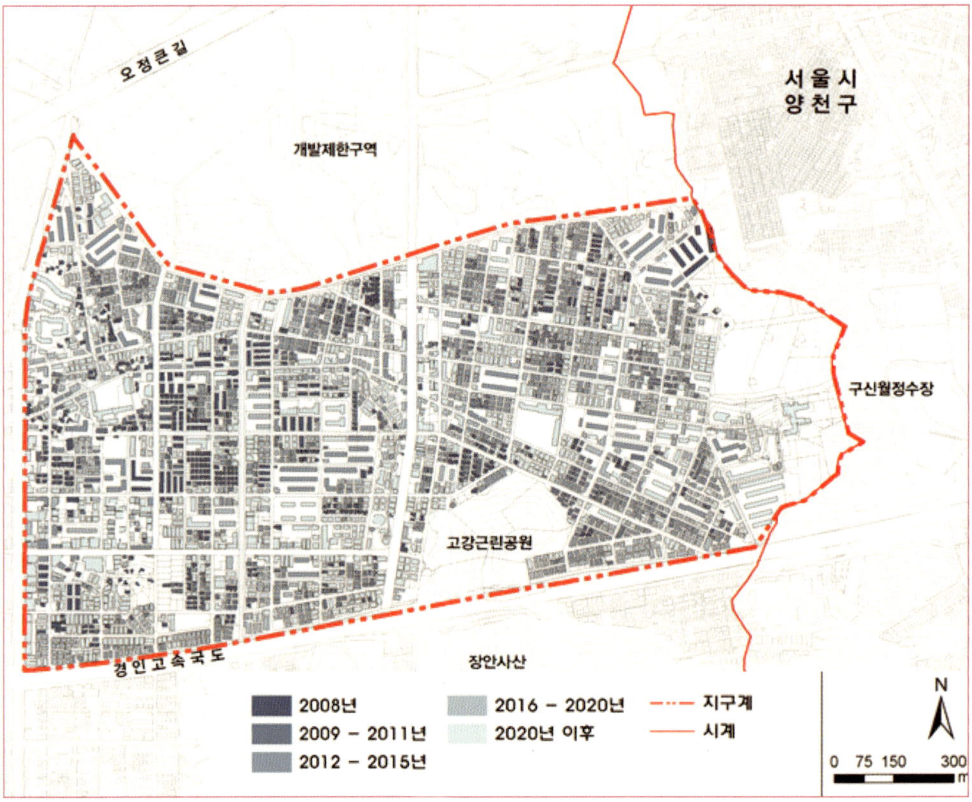

자료: 부천 고강재정비 촉진지구 재정비촉진계획(2009)

그림 6-5. 노후도 현황

③ 정비예정구역 및 주요 공공시설 현황

고강지구내 원종1-1(주택재개발예정구역), 원종1-2(도시환경정비예정구역) 2개 정비예정구역이 있다. 공공시설로는 초등학교 3개소(구역외 초중고 각 1개소), 근린공원 1개소, 어린이공원 2개소, 가로공원 1개소, 동주민센터 각 1개소가 있으며, 역사적 건축물로는 변씨종중관련 건축물이 존재하고 있다.

3) 교통현황

고강지구 외부에는 신월IC, 경인고속국도와 오정대로를 통해 서울과 인천으로의 동서광역교통망을 형성하고 있다. 주변 도로 및 지하철계획으로 인해 접근성이 더욱 향상될 예정이며, 계획 중인「원미~소사~원종~대곡」간 복선전철이 건설될 예정(실시설계 중)이다. 재정비계획을 수립하면서 광역도로계획(「남부순환로~오정대로삼거리」, 「서울~광명」)과의 연계성을 검토하고 있다. 또한 고강지구 내부에는 원종로, 수주로가 남북으로 가로 지르고 있고, 주변으로는 오정큰길, 경인고속도로, 남부순환로가 위치해 있다.

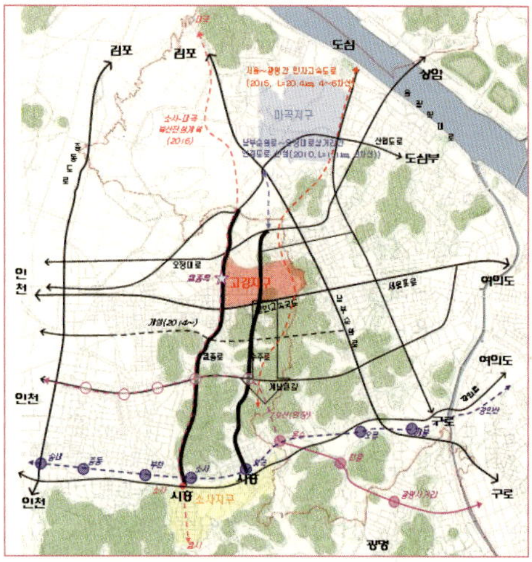

자료: 부천 고강재정비 촉진지구 재정비촉진계획(2009)

그림 6-6. 광역교통계획도

표 6-8. 광역도로계획

지점	개선내용	연장 (km)	차로수 (왕복)	시행 시기	사업비 (억원)	시행주체
1	남부순환로~오정대로 삼거리간 연결도로 신설	1.1	8	2010	(827)	사업시행자
2	서울~광명간 고속도로 토지보상비 분담(50%)	20.4	4~6	2015	4,500 (2,250)	사업시행자(2,250억)/ 민자사업자(2,250억)

자료: 부천 고강재정비 촉진지구 재정비촉진계획(2009)

표6-9. 고강지구내 도로현황

구분	도로명	폭	구분	도로명	폭
주간선도로	원종로	30	집분산도로	옛다전로	6
보조간선 도로	수주로	25		꿈마을로	8
	안말길	6		상록수길	-
	고리울길	6	국지도로	운산2로	6
	청룡1로	8		굴운산1길	8
집분산도로	새터말길	8		청룡2로	8
	굴운산길	8		고강초 진입로	6
	성지로	15		모닝스카이 아파트 진입로	6~8
	평전로	20		구 희망연입 진입로	6
	운산1로	6			

자료: 고강지구 재정비촉진계획(안), 부천시

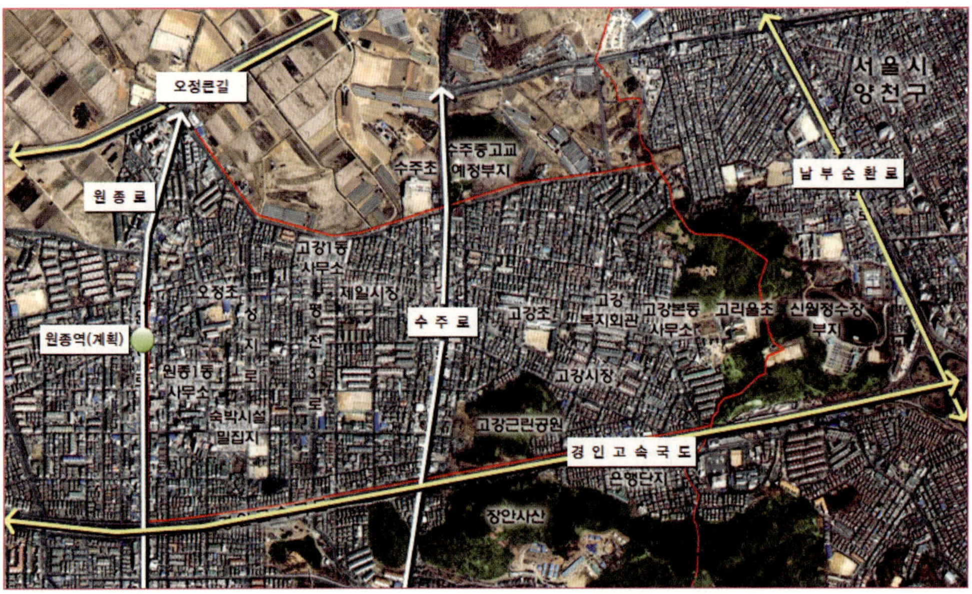

그림 6-7. 고강지구내 교통현황

나. 탄소흡수여건

1) 도시녹지 현황

사업대상지 내부 녹지는 많은 면적을 차지하고 있지 않으며, 대상지 외부에 대규모의 녹지가 분포하여 지역생태계의 핵이자 탄소흡수의 거점을 형성하고 있다. 거점이 되는 녹지로서 장안사산 주변부 고강근린공원과 이의 동측 경계부인 고리울 가로공원이 존재한다. 대상지 내부 공공녹지에 해당하는 고강근린공원, 변씨 향토유적지, 고리울 가로공원 주변부에는 일부 원형보존 자연녹지가 존재한다. 여기에는 대부분 아까시나무림, 밤나무림 등 인공조림된 수종이 우점하고 있다. 내부 거점녹지간의 연계가 도로변 가로수길을 통해 부분적으로 이루어지고 있으나, 거점녹지간의 완전한 연계는 이루어지지 않고 있다.

〈고리울 가로공원〉

〈주변경작지 현황〉

그림 6-8. 대상지내 녹지 현황사진

2) 주택단지내 녹지현황

대상지 내에는 연립주택과 5층 이하의 아파트 단지가 대부분을 차지하는데 2차선 도로에 연접하여 고밀형태로 배치되어 있다. 주거단지 내부 녹지는 점적인 형태를 보이며, 녹지 상호간 연결이 형성되어 있지 않은 상태이다. 오정초등학교 인근의 벚꽃 가로수길과 느티나무 가로수길이 녹지띠의 형태로 입지하고 있으며, 또한 주택가 골목의 일부에서 띠형태의 녹지가 발견된다.

〈벚꽃 가로수 길〉

〈느티나무 가로수길〉

〈골목길 수목〉

〈연립주택단지내 조경〉

그림 6-9. 단지내 녹지현황

3. 녹색도시 여건

가. 지형 여건

대상지에는 동측 경계지역과 남측 고강근린공원에 산지가 존재하는데, 동측 시경계 및 남측 고강근린공원을 정점(69m)으로 북서측으로 낮아지는 지형을 이루고 있다. 대부분 지역이 경사도 5% 이내의 완만한 경사를 이루고 있으며, 남측의 고강근린공원과 동측 경계지역 일부에 20% 이상의 급경사가 분포하고 있다.

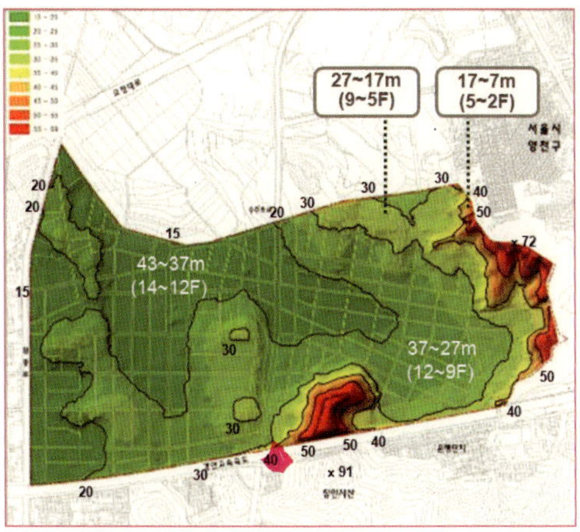

그림 6-10. 표고 분석

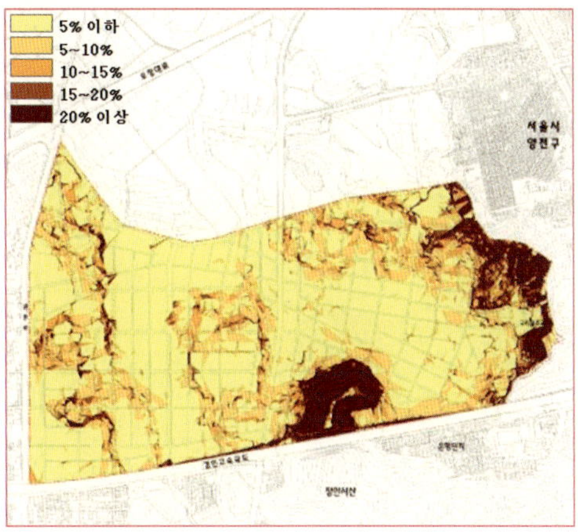

그림 6-11. 경사 분석

나. 수환경 여건

지난 1970년대말 토지구획정리사업을 추진하면서 대부분이 농경지와 산지였던 대상지는 시가화 용도로 전환되었고, 이 과정에서 그 이전에 존재했던 자연하천이 토목구조의 관거로 복개되어 현재는 차도로 사용되고 있다. 내부의 기존 수로는 평전3로(복개로)에 위치한다. 북측 그린벨트(GB)지역에 고리울천과 오쇠천이 흐르고 있으며, 이는 복개된 관거와 연결되어 있다. 대상지의 물길 변화를 시간적으로 살펴보면 다음과 같다.

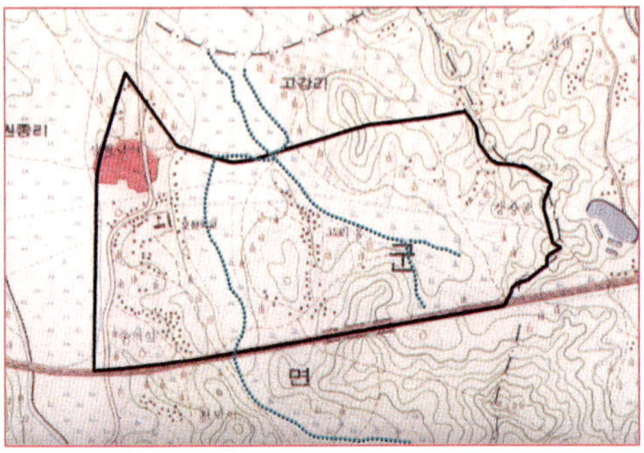

〈1973년 3월〉

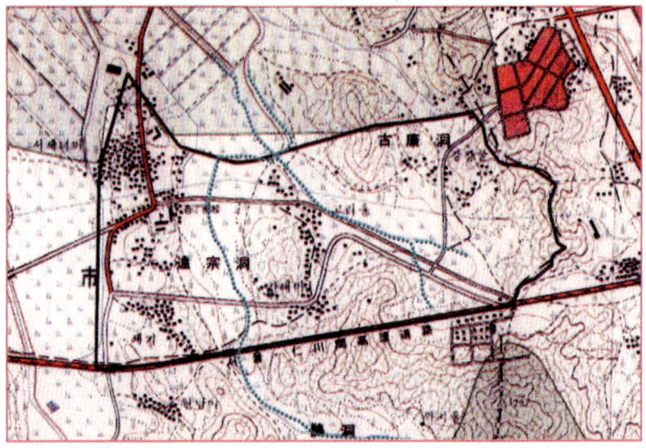

〈1977년 10월〉

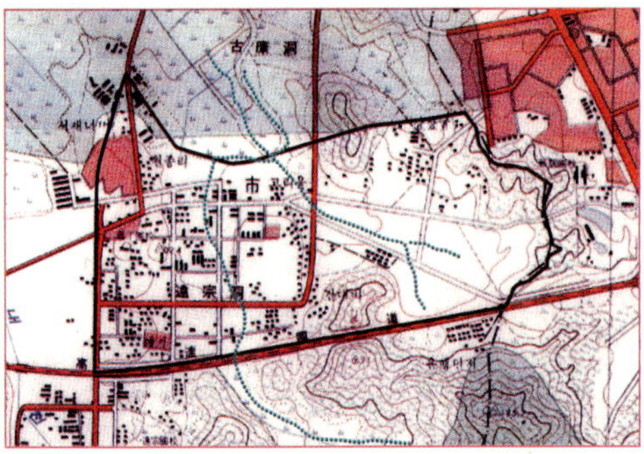

〈1986년 7월〉-고강지구내 하천 복개

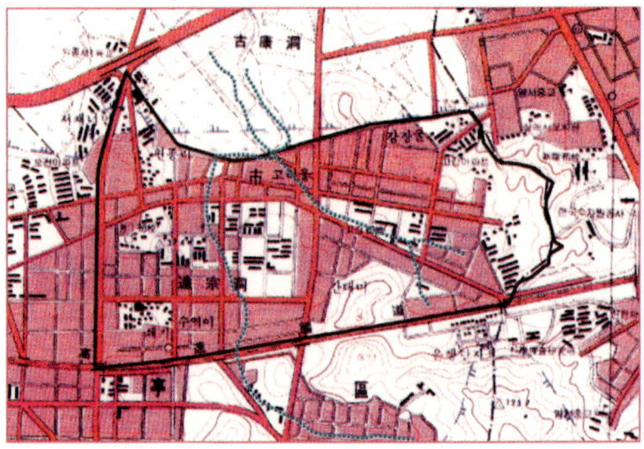

〈2004년 4월〉-고강지구내 하천 복개

그림 6-12. 고강지구 물길 변화

고강지구내 현재 수계 현황을 살펴보면 유하방향은 북측으로 복개된 하천이 대상지를 가로질러 강우시에 우수는 북측 농경지로 유출되고 있다. 대상지 북측 우수 유출부인 농로를 따라 수생태가 일부 발달되어 있고, 농로의 수질이 매우 나쁜 상황이다. 집수구역이 작아서 우수량이 많지 않은데다 일부 미처리 불법 하수가 자연방류되고 있어 수질악화를 초래하고 있다.

사업지구내 고강본동(장미아파트, 미도아파트, 홍익아파트 등)은 지하수가 풍부한 지역으로 저절로 용출되는 지하수의 양이 하루에 약 650ton/일 규모로 추정된다. 사업지구 북측 은행단지 배후의 산지에서 흘러나오는 지하수로 추정되며, 일부 지점(미도아파트 지하수: 대장균 검출)을 제외하고는 식수로도 가능하다. 고강동 256-1(대광연립뒤)의 지하수(약 350ton/일)는 사업지구 북측경계부에 위치하고 있으며, 현재 주민 생활용수로도 사용되고 있다.

그림 6-13. 수계현황

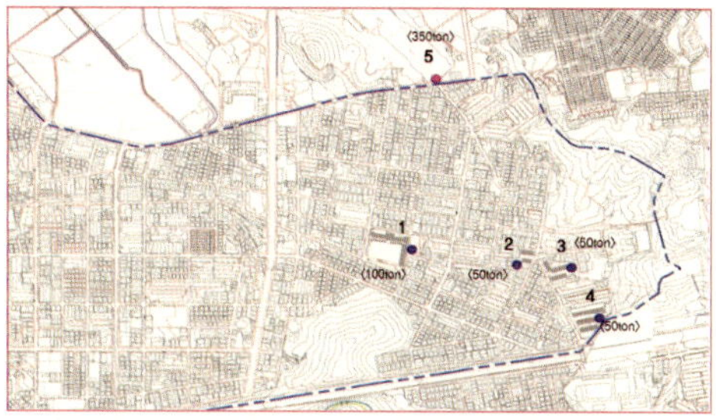

그림 6-14. 지하수 시설 위치도

표 6-10. 고강지구 내외 지하수 현황

위치 \ 항목		규모 (톤/일)	평시사용	심도	파이프 구경	식수가능 여부	비고
지구내	고강본동 327-7 미도아파트	약50톤 (추정)	식수			부적합	대장균검출 07.5.23
	고강본동 329-2 장미아파트	약50톤 (추정)	식수			적 합	
	고강본동 369 중앙공원	100톤	식수	120m	40m/m	적 합	
	고강본동 홍익아파트 (지하주차장)	약60톤 (추정)	사용 안함				외부로 배출
지구외	고강동 256-1 (대광연립뒤)	350톤	생활 용수				
	원종2동 230 군산횟집	약50톤 (추정)				적 합	

주: 대상지 내 3개소, 경계 외곽지점에 2개소 위치

다. 미기후 여건

1) 기후환경 조사

탄소중립도시 시범적용 대상지의 기후환경을 파악하기 위해 계획지구 내부에 자동기상관측장비(AWS, Auto Weathering System)를 설치하여 국지기상을 관측하였다. 관측장비인 AWS의 측정항목은 온도, 습도, 풍향, 풍속, 일사, 기압, 강수량 등의 기상요소이다. 조사 영역은 사업지구의 국지기상관측 및 미기후 현황조사이며, 공간적 범위는 사업지구 주변의 도시지역, 오픈스페이스, 산지 등을 고려하여 2.9km x 2.0km로 설정하였다. 또한 사업지구로 유입되는 동쪽 방향 지역풍의 영향과 주변 산지에서 발생하는 동풍 계열의 산곡풍 및 사면풍을 분석하도록 공간범역을 설정하였다.

2) 바람 환경

시범적용 대상지의 주풍향은 남서풍(빈도 8.14%)과 북서풍(빈도 6.71%), 남남동풍(빈도 6.32%)으로 분석되었다. 풍속빈도는 0.5~1.0m/s의 바람이 23.1%로서 주로 약한 바람이 부는 것으로 나타났으며, 1.0~1.5m/s의 바람 빈도는 8.0%로서 강한 바람이 거의 불지 않는 것으로 측정되었다. 풍향별 풍속빈도는 1.5m/s 이상의 강한 바람이 주로 부는 풍향은 남서풍이며, 북서풍도 비교적 강하게 분다. 이러한 현상은 사업지구의 수치고도모델(DEM)에서 나타난 바와 같이 남서 방향으로는 도시 주거지역이 인접해 있으나 도시지역 후면으로 도당산이 위치하고 있고 북서방향으로는 넓은 오픈스페이스인 김포공항이 위치하고 있어 주로 남서와 북서 방향으로 바람의 유입이 비교적 원활하기 때문이다. 특이한 점은 계획지구의 무풍빈도는 66.54%로서 매우 높은 것으로 분석된다는 점이다.

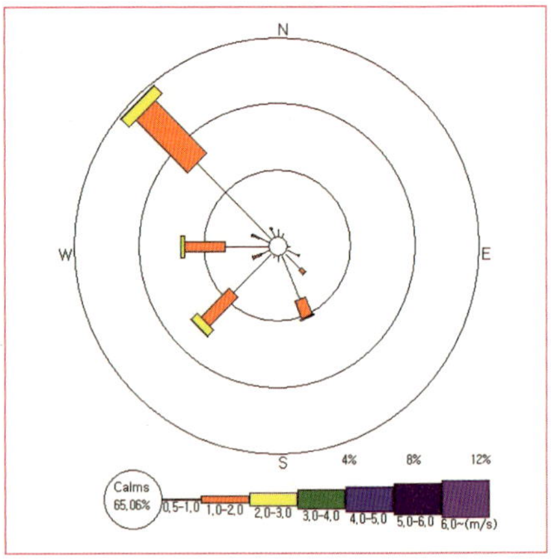

(2009. 06 ~ 2010. 08)

그림 6-15. 대상지의 바람환경

사업지구의 주야간 바람특성을 고찰하면 다음과 같다.

① 새벽 (01:00~06:00)

계획지구의 새벽 바람특성은 그림과 같이 남서풍(빈도 5.21%)과 남남동풍(빈도 3.39%)이 주풍향이며, 이는 사업지구의 남서쪽부터 남동방향으로 위치한 산지(도당산)에서 생성된 지역풍이 유입되는 것으로 판단할 수 있다. 0.5~1.0m/s 풍속의 바람(9.38%)이 대부분을 차지하며 무풍빈도가 85.68%로 매우 높게 나타난다.

② 주간: 오전(07:00~12:00)

계획지구의 오전 바람특성은 새벽에 이어 계속해서 남서풍(빈도 9.64%)과 남남동풍(빈도 9.64%)이 지속적으로 유입되는 것으로 나타난다. 따라서 오전에는 일출이 시작되면서 새벽보다 무풍빈도(65.63%)가 낮으며 풍속도 새벽에 비해 강하게 나타난다.

③ 주간: 오후(13:00~18:00)

오전에 발달한 남서풍과 남남동풍 계열의 바람은 정오를 지나면서 북서풍으로 변화된다. 사업지구의 북서방향에 위치한 김포공항의 오픈스페이스로부터 북서풍이 생성되어 사업지구로 지속적으로 유입되는 것으로 보인다. 유입되는 바람은 평균 0.5~1.0m/s의 바람이 42.71% 빈도, 1.0~1.5m/s의 바람이 14.06% 빈도로 불어오며 무풍빈도는 38.80%로 새벽과 오후에 비해 현저히 낮은 수치를 보인다.

④ 저녁 (18:00~24:00)

일몰경과 일몰 이후 바람특성은 오후에 발달한 북서풍이 지속적으로 유입되며 이와 함께 남서풍의 유입이 증가하는 것으로 나타난다. 남서풍과 북서풍이 거의 일정하게 유입되고 이와 함께 남남동풍과 남동풍의 빈도가 증가하여 나타난다. 이는 일몰 이후 사업대상지의 남서쪽에 위치한 산지에서 사업지구로 유입되는 바람으로 분석되지만 대부분의 풍속은 0.5~1.0m/s로 약한 바람이 부는 것을 알 수 있으며 무풍 빈도가 76.04%로 높게 나타난다.

표 6-11. 바람의 일주기적 변화특성

구분	새 벽	오전	오후	저 녁
시간	01:00~06:00	07:00~12:00	13:00~18:00	19:00~24:00
주풍향	남서풍/남남동풍	남서풍/남남동풍	북서풍/남서풍	남서풍/북서풍
바람특성	평야풍(산풍)	계절풍, 평야풍	계절풍	평야풍(산풍)

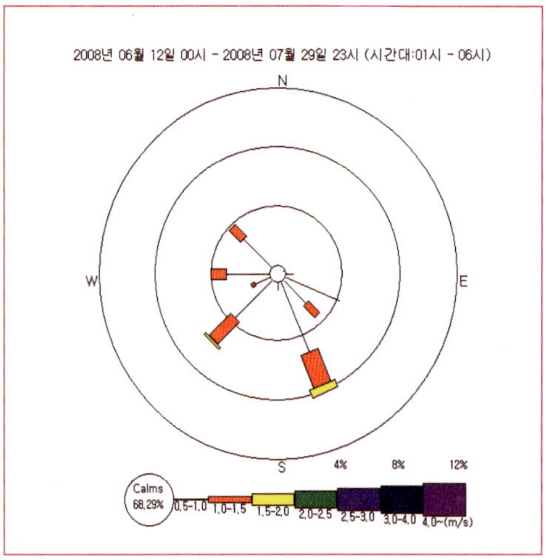

〈새벽〉

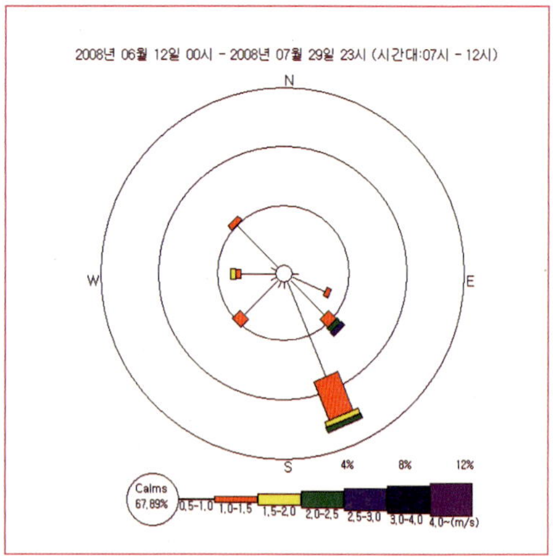

〈오전〉

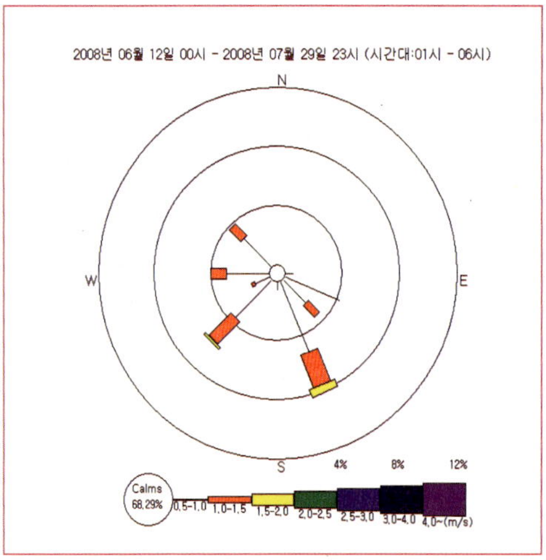

〈오후〉

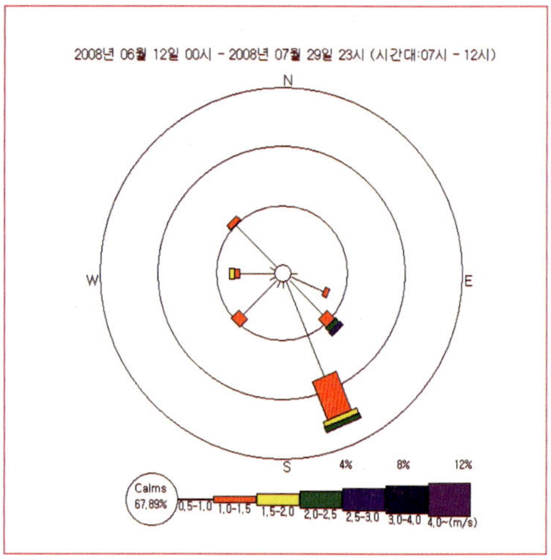

〈저녁〉

그림 6-16. 대상지역 일주기 바람장미도

4. 시민기후행동 여건

가. 녹색도시 만들기 시민자율조직: 고리울 에코지기

부천고강지구는 지역주민들의 자발적인 공동체활동과 문화프로그램 운영이 매우 활발한 지역이다. 이런 주민의 적극적인 활동에 힘입어 환경계획의 수립과정을 시민참여형태로 운영할 수 있었다. 본 환경계획을 수립하는 초기부터 녹색도시 조성을 목표로 주민참여 계획포럼을 구성하여 시민이 참여할 수 있는 통로를 만들었다. 이것이 이후에 기존 시민조직의 외형적 확대를 가져오는 동시에 새로운 시민사업을 전개할 수 있는 원동력이 되었다. 고강지구의 옛 지명인 '고리울'이라는 이름을 사용하여 '함께 만드는 에코고리울'이라는 기존 여러 주민단체가 연합된 상설협의체를 구성하였다. '녹색세상을 더불어 함께 만든다'는 기치아래 다양한 지역주민의 의견을 수렴하고, 녹색도시 운영프로그램 작성 과정에 직접 아이디어를 개발하여 반영할 수 있도록 하였다. 여기에는 푸른부천21(지방의제21), 청미래(생태해설가의 모임), 고강복지회관, 원종종합사회복지관, 고리울청소년의집 '꾸마', 아이들이 행복한 마을만들기추진위원회 등의 주민대표가 참여하였다. 아울러 부천시청 공무원, 도시환경 전문가 등도 지원그룹으로 참여하였다. 이 주민포럼은 환경계획 과정에 참여하여 주민의 환경적 요구 조건과 녹색체험 프로그램에 관한 다양한 아이디어를 개진했고, 주민들의 의견 수렴의 창구 역할도 수행하였다. 한편 미래의 녹색도시 발전상에 대해 논의를 진전

그림 6-17. 고리울에코지기 주민참여 회의 (2008.3)

시켜 나가는 과정에서 주민대표와 전문가(환경계획가)들이 합의하여 '고리울 에코지기'라니 시민자율조직을 출범시키기로 했다. 이 조직체는 상근자를 둔 별도의 녹색시민 조직체로서 기존의 시민조직과 연대하면서도 독자적인 사업을 전개해 나가는 활동단위이다. 이 조직은 에코시티[1] 계획 및 향후 조성과정에 대한 지속적 모니터링은 물론 계획되고 있는 녹색도시의 유무형의 자원을 이용한 친환경 일자리창출 프로그램을 개발 · 운영하고, 기후시계공원(재정비계획에 포함된 청소년문화공원)의 시민프로그램을 직접 운영하기로 하였다. 2008년 7월 '함께 만드는 에코고리울'이라는 주제로 인터넷상에 홈페이지(www.ecogogang.org)를 개설하였고, 이는 고리울 에코지기가 운영을 맡고 있다. 에코지기는 기후시계공원 프로그램 개발, 사업지구 현주민들을 대상으로 한 친환경 일자리창출 사업 등을 진행하였다.

그림 6-18. 저탄소 녹색성장박람회 참가
(2009.10)

그림 6-19. 에코맘 주부대학 종강식
(친환경 일자리 사업, 2009.6)

나. 녹색문화활동 현황

고강근린공원 지역은 선사유적지로 청동기시대 유물이 발굴되었다. 고리울은 고음달리에서 음달을 빼고 고리만 마을이름으로 사용한데서 비롯되었으며, 고음(古音)은 곰의 음

1) 2008년부터 2010년까지 환경부가 에코시티 시범사업의 일환으로 추진했던 저탄소 녹색도시 만들기 사업으로서 부천고강지구의 도시재정비계획 수립과 연계된 에코시티 기본계획 및 상세계획 수립비용을 정부가 지원했다. 필자는 해당 계획의 책임을 맡았었다.

을 따서 한자로 표기한 것이라고 한다. 또한 곰은 'ᄀᆞᆷ'에서 나온 말로 삼한시대 이전의 족장을 의미하며, 달(達)은 높은 지역에 위치한 주거지를 뜻하고 산을 지칭하기도 한다. 족장이나 신성한 이가 살고 있는 산이 있는 마을이라는 뜻이다. 통일신라시대의 유물로서는 토기와 석관묘가 발견되어 도당산 부천향토전시관에 모형으로 전시되어 있다.

가로공원 주변으로 변씨유적지가 근린공원으로 지정되어 양호한 상태로 보전되어 있다. 조선시대에는 공장공 변종인(부천향토문화 유적1호)이 살았고, 그의 후손으로 민족시인 수주 변영로에 이르렀으며 지금까지 변씨 자손들이 살고 있다. 변종인이 살아서부터 사용한 청수정이라는 우물은 아직도 남아있다. 원종동은 300여 년 전 100여 가구가 살았으며 주민들은 공동으로 사용했던 우물에 마을의 안녕을 기원하는 대동우물제를 지냈는데 현재까지 그 제사가 이어지고 있다.

자료: 오정구 환경생태 세부조사&심포지엄, 2007

그림 6-20. 선사고유제

대상지에는 지역 NGO를 중심으로 다양한 생태프로그램이 운영되고 있다. 고강복지관 옆 고리울 가로공원에서 어린이 축제 등을 개최하고 있으며, 매년 5월 5일 어린이날은 다른 어느 지역에서 만날 수 없는 어린이날 행사로서 "다 함께 돌자 동네한바퀴"가 개최되는데 참여 인원은 약 2천여명 정도이다. 관이 주도하긴 하지만 지역주민들이 스스로 봉사자로 진행을 하여, 엄마와 아이들이 모두 참석하는 동네 잔칫날이 된다. 이밖에 정기적으로 음악회가 열리고, 영화상영 등 문화행사를 실시하고 있으며, 문화시민운동 정착을 위해 고강동 주민은 "가족사랑 등반대회"를 개최하고 있다.

〈고리울 가로공원 음악축제〉

〈가족사랑 등반대회〉

〈고리울축제〉

그림 6-21. 지역주민의 녹색문화활동(1)

고리울 가로공원은 도시계획사업의 일환으로 계획되었던 도로계획부지를 지역주민들의 자발적인 건설반대운동으로 공원화한 사례로 고리울 가로공원에는 아이들이 함께 그린 벽화와 함께 전래놀이터를 만들어 놓았다. 고강동 선사유적공원에서 해마다 선사문화제를 개최하고 있으며, 이 또한 주민의 축제날로 자리잡았다. 계획지구에는 특이하게도 청미래라는 생태해설가들의 모임이 있는데, 이들은 부천시 오정구 일대의 생태조사를 주기적으로 시행하는 것은 물론 지역의 학교나 외부의 청소년을 대상으로 생태해설이나 환경교육 사업을 벌이고 있다.

〈고리울 가로공원 벽화〉

〈고리울 가로공원〉

〈선사문화제오정구〉

〈생태조사〉

그림 6-22. 지역주민의 녹색문화활동(2)

5. 대기중 이산화탄소 농도 측정[2)]

가. 이산화탄소의 농도 측정

현재 도시지역에서 탄소가 배출되는 수준을 가늠하기 위해 실외 이산화탄소 농도를 측정하였다. 도시적 특성을 나타내는 고강동과 자연적인 환경에 놓인 외곽부 근교의 이산화탄소 농도를 측정하여 상호 비교하였다. CO_2 농도의 측정은 자동측정기(Telaire 7001 Spectrum Inc., U.S.A)을 이용하였으며, 자료의 저장을 위한 데이터로거(HOBO datalogger, U12)를 이용하였다. 정확도는 0ppm에서 4,000 ppm범위에서 ±5%이다. 농도 측정은 기상관측장비와 같이 병행하였으며, 지상에서 2.0m 높이에서 1시간 간격으로 연속 측정하였다.

세계기상기구에서 지역급 배경대기 관측소의 입지조건은 인구나 산업 중심지로부터 멀리 떨어진 농촌지역이 적절하며, 연중 지역 오염원이 비교적 적은 곳이어야 한다고 권고하였다. 따라서 화석연료 사용과 같은 인간활동이 빈번하고 급격히 산업화된 우리나라 수도권의 도시기후가 IPCC 중단기 기후시나리오에 상응하는지를 판단하기 위해서는 인위적인 영향을 받지 않고 관측된 배경대기 CO_2 농도자료와의 비교가 필수적이다. 따라서 본 연구에서는 도시와 비도시를 비교하기 위한 측정지점을 선정하였다. 측정기간은 연구대상지인 부천시 고강동 지역에서 2009년부터 1년간 지속적으로 기상관측을 하였으며, 이산화탄소 농도는 계절별로 실외에서 2~3일간 연속측정을 실시하였다.

---

2) 이산화탄소 농도 측정은 필자가 책임자였던 환경부(2011), '탄소중립도시를 위한 계획기술 설계 및 적용모델 개발' 연구의 일환으로 진행되었으며, 농도측정과 미기후분석을 담당했던 송영배(협성대) 연구교수의 동의를 얻어 이 부분을 수록했음을 밝힌다.

그림 6-23. 도시지역(고강동) 측정

그림 6-24. 전원지역(외곽부) 측정

나. 도시지역인 대상지와 전원지역의 이산화탄소 농도 측정 비교

이산화탄소 농도 측정결과 8월에 도시지역에서는 최소 농도가 379ppm으로 나타났고, 도시근교 지역에서는 359ppm으로 나타났다. 따라서 도시지역이 비도시지역에 비해 약 20ppm 정도 높은 것으로 분석되었다. 최대 농도의 경우 도시지역에서는 11월에 482ppm이며, 도시 근교에서는 449ppm으로 나타났다. 최소 농도는 도시지역과 비도시지역이 모두 주로 여름철에 나타났으며, 최고 농도는 겨울철에 나타났다. 배경대기 관측소에 해당하는 안면도에서도 2009년에는 388ppm으로 7월과 8월에 저농도가 나타났고, 398ppm의 고농도는 5월에 나타났다[3].

표 6-12. 실외 이산화탄소 농도 측정결과

단위: ppm

측정기간		안면도*	도시지역 (고강동)	도시근교 (외곽부)	도시-근교차이
2009	2월	394	453	417	36
	5월	398	446	413	33
	8월	388	379	359	20
	11월	393	482	449	33
평 균		392	440	414.5	25.5

* 안면도의 데이터는 정유란 · 이규종 · 이변우(2007), 도시-전원간 이산화탄소 농도구배 예비관측결과, 한국농림기상학회지9(4) 연구결과 참조

다. 계절별 이산화탄소 농도 측정

계절별 측정결과를 종합하면 연평균 대기 중 CO_2 농도는 도시지역이 440ppm이며, 도시근교 지역은 414.5ppm으로 나타났다. 따라서 도시지역이 도시근교에 비해 약 25.5ppm 정도 높은 것으로 분석되었다. 이는 배경대기관측소인 안면도에서 측정치와 각각 48ppm 및 22.5ppm의 차이를 나타낸다.

측정기를 통한 이산화탄소 농도는 특정 측정지점에서의 측정치로서 도시 이산화탄소 배

3) IPCC CO_2 BAU(Business As Usual) Scenario에 의하면 2030-2040년에 450ppm으로 증가하여 2040-2050년에 대기 중 CO_2 농도가 자연수준의 2배인 550ppm에 달할 것이라고 예상하였는데, 연구대상지에서 관측된 겨울철 482ppm은 BAU Scenario(IPCC, 2007)의 2030-2040년 CO_2 농도 450ppm을 넘어선 수준이다. 대상지와 비도시지역간의 CO_2 농도는 미래 기후시나리오에서 20-30년 후의 모습이라고 볼 수 있을 것이다. 그리고 50년 후의 대기 중 CO_2 농도 550ppm을 기준으로 볼 때 연구대상지의 대기 중 CO_2 농도는 이미 80%에 수준에 도달하였다. 따라서 대상지와 비도시지역 간의 CO_2 농도차이는 IPCC 중단기 기후변화 시나리오에 상응하는 차이가 있는 것으로 판단된다. 또한 겨울철에는 화석연료의 사용으로 인하여 CO_2 발생량이 증가한 것으로 추정되며 배경대기 관측소와는 다르게 도시 내에 위치한 관측지점에서는 이러한 화석연료 소비 및 여러 인간활동 등 인위적인 영향을 직접적으로 받았을 것으로 추정된다.

경농도로 사용할 수 있다. 이와는 달리 기상관측장비를 이용하여 도시의 다수 지점에서 기압, 온도, 습도를 이용하여 분석한 공기밀도와 산소농도는 도시 토지이용구분에 따라 국지적으로 온도와 습도가 변화되는 특성을 바탕으로 이산화탄소 배출행위가 많은 지역과 적은 지역에 대한 차별적 분석이 가능하다. 대상지인 부천시 고강동, 부천 외곽근교지역, 타도시(서울 대치동) 지역에 설치된 기상관측장비를 이용하여 계절별 기압, 기온, 습도 측정자료를 바탕으로 공기밀도와 이에 따른 상대적인 산소농도를 분석하여 계획에 활용하도록 하였다.

표 6-13. 실외 공기밀도, 산소 및 이산화탄소 농도 분석결과 (겨울철의 경우)

측정기간		연구대상지 (부천시 고강동)	대치동 (서울 강남구)	도시근교 (부천 외곽부)
2009.1	기압	1029.9	1040.7	1033.7
	기온	-8.0	-8.2	-8.8
	포화수증기압	4.58	4.58	4.58
	습도	57	31	34
공기밀도(Kg/m^3)		1.800	1.832	1.814
산소농도(Kg/m^3) (대기평균 21%기준)		0.378	0.385	0.381
이산화탄소 농도(g/㎥) (대기평균 0.04%기준)		0.720	0.7328	0.7256

기상관측 및 공기밀도 분석에 의한 계절별 이산화탄소 농도변화는 다음의 그래프와 같다. 측정지점별 도시화 특성은 도시화 비율이 가장 높은 강남구 대치동과 다음으로 비율이 높은 부천시 고강동 지역과 전원지역 특성을 띤 도시근교로 구분하였다.

각 측정지점에서 계절별로 변화하는 이산화탄소 농도에 대한 분석 결과 겨울철에는 도시화율이 가장 높은 강남구 대치동 지역이 상대적으로 가장 높으며, 다음으로 도시근교인 전원지역, 그 다음으로 부천시 고강동 지역인 것으로 분석되었다. 전원지역이 도시지역인 고강동 지역보다 높게 나타난 이유는 전원지역의 기압, 기온, 상대습도의 미기상적 조건으로 인해 대기 중의 이산화탄소가 높게 형성되는 것으로 판단된다.

봄철과 여름철의 이산화탄소 농도는 3지점 모두 유사한 것으로 분석되었다. 그러나 가을

철의 경우 도시지역인 고강동 지역과 도시근교 지역이 고밀시가지인 대치동보다 큰 차이를 나타낸다. 이와 같은 이유 역시 가을철 측정분석표에서 보여지는 바와 같이 상대적으로 낮은 습도조건과 높은 기압조건에 의해 대기 중의 이산화탄소 농도 비율이 낮은 것으로 분석된다. 이는 도시화가 크게 진행된 지역에서 도로교통, 주거 및 상업시설에 의한 이산화탄소 배출량이 많음에도 불구하고, 도시확산 조건으로 인해 대기 중의 이산화탄소 농도는 낮을 수 있는 것으로 판단된다.

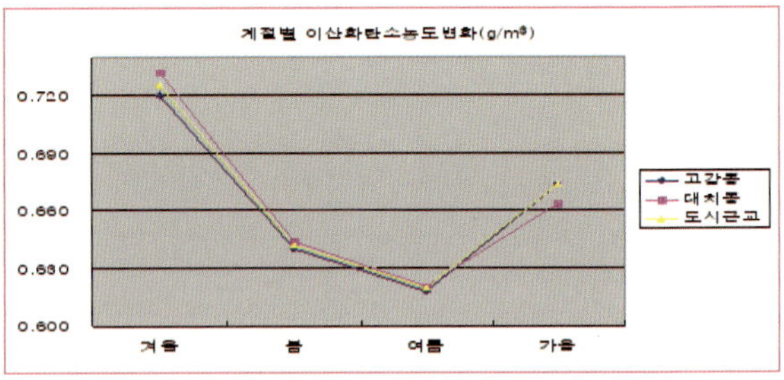

그림 6-25. 계절별 이산화탄소 농도변화 그래프

6. 탄소배출량 추정을 위한 탄소정보지도 작성

탄소정보지도 작성을 위해 현재 고강지구에 존재하는 모든 건축물의 용도 현황, 층고, 지적상황을 조사하여 지도화하였다. 지적도, 도로배치도, 건축물 현황도, 공원녹지현황도 등을 기초로 용도별 탄소배출량을 산정하여 탄소정보지도를 작성하였다. 탄소배출은 주로 화석연료 사용이 집중되는 건물에서 일어나며, 단위 면적당 건물 연면적이 높으면 에너지 사용량이 높게 나타나고 이는 탄소배출 상향으로 이어진다는 논리에서 건축물 조사를 수행하였다.

표 6-14. 고강지구 건축물 현황

토지용도별		세부용도	대지면적(㎡)	건축연면적(㎡)	건물수
주거용도	단독주택	- 단독주택 (단독,다중,다가구,공관)	126,882.5	115121.7	562
	공동주택	- 공동주택(아파트,연립주택, 다세대주택,기숙사)	737,196.1	1123772	2,041
상업용도	일반상업	- 제1종(공공시설제외), 제2종근린생활시설	238,721.7	427,793.3	613
	중심상업	- 업무시설(공공업무시설 제외), 판매시설, 일반숙박시설 등	16,500.5	40,031.4	44
공업용도	공업 및 물류시설	- 공장, 창고시설, 운수시설 등	102,311.7	5,123.1	15
공공용도	공공시설	- 제1종 근린생활시설 중 공공시설, 공공업무시설, 교정 및 군사시설, 노유자시설, 의료시설, 방송통신시설, 발전시설 등	12,510.1	20,715.7	19
	교육시설	- 교육연구시설, 수련시설 등	37,149.4	32176.94	5

(표 계속)

기타 용도	기타 시설	- 묘지관련시설, 장례식장, 관광휴게시설 등 - 종교시설, 운동시설, 문화 및 집회시설, 동물 및 식물 관련시설 등	15,255.4	37,493.9	18

다른 연구에서 밝혀진 용도별 건물의 단위연면적당 에너지 사용계수를 활용하면 해당 건물의 단위 연면적당 탄소배출 계수를 구할 수 있고, 이를 건물 총연면적에 대입하면 건물별 탄소배출량을 계산할 수 있다. 이렇게 대상지 전체 건축물에 대한 탄소배출량을 추산하여 이를 지도에 표기하였다. 그런데 개별 건물 모두에 대해 각기 배출량을 일일이 도면에 나타내기에는 정보가 너무 복잡하기에 탄소배출량의 급구간을 5개로 나누어 표시하였다. 1급 구간은 0~12tCO_2/yr, 2급 13~25tCO_2/yr, 3급 26~70tCO_2/yr, 4급 71~120tCO_2/yr, 그리고 5급은 120tCO_2/yr 이상의 탄소배출량 정보를 나타낸다.

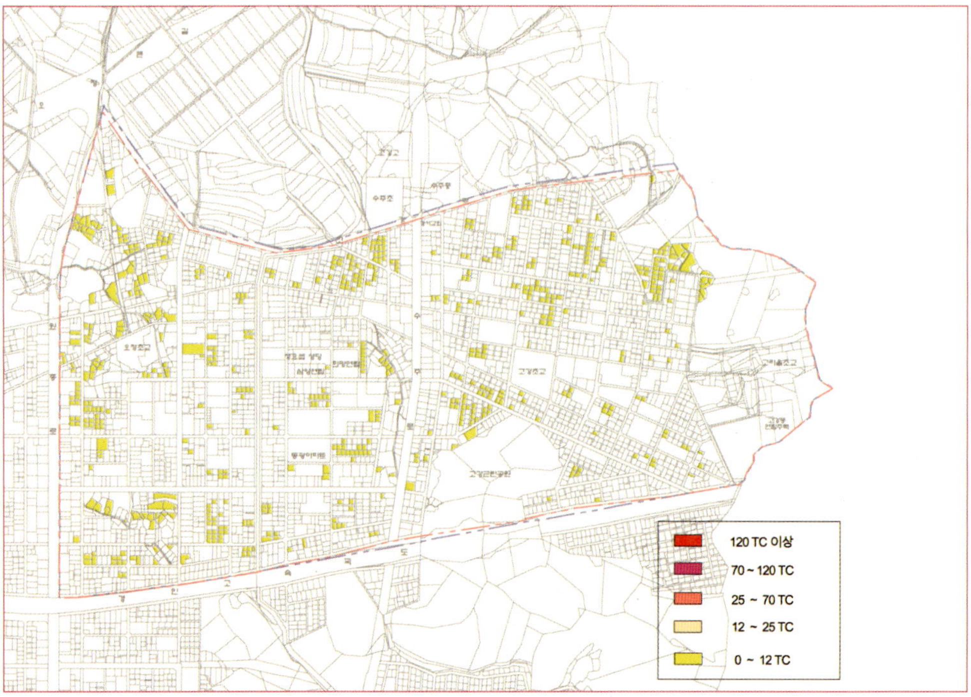

그림 6-26. 탄소정보지도 1(탄소배출량 0~12tCO_2/yr)

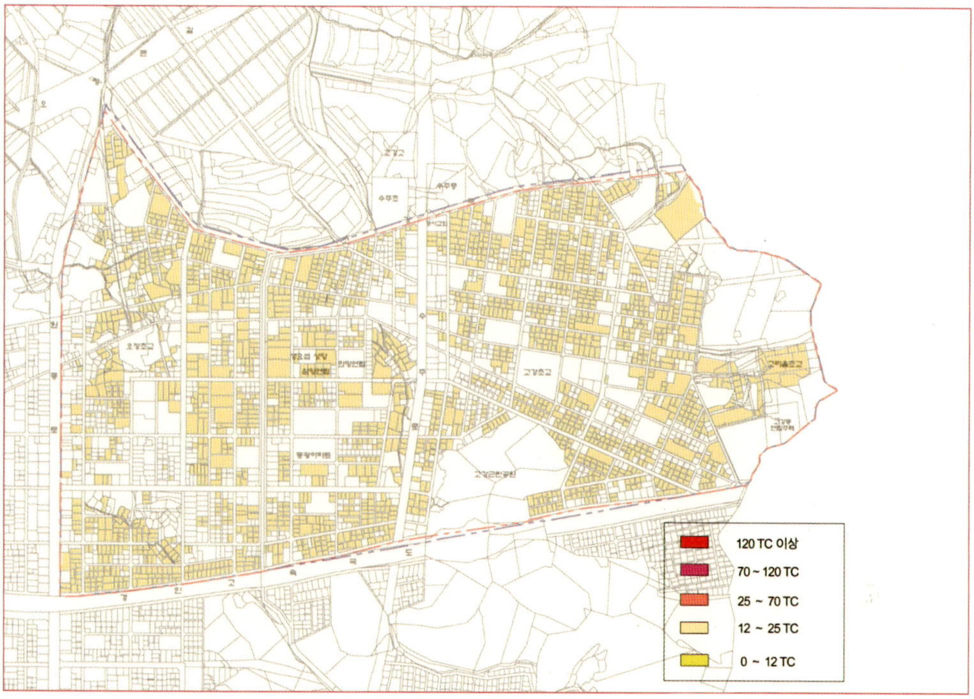

그림 6-27. 탄소정보지도 2(탄소배출량 13~25tCO_2/yr)

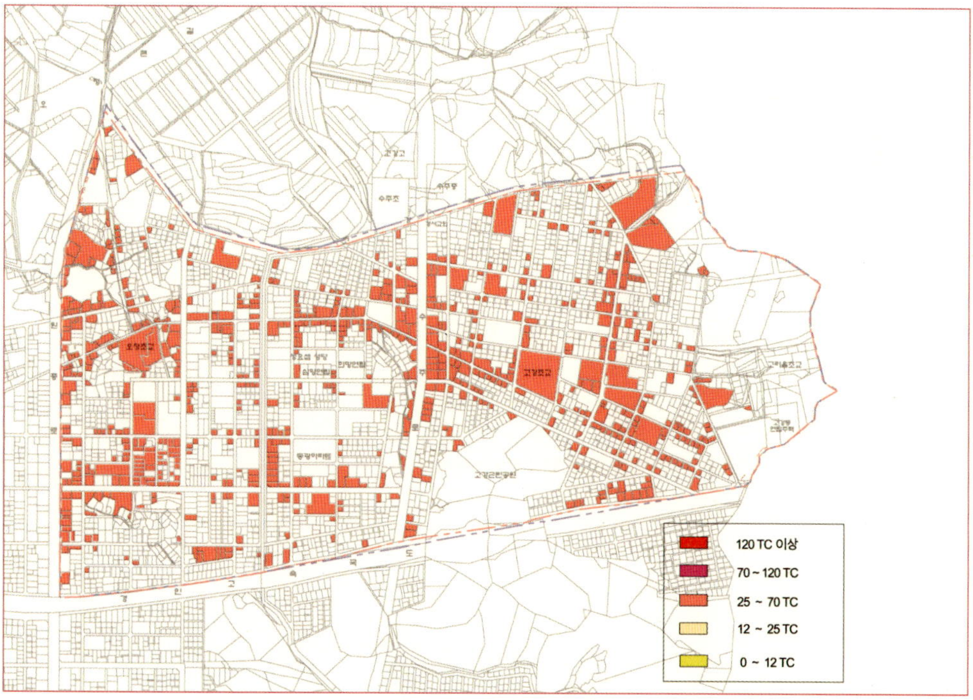

그림 6-28. 탄소정보지도 3(탄소배출량 26~70tCO_2/yr)

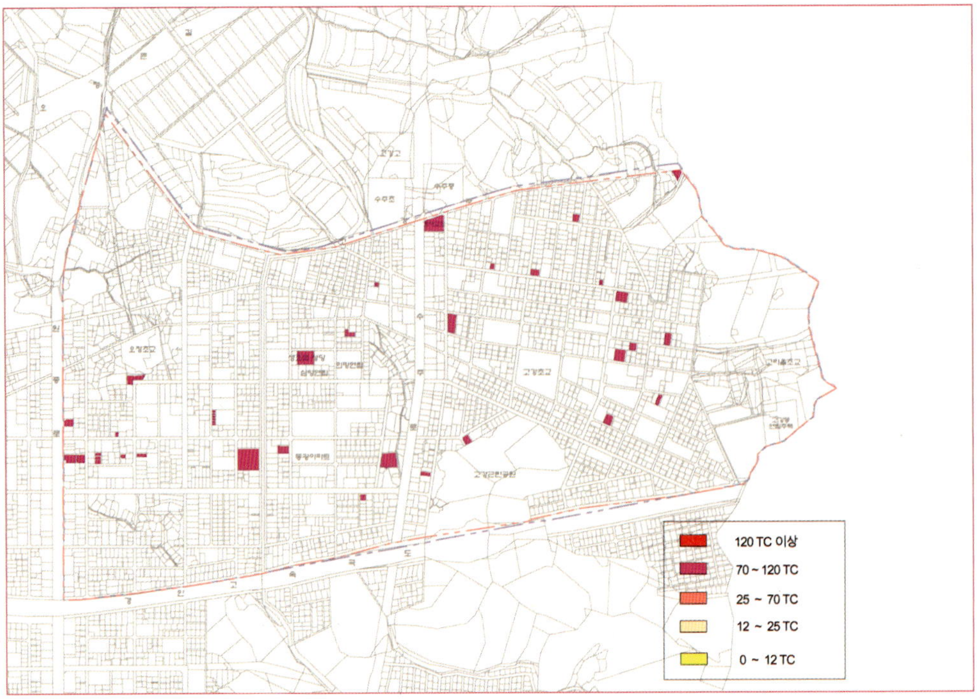

그림 6-29. 탄소정보지도 4(탄소배출량 71~120tCO_2/yr)

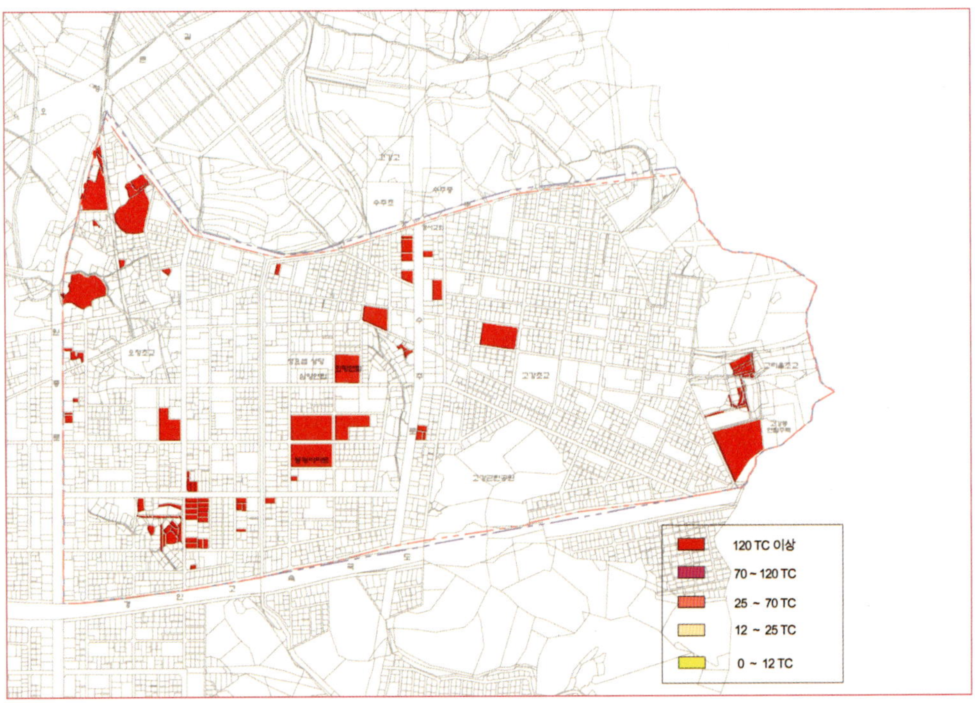

그림 6-30. 탄소정보지도 5(탄소배출량 120tCO_2/yr 이상)

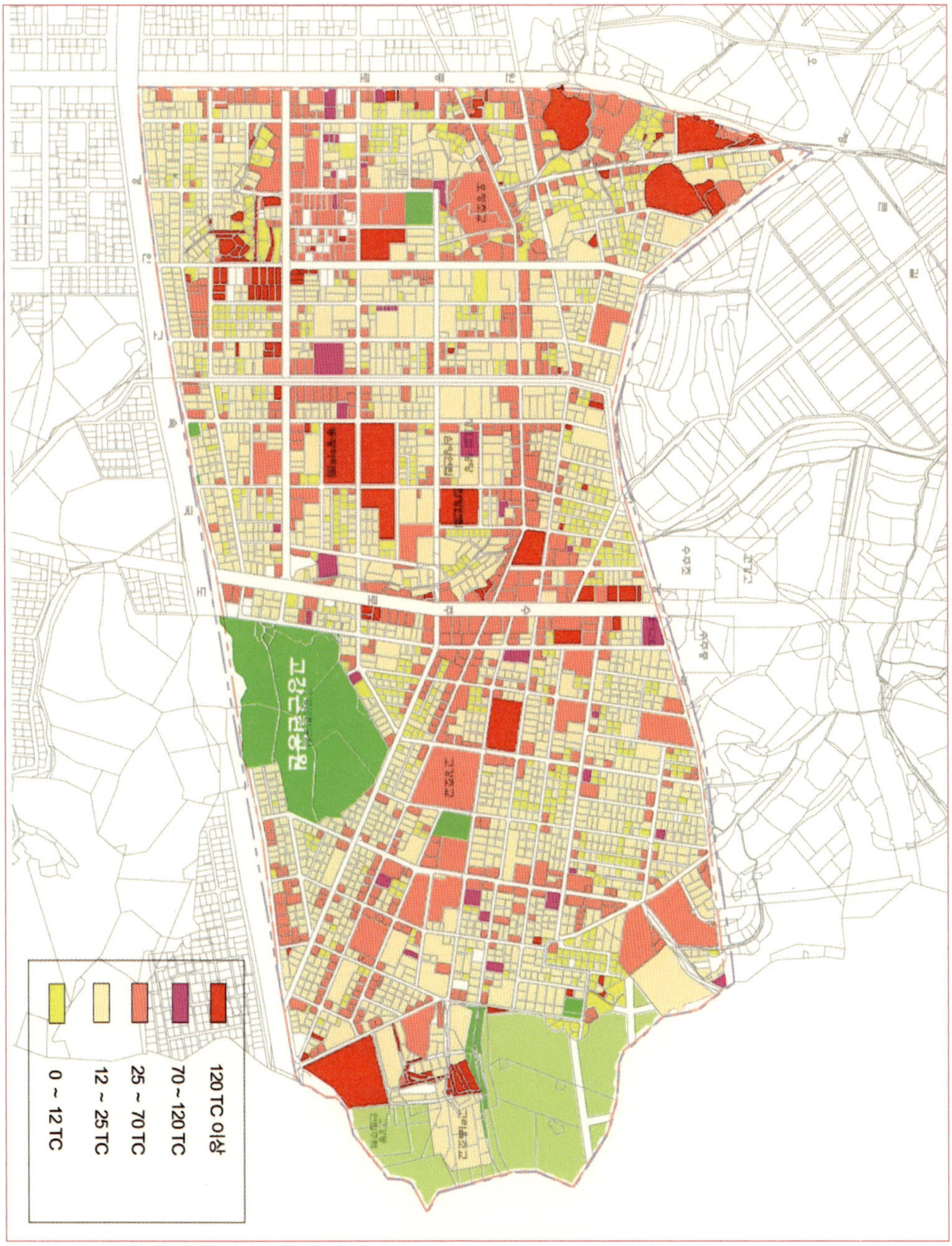

그림 6-31. 탄소배출정보지도(종합)

제7장

저탄소 토지이용 및 녹색기반계획 수립

1. 계획 수립의 특징 및 과정

본서의 제3장에서 제시된 탄소중립도시 계획모델은 이론적인 모형으로 이를 실제 현장에 적용함으로써 모델의 범용성을 확인하고 또한 이의 장단점도 파악할 수 있다. 이를 위해선 구체적인 도시개발계획이 수립되고 있는 자치단체 수준의 개발현장이 필요하다. 그래서 선정한 계획대상지는 경기도 부천시 고강동 일원의 도시재정비촉진사업지구이다.

따라서 본 연구대상지는 개발과는 무관한 가상의 도시지역이 아니라, 실제 도시재생 프로젝트를 앞두고 도시계획이 수립되는 현장이다. 부천고강지구 재정비촉진계획 수립 및 재정비 시행지침 작성[1]과 연계하여 본 탄소중립도시 계획모델을 실제 적용해 보았다. 이런 측면에서 본서에서 다루고자 하는 계획모델 현장적용의 주요 특징은 다음과 같다.

첫째, 실제 도시개발사업(도시재정비사업, 일명 뉴타운사업)이 수행되는 현장에 이론으로만 논의되던 탄소중립 계획모델을 직접 적용하였다.

둘째, 3년간 약 50회에 걸쳐 부천시청의 뉴타운 관계 공무원, 도시계획 엔지니어, 총괄계획가(Master Planner), 주민대표, 시민단체(고강동 8개 단체) 등과 논의를 하면서 탄소중립도시 계획적용 방식을 함께 심사숙고하였다.

셋째, 이상적인 모델로서의 탄소중립도시가 아닌 한국의 건설기술 수준, 대상지 상황, 주민의 경제적 능력, 사업기간 등을 종합하여 현장에서 실천 가능한 계획을 수립하였다.

넷째, 본 계획의 목표연도는 재정비계획 목표연도와 연동하여 2020년으로 설정하였다.

---

1) 부천고강지구 도시재정비사업은 주거환경이 열악한 기존 시가지를 전면적으로 재개발하기 위하여 경기도의 정책지원아래 부천시가 재정비촉진계획과 재정비 시행지침을 수립하였다. 계획이 승인되어 주민이 구역별로 주민주택조합을 결성하여 공동주택 개발사업을 추진하고 있다. 2006년부터 사업이 준비되고 2009년까지 계획이 완료되는 과정을 거쳤으며, 2010년부터 2011년까지 주민조합이 결성되는 과정에 있다. 그러나 최근에는 부동산경기 침체로 인한 사업성 악화로 재정비사업 추진 여부가 다소 불투명한 상태(미집행 상태)에 놓여 있다.

다섯째, 본 모델의 현장적용은 4회에 걸친 재정비사업 주민설명회와 공청회(평균 800-1200명 참석)와 연계하여 녹색도시에 관한 계획내용이 설명되고 주민의견을 수렴하는 과정을 거쳤다.

여섯째, 탄소중립도시 계획 작성은 도시계획팀(엔지니어팀)과 필자가 참여한 환경계획팀의 협동작업을 통해 서로의 계획내용이 환류되는 과정을 거쳤다. 환경계획팀에서 탄소흡수와 관련된 생태녹지체계, 수체계(옛물길 복원), 기후시계공원 등을 제안하여 상호 수차례의 논의를 거쳐 도시계획팀이 이를 토지이용계획에 반영하고, 작성된 토지이용계획에 기초하여 탄소감축을 위한 계획안(에너지절감, 녹색교통, 신재생에너지 도입, 자원순환, 생태조경 등)을 환경계획팀이 작성하였다. 이는 다시 도시계획팀에 피드백되어 이를 재정비 시행지침에 반영하였다. 이 과정에서 환경계획안이 과다한 사업비 상승을 유발하고 현재 우리나라 기술수준으로 실제 적용에 한계가 있는 본 계획의 내용을 조정하는 방식을 거쳤다.

일곱째, 본서에서 제시된 탄소중립도시 계획내용은 부천고강지구 도시재정비촉진계획 및 재정비시행지침에 실제 반영되었고, 이를 기초로 탄소감축량 산정과 경제성 평가가 이루어졌다.

2. 계획의 기본방향

탄소중립도시의 기반을 구축하려는 저탄소 환경계획의 기본방향은 다음과 같다.

① 고강지구의 생태기반의 초석을 닦기 위한 인프라를 구축한다. 옛물길을 살리고 다양한 수환경을 창출한다.

② 열악한 생태환경을 개선하고 자연공생을 지향한다. 생태복원 및 창출을 통해 앞산에서 집앞까지 녹지띠를 잇는다.

③ 바람통로, 열섬예방 등에 관한 미기후관리를 통해 기후안정을 도모한다. 바람통로와 열섬예방을 위한 도시오아시스계획을 추진한다.

④ 생태문화 콘텐츠를 개발하여 이를 공간계획에 적용하여 도시어메니티를 향상시킨다. 지역의 생태문화자원을 발굴하고 지역주민이 참여하는 다양한 프로그램 개발한다.

⑤ 항공기 소음대책 마련과 맑은 대기환경을 실현하여 청정한 환경을 조성한다. 주거지역 방음대책 수립 및 청정대기를 위한 신재생에너지를 도입한다.

⑥ 저탄소 환경계획에 기반하여 재정비계획을 수립한다. 환경계획의 생태녹지체계 기반하여 재정비계획의 토지이용계획과 공원녹지계획을 수립하고, 본 환경계획에 의해 도시재정비 시행지침을 마련한다.

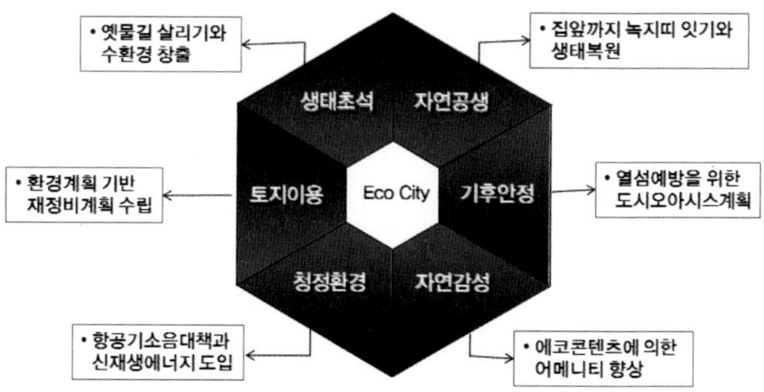

그림 7-1. 탄소중립도시 기반구축의 기본방향

3. 녹색기반계획의 주요 내용

가. 생태초석: 옛물길 살리기와 수환경창출

1) 계획방향

기존 물길인 고리울천과 오쇠천을 상징적인 실개천으로 다시 살려서, 현재 시가화로 인해 없어졌던 수환경을 복원한다. 수류순환망 구축을 통해 수체계로서의 기능은 물론 수자원 재이용, 생물다양성의 증진, 도시의 열섬현상 완화, 생활환경의 쾌적성 향상등이 달성될 수 있도록 계획한다.

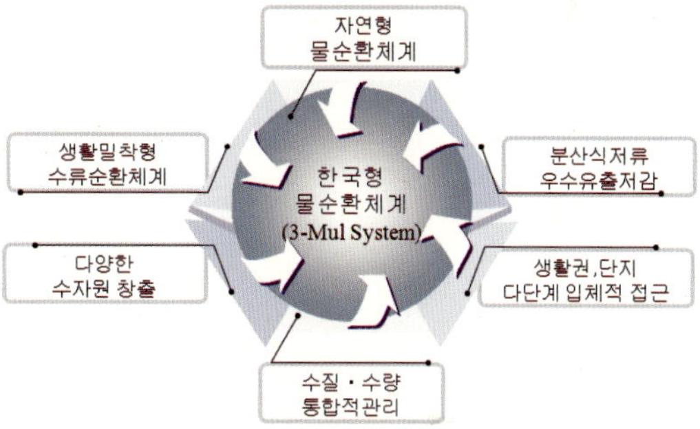

그림 7-2. 수류순환망 기본방향

부천고강지구 내에 다양한 수생태계를 조성한다. 실개천, 유수지 생태연못 등을 조성하여 다양한 수생동식물 서식환경을 조성하고, 공동주택, 상업지역, 공원 등에는 생태적인 수공간과 함께 여가형 친수공간도 창출하여 도시 전역에서 시민의 친수경관 감상이 가능하도록 한다. 자연배수체계에 의한 다단계 저류방식을 도입하여, 실개천이 흐르는 지점에 유수지 및 생태연못을 설치한다. 비점오염원 방지를 위한 다단계 저류 및 정화시설을 설치하고, 기존 일방향식(One-way)의 우수방류가 아닌 다중순환 방식(Multi-way)으로 우수를 순환시켜 집중호우시 과부화를 막는 것은 물론 수자원의 재활용도 촉진한다.

2) 주요 계획내용과 협의과정

부천고강지구 수류순환망 구축을 위한 구체적 방안은 다음과 같다.

· 기존 물길인 고리울천과 오쇠천을 상징적인 생태적 실개천으로 재현

· 지하수, 고도처리수 등을 수질정화 후 최대한 활용하여 실개천을 조성

· 수원 공급지(함양지)를 폭포형태로 설치하여 에코고리울 기후시계공원 내 지역 랜드마크를 유도할 수 있는 공간으로 조성

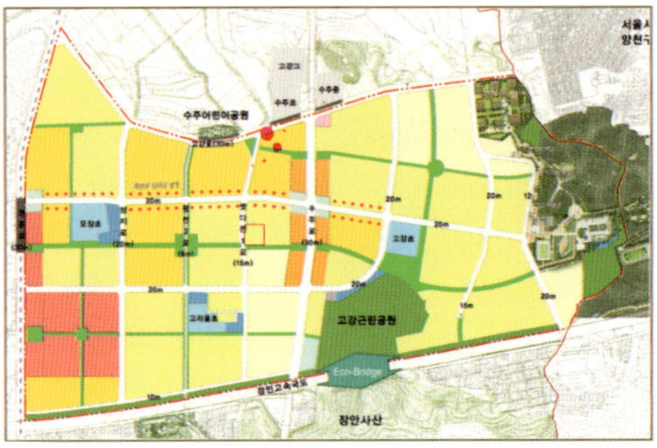

〈초기안〉

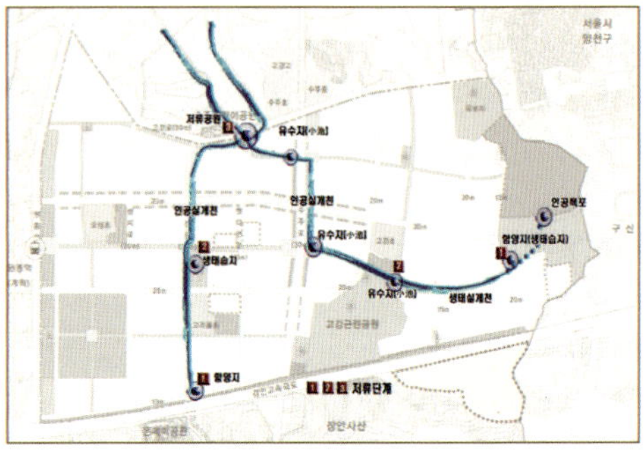

〈수류순환망 도입최종안〉

그림 7-3. 수류순환망 기본방향

실무진 협의 과정에서 3차에 걸친 수계(안)을 제시하였는데, 사업지구 여건상 실시 설계에 무리가 되지 않는 범위에서 3차안(최종안)으로 결정하였다.

표 7-1. 수류순환망 협의과정

1차수계안	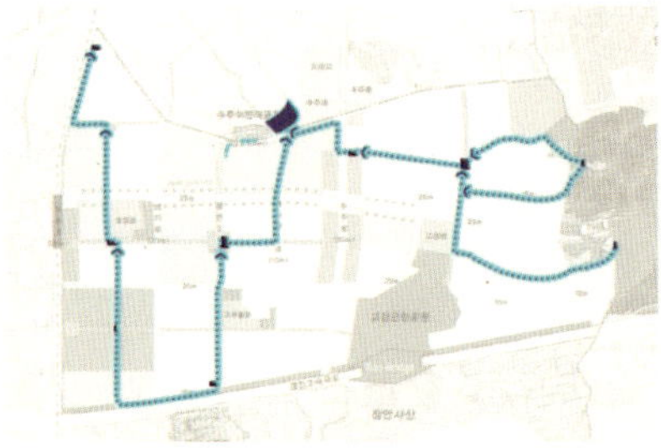	· 고강지구내 실개천을 많이 조성할 경우 친수공간 확보에는 좋지만 도로에 의해 단절이 심함 · 사업지구 내부 전체를 실개천으로 조성할 경우 공사비가 많이 듬 · 함양지로부터 사업지구 내부로의 도로구배상 자연유하가 어려움 · 실개천 규모가 증가할수록 유지용수량이 많이 소요됨
2차수계안	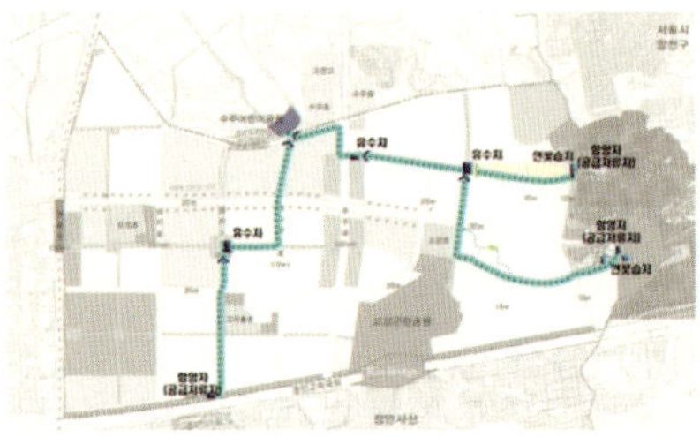	· 실개천 규모가 증가할수록 유지용수 확보가 많이 필요함 · 동측 함양지(공급저류지)를 두 개로 나눌 경우 공사비 과다가 예상됨 · 고강지구 도로지반고(계획고)상 물을 자연유하시키는 것이 어려움 · 수주로 주변 중심거리에 친수공간 확보가 부족함
3차최종안	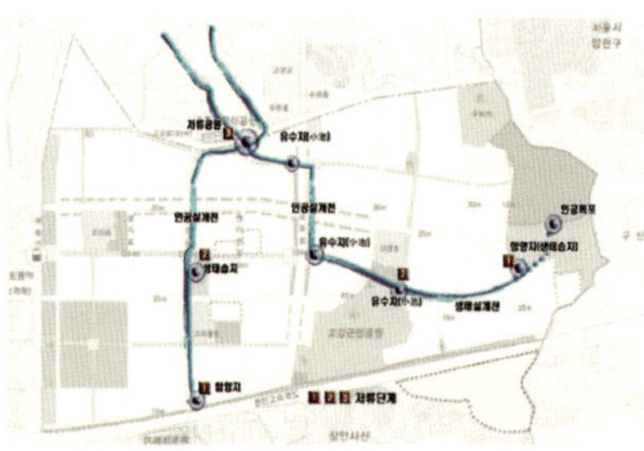	· 기존 물길인 고리울천과 오쇠천을 상징적인 인공실개천으로 재현 · 실개천 끝나는 지점에 저류지를 한곳으로 통합 · 사업지구내 도로지반고(계획고)에 맞게 자연유하가 가능한 최소의 실개천을 조성 · 수주로로 이어지는 생태예술거리에 실개천 한 곳만 두어 중점적 친수공간 확보 · 예술거리를 활용하여 녹지축과 수계축을 통합 · 에코고리울 기후시계공원에 폭포를 조성하여 랜드마크 및 친수공간 확보

3) 수류순환망 구상

본 계획에서는 한국형 물순환시스템이라 할 수 있는 3단계 다중 수류순환망을 제시했는데, 이는 우리나라 지형과 자연조건에 적합한 다단계의 점진적 수순환체계이다. 이는 하천수, 계곡수, 고도처리수, 우수, 중수 등 다양한 수원을 이용하여 함양지나 지하저류조에 저장시키고 자연지형을 이용해 하천, 지천, 세사라기, 단지수로, 암거 등으로 자연유하시키는 방식이다. 수원을 단지-근린-도시수준의 3단계에 걸쳐 차례로 저류 · 침투시켜 수질을 정화시키고, 각 단계를 이어주는 실개천은 주변에 친수공간 도입은 물론 도시 온습도 관리에 기여한다.

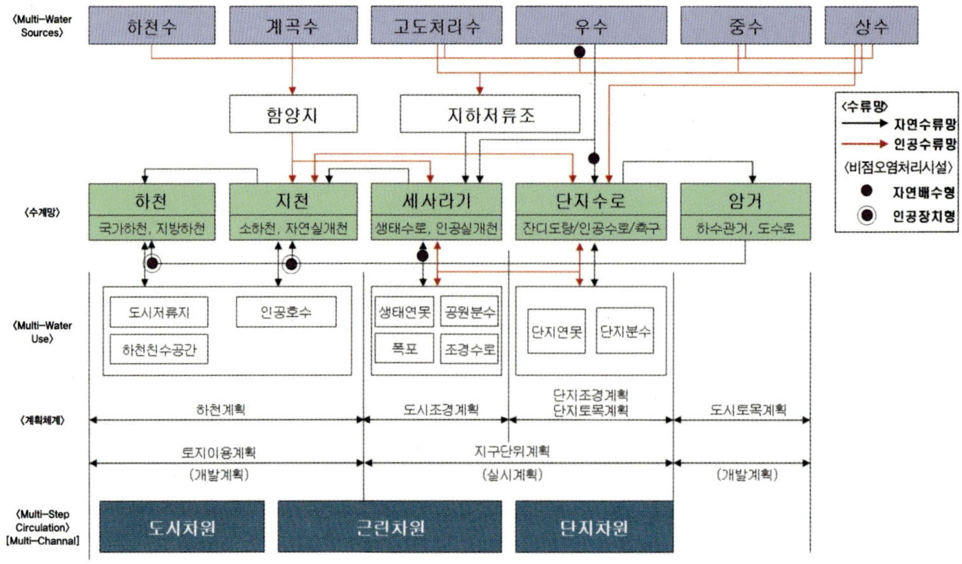

그림 7-4. 3단계 다중형 수류순환망

본 계획지구는 자연배수체계를 근간으로 다단계 저류방식을 적용하였다. 함양지(공급지), 유수지(小池), 저류지 등을 이용하여 물을 저류시키고 자연지형을 이용하여 실개천 등으로 자연유하시키는 방식이다. 수원(水源)의 집수에서부터 함양지→실개천→중간유수지→실개천→다단계 생태정화연못→실개천→재순환으로 이어지는 수류순환망(水流循環網)을 도입하였다. 우수확보를 위해 단지내, 공원, 주차장 등에 지하저류조를 설치하도록 하였으며, 함양지 및 실개천내의 유지용수 확보시 부족한 경우 이를 이용한다.

수원은 자연용출수, 고도처리수, 우수, 중수, 상수 등으로 구분할 수 있으며, 지형적 특성과 기상 조건에 따라 활용가능성을 검토하였다. 실개천, 연못, 저류지에는 비점오염원 처리 등 수질관리를 통해 오염원이 스며들지 않도록 하였다.

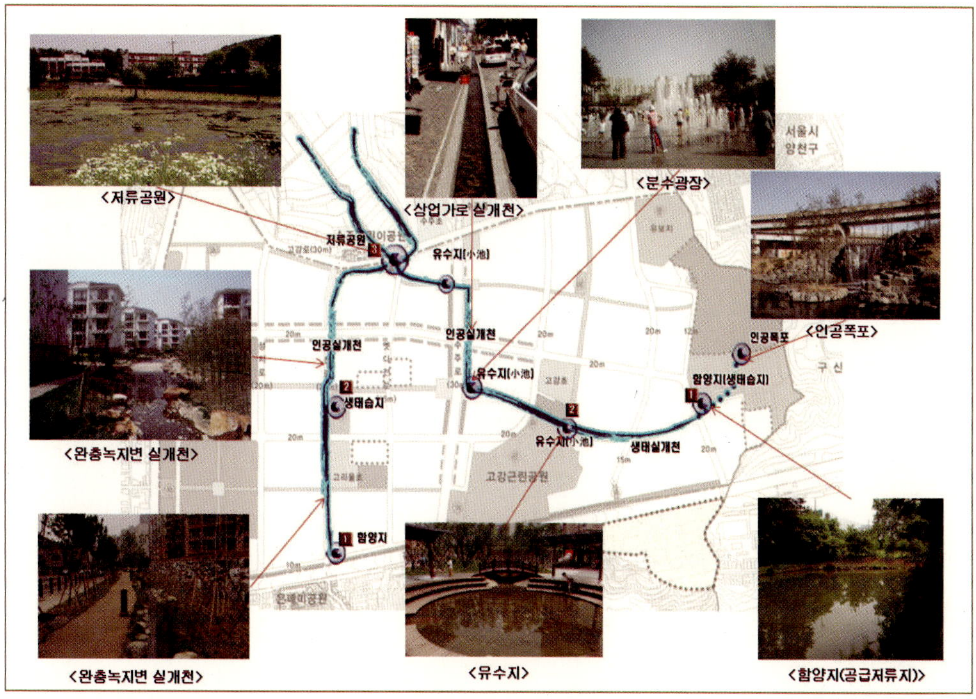

그림 7-5. 부천고강지구 종합수류순환망 구상도

용수는 유량의 많고 적음의 상태를 고려하여 평균수면폭은 하천폭의 20% 이상인 평균 0.7~1.0m로 계획하였다. 실개천의 이미지를 고려하여 목표유속은 0.1~0.2m/sec로 계획하고, 평균유속은 0.16m/sec로 계획[2]하였다. 목표수심은 하상 바닥재료의 직접적인 노출로 인한 경관측면을 고려하여 0.1~0.3m, 평균수심은 0.15m로 계획하였으며, 주변 학교의 어린이들이 위험하지 않은 범위에서 수심을 고려하였다.

표 7-2. 유속의 흐름 상태

유속(m/sec)	흐름의 상태
~0.1	· 흐름을 느낄 수 없다. 무풍상태에서는 파문이 없으며, 연안의 물체가 수면에 비친다.
0.1~0.2	· 매우 완만하다. 수면은 거의 파가 일어나지 않는다.

2) 실개천 사례: 도곡렉슬(폭: 0.5~0.8m, 수심: 0.1~0.4m), 용인동백(폭: 0.5~1.2m, 수심: 0.1~0.2m), 부천상동(폭: 2~5m, 수심: 0.2~0.4m), 다마뉴타운(폭: 0.3~1m, 수심: 0.03~0.15m)

(표 계속)

0.2~0.3	· 완만한 흐름, 흐르는 모습을 알 수 있다.
0.3~0.4	· 파가 발생한다. 흐르는 모습을 알 수 있다.
0.4~0.6	· 비교적 빠른 흐름, 파가 발생되며 유량감을 느낀다.
0.6~0.8	· 빠른 흐름, 파가 발생된다.
0.8~1.0	· 빠른 흐름, 파량이 크게 된다.
1.0~1.5	· 상당히 빠른 흐름, 급류에 가까우며 파장이 생긴다.
1.5~2.0	· 급류, 계류의 느낌을 가진다.

표 7-3. 1일 공급량 검토(고리울초교 이전지)

- 평균수면폭: 1m, 평균유속: 0.16m/sec, 평균수심: 0.25m
  $Q = 1 \times 0.16 \times 0.25 = 0.04m^3/sec$
- 1일소요량(1Line) = $0.04m^3/sec \times 86,400sec$/일 = 약 3,456ton/일
- 고리울초교 이전지 실개천 총 소요량
  = 3,456ton/일 + $2m^3$/일 + $3.2m^3$/일
  ≒ 약 3,500ton/일

주1: 누수방지대책을 참조한 1일 누수량 $2m^3$/일, 증발량을 검토한 1일 증발량인 $3.2m^3$/일
주2: 누수율 검토 - 강수로구간의 누수율은 유량의 0.05%적용
- 일일공급량을 $3,500m^3$/일로 볼때 $3,500m^3$/일*0.05% = $1.75m^3$/일

주3: 증발량 검토 - 인접관측소 인천관측소 연평균증발량 최근10년 평균 1186.4mm
- 증발량 E = 0.7Ae(E: 증발량(m^3/년), 0.7: 증발계수, A: 수표면적($1,400m^2$), e: 연평균증발량(1175.4mm)
- $E = 0.7 \times 1,400 \times 1.1754m = 1,152m^3$/년 = 약 $3.2m^3$/일

표 7-4. 1일 공급량 검토(평전3로 부분)

- 평균수면폭: 0.7m, 평균유속: 0.16m/sec, 평균수심: 0.18m
  $Q = 0.7 \times 0.16 \times 0.18 = 0.02m^3/sec$
- 1일소요량(1Line)=$0.02m^3/sec \times 86,400$ = 약 $1,728m^3$/일
- 은데미공원 실개천 총 소요량
  = 1,728ton/일 + $1m^3$/일 + $1.6m^3$/일
  ≒ 약 1,750ton/일

주1: 누수방지대책을 참조한 1일 누수량 $1m^3$/일, 증발량을 검토한 1일 증발량인 $1.6m^3$/일
주2: 누수율 검토 - 강수로구간의 누수율은 유량의 0.05%적용
- 일일공급량을 $1,750m^3$/일로 볼때 $1,750m^3$/일*0.05% = $0.88m^3$/일

주3: 증발량 검토 - 인접관측소 인천관측소 연평균증발량 최근10년 평균 1186.4mm
- 증발량 E = 0.7Ae (E: 증발량(m^3/년), 0.7: 증발계수, A: 수표면적($1,400m^2$), e: 연평균증발량(1175.4mm)
- $E = 0.7 \times 700 \times 1.1754m = 576m^3$/년 = 약 $1.6m^3$/일

4) 수원확보 검토

우수저류조(고리울초등학교 이전부지 운동장 지하, 공원지하), 집수정, 침투시설 등을 설치하여 우수를 확보토록 한다. 초기 실개천 수원확보(5,250ton/일)만 해결되면 누수 및 증발로 인한 수량은 우수로 보충이 가능하다. 그러나 수원에 대한 정기적인 공급, 유지관리 측면에서 일부 어려움이 발생할 수 있다.

사업지구내 고강본동(장미아파트, 미도아파트, 홍익아파트 등)은 지하용출수가 풍부한 곳(약 650ton/일 추정)으로 발원지는 사업지구 북측 은행단지 배후산지에서 흘러나오는 물이다. 향후 지하철(예정:지하철 7호선 연장선) 공사 후 발생되는 지하용출수도 수원으로 이용이 가능하다. 따라서 지하수를 실개천 유지용수로 사용하는 것은 충분히 가능할 것으로 판단된다(5,250ton/일).

고도처리수를 수원으로 하면 정기적인 공급 및 유지 관리에는 용이하나 이를 지구내로 펌핑(pumping)하여 유입시키기에는 초기 사업비와 유지비가 많이 들 것으로 예상된다. 굴포하수종말처리장은 약 14km, 역곡하수종말처리장은 약 12km 정도 떨어져 도수관 연결이 필요한데, 기존 시가지를 통해 도수관을 연결하기 때문에 사업비용이 많이 소요된다.

인접한 신월정수장 수원활용은 물의 정기적인 공급과 유지관리 측면에서 유리하지만, 서울시와 협의가 필요한 사항이다. 신월정수장 물을 일부 사용가능하다면 실개천 수원확보가 용이하다. 서울시의 정수장정비종합계획에 따라 그 기능이 영등포정수장으로 옮겨지고 2003년 10월 폐쇄되었다. 신월정수장 부지 중앙의 연못에는 50m 높이의 고사분수와 45개의 소리분수를 설치할 계획에 있다.

표 7-5. 수원확보 방안 검토

구 분	수원확보	유지관리	수질	초기시설비	채택수원
지하수	◎	●	◎	●	▣
우 수	●	●	●	◎	▣
고도처리수	▲	●	●	▲	
신월정수장	●	●	◎	●	

주: ◎ --- 좋음, ●---- 보통, ▲----나쁨

5) 유지관리 계획 구상

규모가 작은 실개천의 경우 인위적으로 조성되었기 때문에 식생의 안정화가 이루어질 때까지는 유지관리의 노력이 필요하다. 유지관리란 규칙적인 관찰과 관리를 통하여 실개천의 유량은 물론 하안의 상태가 최적으로 유지되도록 하는 것이다. 토양 안전성, 자연적인 경관성, 휴식공간으로의 적용성, 생태적 효과성 등이 유지되도록 하는 것이다.

표 7-6. 실개천의 관리방안

상시 유지관리 사항	비상시 유지관리 사항
제초, 시비, 보식, 재식재, 전정, 예초작업 등	예기치 못한 침식 또는 퇴적으로 인하여 물흐름상의 문제가 발생한 경우, 홍수로 인한 피해발생시 등의 복구작업

나. 자연공생: 앞산부터 집앞까지 녹지띠 잇기와 생태복원

1) 계획방향

환경친화적인 도시공간구조는 종합적인 생태녹지체계에 기초하여 형성되는 것이며 이를 통해 환경적으로 지속가능한 도시의 기반이 마련된다. 생태망을 구성하는 것은 현존하는 생태계의 가치 및 기능을 체계적으로 분석하여 환경적으로 보전가치 높은 지역(보전적지)을 설정하는 작업에서부터 시작한다. 보전적지는 생태녹지체계 설정의 기초가 된다. 생태녹지체계는 향후 토지이용계획 수립의 뼈대가 되며 도시공간에 생태효율성을 제공하여 자연환경의 기능 보전과 생태복원의 토대가 된다. 이렇게 보전된 생태 배후지와 복원된 생태공간은 다양한 생물서식처를 제공하는 원천이 된다.

2) 계획내용 협의과정

계획 초기부터 생태연못 및 인공습지 조성을 제안했는데, 이는 정화능력이 탁월하고 시각적 효과가 좋은 연꽃을 주제로 한 습지공원을 만드는 것이다. 주민협의회 결과 연꽃은 특정 종교를 상징하는 이미지가 강해서 연꽃을 제외한 수생식물 습지원을 희망하여 이를 반영하였다.

초기 환경계획팀에서는 경인도로로 단절된 산림생태계를 연결하기 위해 교량형 생태통로를 제안하였다. 계획실무진 및 주민과 협의 결과 생태통로의 기능과 더불어 고강근린공원과 장안사산을 연결하는 보행로 확보가 필요하다는 의견도 제시되었다. 생태통로 조성시 보행공간도 함께 조성하되 보행권과 완전 분리시켜 동물이동을 보호하도록 논의하였다. 본 대상지는 환경부의 생태면적률 지침에 의하면 생태적 가치가 낮은 '하'등급에 해당하는 지역이지만 생태도시를 지향하는 점을 고려하여 생태적 가치 '중'급에 해당하는 생태면적률을 제시하였다. 초기 실무진 및 부천시에서는 부천시 조례에서 정하는 생태면적률 기준을 적용하기를 희망하여 해당 내용을 반영하였다.

3) 생태녹지체계 설정

바람길, 녹도(綠道), 실개천, 수림대를 통합한 생태녹지망을 구축하도록 계획하였다. 생태적으로 보전가치가 높은 고강근린공원 및 지구 동측부의 자연녹지지역을 보존하면서 이를 녹지축으로 연결하는 것이 시급하다. 선형의 녹지띠가 주요 시설을 연결시켜 주며 주민이 녹지 띠를 통해 도시 전역에 접근되도록 구상하였다. 중심부에 커뮤니티회랑을 형성하기 위한 중심 녹지축을 만들어 주고 이를 근간으로 격자형 녹지체계를 구성하여 격자형 도로체계와 조응되도록 하였다.

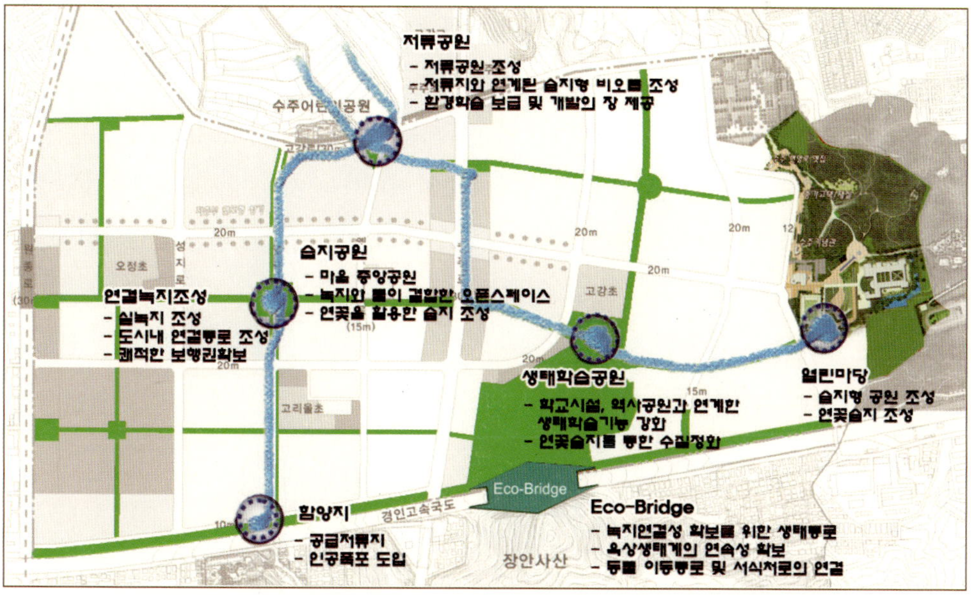

그림 7-6. 환경계획에 의한 생태녹지체계도(2007년 11월 제시안)

4) 신규 조성녹지의 생태기능 강화 계획

과거 도시개발로 사라진 자연습지를 대신하여 다양한 종들이 서식할 수 있도록 인공습지 및 생태연못을 조성하여 수생태계 기능을 도입한다. 에코고리울 기후시계공원 · 어린이공원 · 저류공원에 수생비오톱을 조성하여 생물서식 기능을 부여하고 생태학습장 역할도 덧붙인다.

생태연못의 형태는 가급적 부정형이면서 다양한 굴곡이 나타나도록 조성한다. 물의 유입구와 출수구를 배치하고, 계획수심과 수변부의 경사 및 형상을 고려한다. 수심은 토심과 함께 수생식물의 생육에 중요한 환경조건이다. 수서곤충과 어류의 서식환경을 확보하고 수서식물의 군락지 형성을 위하여 다양한 수심으로 조성하도록 한다. 겨울철의 동결이나, 여름철의 지나친 수온상승이 수생생물의 서식에 위협을 주지 않도록 1m 이상의 수심을 확보한다. 곤충의 유충이 생활하기에 적합한 깊이는 50cm 이상, 작은 물고기가 서식할 수 있는 정도의 깊이는 45cm 이상이다. 수변부의 경사는 양서류나 육상 우화(羽化) 곤충들이 육상으로 이동하기 용이하도록 15% 이하 완경사로 설계한다.

생태연못 호안부는 경사, 바닥의 형태 및 깊이, 재료 등을 다양하게 한다. 성토에 의하여 조성되는 호안부는 물속에서 연약화되기 쉬우므로 진흙 성분이 많을 경우에는 경사를 완만히 하고 식물군락이 정착한 후 침수되도록 한다. 경사를 완만히 하기 어려운 경우, 모래나 자갈이 많이 포함된 토양을 사용하거나, 통나무 등으로 호안을 처리한다. 통나무 등으로 호안처리를 할 경우에는 식물의 뿌리가 토양을 결속시키고 난 후에는 통나무가 썩도록 방부처리를 하지 않는다.

호안부에서 우점종이 출현하여 식물종이 단순화되는 것을 방지하기 위해서는 토양 속에 칸막이를 설치하여 식물의 뿌리가 다른 지역으로 뻗어나가는 것을 방지한다. 연못 습윤지의 식물은 주변 농경지 등에 자라는 자생종을 도입하고, 건조지에는 인근 산림, 초지 등에서 서식하는 자생종을 식재한다.

생태공원을 조성할 경우에는 지형 및 수량이 허락하는 한도 내에서 정수식물, 부엽식물, 침수식물, 부수식물, 습생식물 등 여러 가지 생활형을 갖는 식물을 도입한다. 초본류 외에도 군락의 종구성을 다양하게 하고 야생동물의 서식환경을 제공하는 목본식물의 도입을 적극 유도한다.

완충녹지는 상 · 중 · 하층의 다층구조가 형성되도록 식재하고, 소음저감 효과를 높이고 녹시율을 확보할 수 있도록 높이 0,5~3m 정도 흙 쌓기를 하는 것을 원칙으로 한다. 완충녹지 조성시 아래와 같이 완충녹지의 형태를 달리 만들 수도 있다.

표 7-7. 완충녹지 조성지침

구분	계절감을 주는 완충녹지	사철 차폐감이 높은 완충녹지
특징	· 낙엽수 상층목이 수벽을 이룸 · 듬성듬성하게 상록수를 식재	· 상록수 상층목이 수벽을 이룸 · 사철 푸른 경관과 차폐효과가 높음 · 하층에 관목과 낙엽교목을 밀식
수종	· 상층목: 메타세콰이어, 느티나무 등 · 중층목: 스트로브잣나무, 중국단풍, 청단풍, 꽃사과, 산유수 등 · 하층목: 병꽃나무, 개나리, 조팝나무, 박태기 등 · 지피류: 수호초, 옥잠화, 참나리, 맥문동 등	· 상층목: 스트로브잣나무, 은행나무 등 · 중층목: 모감주나무, 백목련, 이팝나무, 산딸나무, 수수꽃다리, 병꽃나무, 박태기 등 · 하층목: 영산홍, 산철쭉, 진달래 등 · 지피류: 비비추, 원추리, 맥문동, 잔디 등

5) 생태복원 및 존치녹지 생태기능 강화

존치되는 고강근린공원 및 동측의 자연녹지(변씨유적지 및 고리울가로공원)에서 식생밀도가 낮은 기존 숲에는 다층구조 식재와 향토수종 식재를 추가하도록 한다. 현재 수림대가 형성된 지역은 시설(산책로 등)의 도입을 적극 제한하여 현 상태를 원형 보존토록 하며, 인간간섭으로 훼손된 곳은 생태숲으로 복원한다. 생태숲을 조성하기 위해서는 수목차원이 아니라 군락차원에서 접근해야 한다. 미관이 수려한 식생보다는 주변 식생과의 연속성, 서식동물의 먹이 공급, 군락지 내부의 자연성 확보 등을 고려하여 목표 식생을 선정하는 것이 바람직하다. 관목과 덤불 등으로 이루어진 관목덤불숲, 교목림 등은 곤충의 서식처뿐만 아니라 조류의 둥지나 포유류의 서식처를 제공하며, 야생조류의 번식장소와 은신장소로 이용되므로 산림의 수직적 층위가 여러 단계로 구성되도록 조성한다. 일부 훼손되어 복원이 필요한 산림은 생태숲이 되도록 자연성이 높은 주변 식생군집을 모방하여 군집 내부의 천이단계, 종구성, 층위 구조, 토양환경을 설정하도록 한다.

내부의 종구성 · 식생구조와 주변지역의 식생구조 특성파악

↓

자연성이 높은 군집을 천이 완성의 모델로 선정

↓

천이 진행단계, 다층 식생구조, 종다양성, 토양환경 분석

↓

주변지역 식생군집과 천이모델을 모방한 생태숲 계획

그림 7-7. 생태숲 계획 과정

6) 생태통로 설치

서식처 분할로 인한 개체군 위협요인 발생시 이동통로 확보가 필요하다. 고강근린공원과 장안사산 간에 육교형(상부통로형) 생태통로를 설치한다. 생태통로 조성시 사람의 이용공간과 생물서식공간의 분리를 원칙으로 한다.

생태통로는 경량성 토재(EPS)를 사용하여 기본 형태를 갖추어 하중을 줄이되, 일반토양을 최소 토심 2m가 되도록 성토하여 공사이전의 토양과 유사한 형태로 조성한다. 본 사업지구에 조성되는 생태통로의 경우 인공지반 위에 조성되는 형태이기 때문에 토양 중 습기와 양분이 중요한 요소로 판단되며, 보습능력이 우수한 인공토양소재를 자연토양과 혼합하여 토양층을 구성한다. 식재를 위한 수종은 기본적으로 주변지역에 생육하며 야생동물을 유인할 수 있는 종으로 선정하는 것이 바람직하다. 주변 장안사산에서 생육하는 종을 기준으로 교목, 관목 및 초본류를 적정 배치하여, 전체적으로 다층구조를 이루도록 한다. 도로에 접하는 부분에 대해서는 소음 및 불빛을 저감하도록 침엽수와 관목을 밀식 식재한다. 강우시 장안사산의 유기물질이 고강근린공원으로 일부 유입될 수 있도록 물질이동로의 기능을 하는 생태통로가 되도록 자갈수로 등을 적극 계획한다.

7) 생태면적률 적용 방침

생태면적률 적용은 지표면의 지나친 포장으로 인한 도시열섬현상, 도시형 홍수 발생 등을 저감하고, 토양의 빗물 저장능력을 제고하며, 도시생태계의 생물 서식기반을 확보하는 것을 목적으로 한다.

공원녹지를 제외한 사업지구내에서 자연지반녹지율과 연계하여 적용하되, 자연지반녹지

율을 우선 적용하며, 생태면적률이 높아짐에도 불구하고 생물서식기반으로서 가장 중요한 자연지반녹지는 오히려 줄어드는 부작용 요인을 사전에 제거한다. 이를 위해 대상지의 자연, 생태현황을 고려하여 자연지반녹지율 목표를 우선 설정하고, 대상지의 개발 특성을 함께 고려하여 가용지의 생태면적률 목표를 설정한다[3]. 고강지구 생태면적률 적용지침은 다음과 같다.

① 환경부 기준 및 부천시 조례 등을 정밀 검토하여 생태적 가치에 따른 생태면적률 적용 목표를 기초로 하여 단지별 적정 생태면적률을 산출하여 적용

② 부천고강지구는 토양포장율이 70%이상인 '생태적 가치 하등급'에 해당하나[4], 본 지구는 생태도시를 지향하기 때문에, '생태적가치 중'을 목표로 생태면적률 적용을 검토

③ 생태면적률이 높아짐에도 불구하고 생물서식기반으로써 가장 중요한 자연지반 녹지는 오히려 줄어드는 부작용을 방지하기 위하여 자연지반면적률(자연지반녹지율)을 우선 적용

④ 부천고강지구는 항공소음에 민감한 지역으로 항공소음을 저감할 수 있도록 생태면적률 공간유형 중 옥상녹화, 벽면녹화를 우선 적용

---

3) "자연지반"이라 함은 지하에 인공구조물이 없으며 물의 자연순환이 가능한 지반(토층에는 불투수성 포장금지)을 말하며, 자연지반면적률은 다음과 같은 공식에 의해 산출한다.

※ 산식: 자연지반면적률 = (자연지반면적 ÷ 대지면적) × 100

산정방법은 생태면적률을 산정하기 위해서는 먼저 대상지를 정해진 공간유형으로 구분하여야 하며, 구분된 공간유형별 면적에 정해진 가중치를 곱하여 생태적 기능을 온전히 가지는 자연순환 기능 면적(생태면적)을 환산한다. 자연의 순환기능을 온전하게 가지는 생태면적으로 환산된 면적의 합을 전체 대상지 면적으로 나누어 생태면적률을 산정한다.

4)

$$생태면적률 = \frac{자연순환기능\ 면적}{전체\ 면적} \times 100 = \frac{\Sigma(공간유형별\ 면적 \times 가중치)}{전체\ 면적} \times 100$$

환경부는 토지이용 유형에 따라 생태면적율을 구분하여 설정하며, 최소 적용 목표는 20%로 하고 있으며, 대상공간의 생태적 가치는 3단계(상, 중, 하)로 구분한다. 현장조사 결과 비오톱평가 1, 2등급에 해당하고, 토양포장율이 30% 미만인 경우 생태적 가치 상(上)에 해당하는 기준을 적용한다. 현장조사 결과 비오톱평가 4, 5등급에 해당하고, 토양포장율이 70% 이상인 경우 생태적 가치 하(下)에 해당하는 기준을 적용한다.

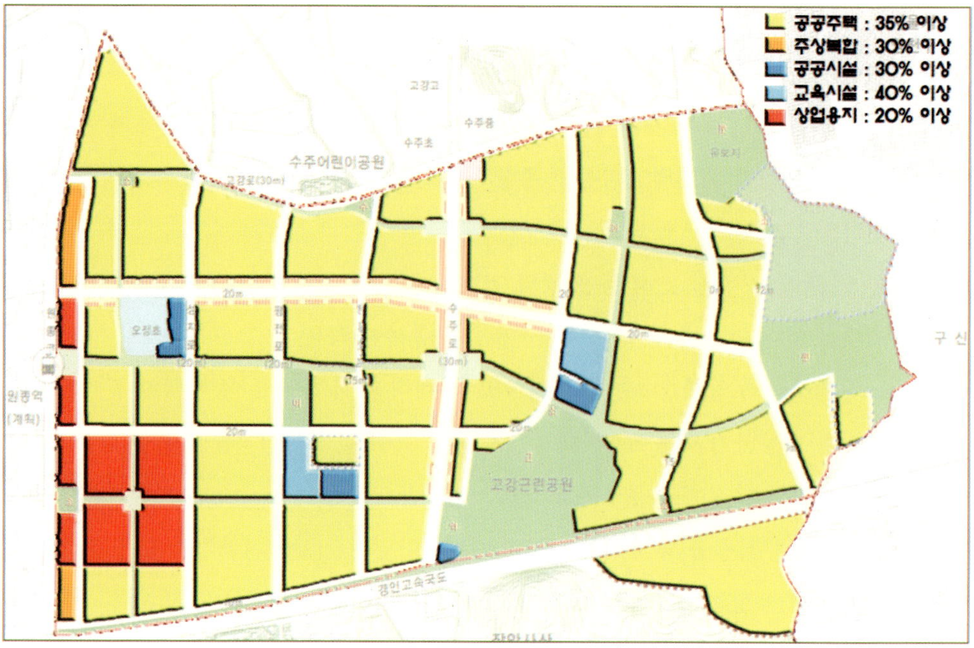

그림 7-8. 생태면적률 적용 지침(2008년 9월 최종안)

다. 미기후안정: 열섬예방을 위한 도시오아시스계획

1) 계획방향

토지이용계획안과 재정비 시행지침 작성 시에 기후분석을 통해 사업지구의 바람통로를 설계하여 대상지에 정체 가능성이 있는 대기오염 물질 이동을 촉진하여 대기오염을 저감한다. 바람통로 설계와 열섬저감계획 수립(일명, 도시오아시스계획 또는 도시열환경관리계획)을 통해 사업지구의 하절기 열섬현상을 완화하고 열쾌적성을 높이도록 한다.

2) 계획내용 협의과정

바람의 이동은 같은 건물이라도 향에 따라 조금씩 차이를 보일 수 있으나, 저층부에 필로티를 계획한다면 통풍에 큰 무리는 없을 것으로 판단된다. 재정비계획을 담당하는 엔지니어 및 계획가들과 실무협의를 하는 과정에서 고강지구의 경우는 전반적으로 남북방향보다는 동서방향의 매스분절 등을 통해 바람통로를 확보토록 하였다. 현재 계획상, 도시적

차원에서 도로축과 녹지축은 충분하다고 보이며, 건축적 측면에서는 동간 이격과 필로티를 통한 통풍이 이루어지도록 계획하였다.

재정비촉진계획 시행지침에서는 주요 바람통로를 토지이용계획상 녹지축(생태예술거리 등의 동서방향 녹지축)의 형태로 반영하였으며, 주요 바람통로의 영향권에 있는 단지와 열환경에 민감하다고 설정된 단지에 대해서는 건축시행지침을 제시하였다. 재정비촉진계획 시행지침을 위해 초기에는 저층부 필로티 조성을 통한 연도변 통풍성 확보를 제시하였으나, 부천시청에서 세대수 감소에 따른 사업성 저하를 우려하여 완화된 안으로 수정하였다.

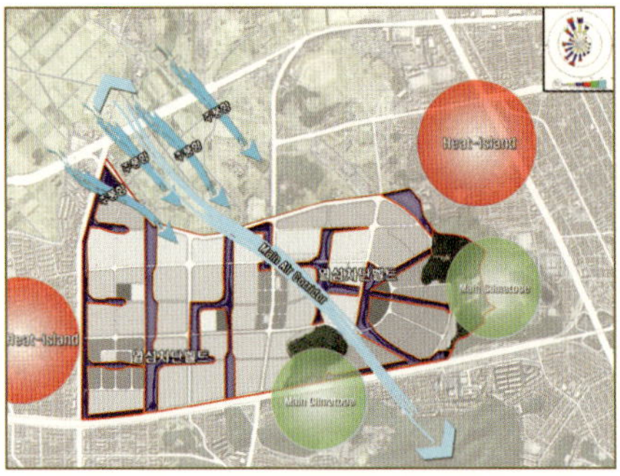

그림 7-9. 1차 기후안정 구상 제시안
(2007년 11월)

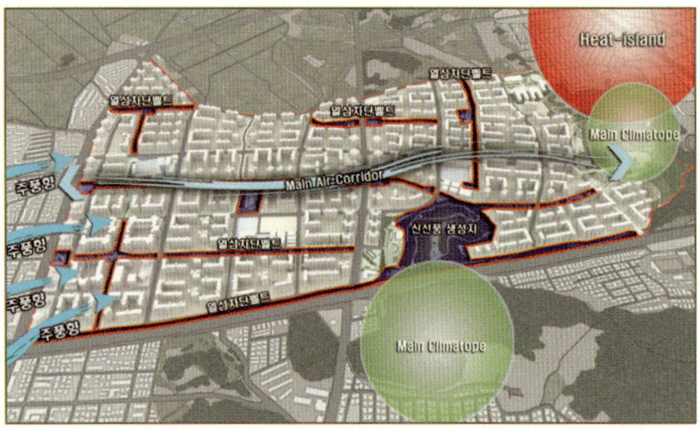

그림 7-10. 기후안정 종합구상 최종안
(2008년 9월)

3) 도시열환경 관리 구상

사업지구내 2개소에 설치된 AWS(자동기상관측장비) 기상관측자료를 바탕으로 바람통로를 구상하였다. 기상관측자료 중 UV, THW-index, 온도, 습도 등의 자료를 활용하였다. 대상지 중심부 동서방향 평탄지대에 조성되는 생태예술거리를 주바람통로로 설정하였다. 대상지 주변부에서 공급되는 차고 신선한 공기가 주거단지 내부 녹지축과 연계되도록 하여 단지내부 바람소통과 온도 저감을 시도하였다. 벽면녹화, 옥상녹화와 같은 특수공간 녹화를 실시하여 열섬발생 원인을 최대한 줄이도록 하였다.

4) 사업지구 개발전 · 후의 미기후 분석[5)]

① 모델링 분석 수단(ENVI-met)

ENVI-met는 도시 환경의 표면-식물-대기의 상관관계 시뮬레이션을 위해 설계된 3차원 미기후 모델로 0.5~10m의 공간 해상도를 가지고 있고 10초 단위로 도시의 기상 및 기후특성을 예측할 수 있다. ENVI-met는 도시기후, 도시설계, 건축설계, 환경계획 분야에 주로 적용된다.

② 입력 자료의 구성

개발 후에 예상되는 바람순환과 바이오기후의 변화를 파악하기 위해 개발 전 · 후의 도시 건축물 배치를 활용하여 3차원 바람장 모델링을 수행하기 위한 입력자료를 각각 구성한다. 입력자료의 구체적 내용은 대상지 표면의 피복상태, 건축물의 배치 및 재질, 건물 층수, 녹지의 분포 및 형태 등이다. 다음은 개발 전 · 후의 건물 배치를 기본으로 하는 입력자료의 구축 화면이다.

· 주요 입력자료: 기온(대기온도, 토양온도, 지표면 온도), 상대습도(지상 2m, 10m, 2500m), 풍향 및 풍속, 지표면 거칠기 등임

· 예측일시: 사업대상지에 대한 미기후 변화 예측은 한여름 더위가 진행되는 2008년 8월 1일로 정하였으며, 시간은 오전 10시를 기준으로 함 (예측 일시는 필요에 따라 변경 가능함)

· 대기온도: 기온은 지상 10m에서 25℃, 지표면 및 토양온도 30℃

· 상대습도: 지상 2m에서는 50%, 지상 2500m에서는 7%

· 주풍향 및 풍속: 남남동(158°), 1m/s

---

5) 미기후 분석은 송영배 박사(협성대 연구교수)가 본 계획의 공동연구진으로 참여하여 수행하였고, 해당 내용은 송 박사의 동의를 얻어 수록하였다.

〈개발 후 건물 배치도개발〉

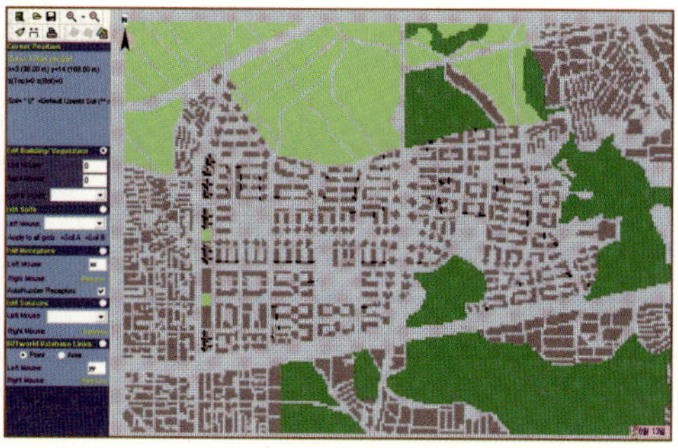

〈개발 후 건물 배치도개발〉

그림 7-11. ENVI-met를 활용한 개발 전후의 건축물 배치도 분석

5) 개발 전·후의 미기후 분석 및 예측 결과

① 개발 전·후 바람장(wind field) 분석

현재는 남남동풍이 불 경우, 바람은 대상지역 중앙의 주거지역을 통과하면서 초기 풍속 1.0m/s가 0.6~8.0m/s의 속도로 유입되는 것을 관찰할 수 있다. 이는 초기 입력풍속 1.0m/s가 20~40% 감소하는 것으로 분석된다. 그러나 주거지역 중앙의 큰 도로를 따라 유입되는 바람의 경우, 주변지역과 달리 1.0~1.2m/s의 풍속을 보이며 풍속이 증가되는 경우가 발생하는 것을 관찰 할 수 있다. 기존에 개발이 완료된 지역의 경우, 주변지역보다 풍속의 감소효과가 크다. 대부분 지역이 평균 풍속이 0.40m/s 이하로 초기 유입 풍속의 60%이상의 감소가 발생하며 전반적으로 환기가 불량한 지역임을 알 수 있다.

개발 후 개선효과로는 대상지 저층의 조밀한 주거지역을 격자형의 주거단지로 조성할 경우, 건물 사이의 도로에서는 초기 풍속보다 강한 1.39m/s의 바람이 부는 것으로 예측결과를 보이며 건물 배치에 따른 풍속 증가 효과가 있는 것으로 판단된다. 중앙의 주거지역 뿐 아니라 주변지역의 풍속도 동시에 증가하는 효과를 보이며, 이는 대상지역 전반의 환기에 긍정적인 영향을 미치는 것으로 판단된다. 이는 대상지를 동서로 가르는 큰 도로에 의해 바람통로가 형성된다는 것을 보여 주는 것이다. 그러나 사업지구에 'ㄷ'자나 'ㅁ'자의 폐쇄형으로 아파트를 배치할 경우, 단지의 중정에 해당되는 지역에서는 대기의 흐름이 정체되거나 와류 등이 발생한다.

② 개발 전 · 후 열환경(thermal environment) 분석

개발 전의 현재 고강지구의 평균 온도(potential temperature)는 298K(25℃)로 분석된다. 대상지역의 바람이 유입되는 남서쪽 하단의 경우, 풍속에 의한 냉각효과와 남쪽 중앙 하단에 위치한 공원의 영향으로 298K(25℃) 보다 2℃ 이상 낮은 295K 이하의 온도 분포를 보인다. 남동측과 북서측에 비해 건물이 밀집되어 있는 대상지 중심부의 온도가 약 0.5℃ 높게 나타나며 이는 건물의 밀집으로 인한 공기순환이 정체되어 열악한 열환경을 보이는 것으로 판단된다.

개발 후의 경우 고강지구의 최저 온도가 25℃(개발 전에 비하여 전반적인 기온 상승 발생)이다. 개발 전과 마찬가지로 대상지역의 바람이 유입되는 남서쪽 하단의 경우 풍속에 의한 냉각효과와 남쪽 중앙하단에 위치한 공원의 영향으로 약간의 온도감소가 보인다(대상지역 전반의 기온 차이가 미미한 결과를 나타냄).

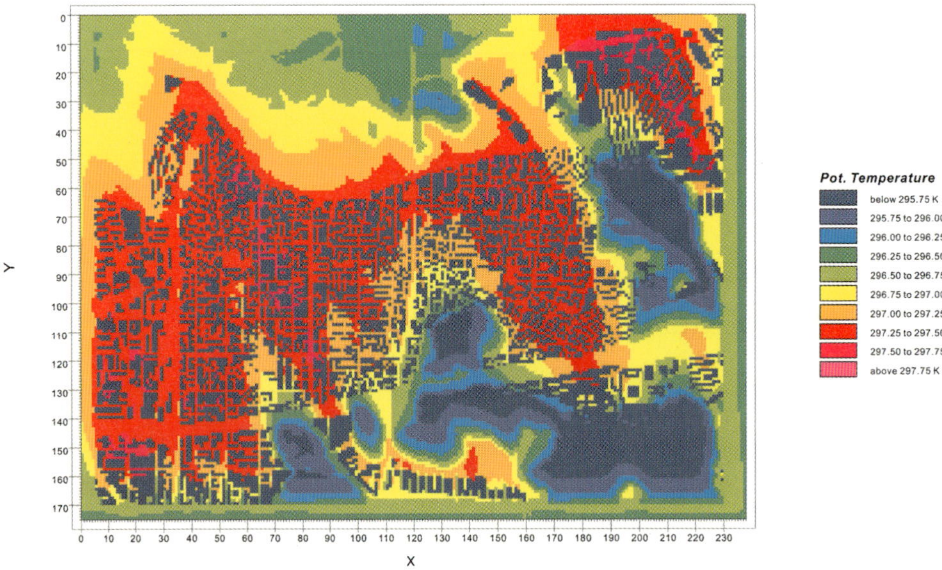

그림 7-12. 개발 전의 열환경 분석 결과 (풍향: 남남동, 초기풍속: 1.0m/s)

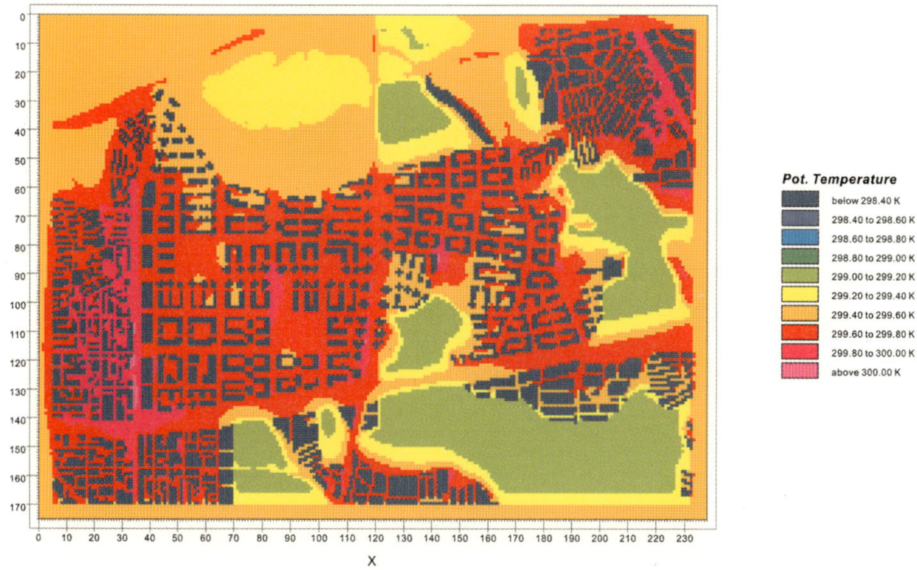

그림 7-13. 개발 후의 열환경 분석 결과 (풍향: 남남동, 초기풍속: 1.0m/s)

③ 바이오기후(bio climate)의 개발 전후 비교

풍속냉각(wind chill)은 우리 몸이 공기의 온도를 인지하는데 바람이 얼마나 영향을 미치는지를 고려한 것으로 대기온도와 풍속냉각온도가 차이가 없는 경우, 바람의 영향이 거의 없다는 것을 의미한다. 관측기간동안 대상지역의 풍속냉각 효과를 분석한 결과 전반적으로 풍속냉각이 거의 발생하지 않았으나, 강우가 발생한 날과 맑은 날의 경우 풍속냉각의 차이가 발생한다. 그러나 태양복사량이 감소하는 오후 3시경부터 풍속냉각이 1~2℃정도 발생할 수 있기 때문에 강우 발생에 따른 풍속냉각은 크지 않음을 알 수 있다. 실제 많은 강우가 내린 2008년 7월 20일의 경우, 풍속냉각 효과로 인해 오후 2시 경에는 실제 기온보다 약 1.5℃이상 낮은 체감온도를 느끼는 것으로 분석된다. 이에 비

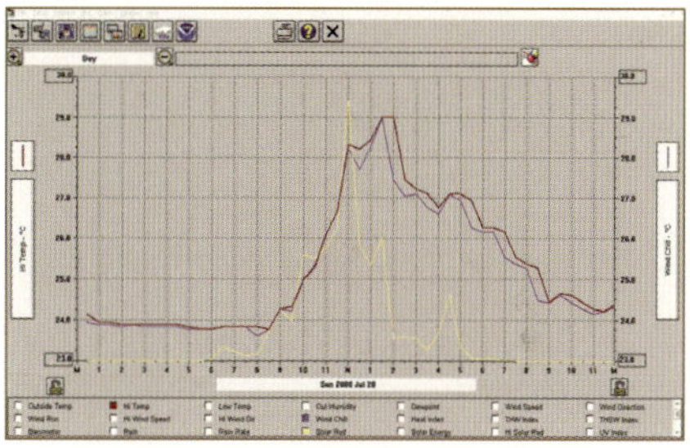

그림 7-14. 풍속냉각 지수 분석
(강우 시, 2008년 7월 20일)

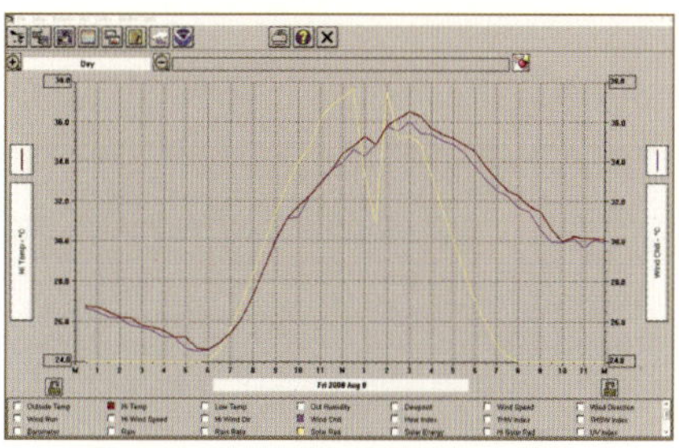

그림 7-15. 풍속냉각 지수 분석
(맑은 날, 2008년 8월 8일)

해 매우 맑은 날인 2008년 8월 8일의 경우 오후시간대 기온과 풍속냉각기온의 차이가 약 0.2℃ 미만으로 나타나는 것으로 보아 풍속냉각의 효과가 거의 없음을 알 수 있다.

열파지수란 비정상적이고 불쾌한 느낌을 주는 덥고 습한 날씨가 지속되는 더위를 말하며, 습도와 기온이 복합되어 사람이 실제로 느끼는 더위를 지수화한 것이다. 즉, 똑같은 기온이라도 습도에 따라 지수가 달라질 수 있으며 습도가 높을 때 실제보다 온도가 더 높게 느껴진다. 기상청에서 시행하고 있는 폭염특보제 발표에서도 알 수 있듯이 관측기간 내 7월 8~9일, 8월 6~11일은 폭염주의보 및 폭염경보가 발령될 정도로 매우 높은 열파지수를 보였다(기상청 폭염특보제 기준 관측지점: 부천시 중앙공원 관측소).

표 7-8. 열파지수에 따른 위험 가능성

구분	열파 지수	위험군(high risk group)에 발생 가능 열질환
매우위험(ED)	54℃ 이상	열사/일사 발생 가능
위험(D)	41-54℃	일사/열경련/열피폐 발생 가능. 지속적 노출과 신체활동시 일사 발생 가능
매우주의(HC)	32-41℃	지속적 노출과 신체활동시 일사/열경련/열피폐 발생 가능
주의 (C)	27-32℃	지속적 노출과 신체활동시 피로 발생 가능

표 7-9. 고온으로 인한 폭염 위험 가능성이 높은 일수(2008년 6~8월)

날짜	온도(℃)	습도(%)	열파지수 (℃)	기상청 폭염특보제
7월 08일	33.6	60	38.8	-
7월 09일	33.8	54	38.9	-
7월 14일	33.2	60	38.2	-
7월 29일	33.4	58	38.9	-
8월 06일	34.4	55	38.8	폭염주의보
8월 07일	34.5	54	37.6	-
8월 08일	36.5	52	42.9	폭염경보
8월 09일	33.6	60	38.5	폭염주의보 대치
8월 10일	35.8	45	41.4	-

(표 계속)

8월 11일	34.9	51	39.8	폭염주의보 해제
- 폭염주의보 : 일최고기온 33도 이상이고 일최고열지수 32도 이상이 예상될 때 - 폭염경보 : 일최고기온 35도 이상이고 일최고열지수 41도 이상이 예상될 때				

※ 온도, 습도, 열파지수 산정 기준 : 고강동 지역(연구팀 관측 수치)

※ 부천시 폭염특보제 발령 관측지점 : 부천시 중앙공원 관측소(기상청, 경기도)

온도, 습도, 태양, 바람의 복합 상태를 지수화 시킨 THSW(Temperature-Humidity-Solar radiation-Wind)는 인간이 지각하는 체감온도를 산정하는 지표로서 냉각효과와 가열효과를 함께 고려한다. 대상지역에 대한 THSW 분석을 위해 폭염경보가 발효된 맑고 무더운 날인 2008년 8월 8일의 분석 결과를 살펴보면 오후 3시경 실제 기온은 약 35.2℃인데 비해 열파지수 산정 기온은 42.5℃, THSW 지수로 산정된 체감온도는 약 49.0℃까지 상승한다. 따라서 맑고 무더운 날에는 대기 중 온도와 실제 인체가 느끼는 체감온도의 차이가 매우 크게 나타날 수 있기 때문에 개발시 이를 고려한 건물배치 및 그늘생성이 필요하다.

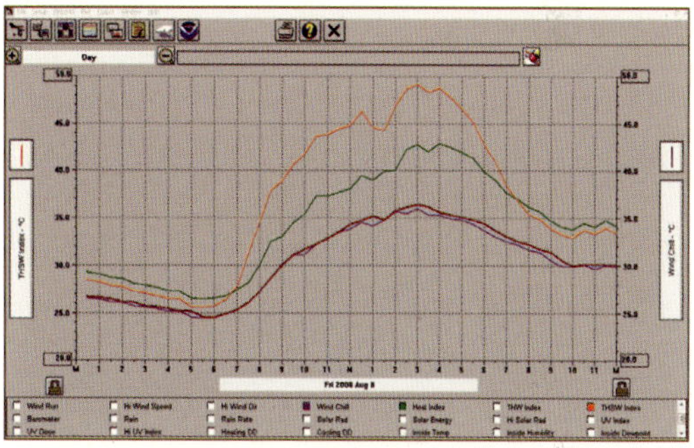

그림 7-16. THSW 지수 분석
(맑은 날(폭염경보 발효일), 2008년 8월 8일)

상대습도(relative humidity)는 바이오 기후의 쾌적도를 살피는 중요한 척도 중 하나로 같은 온도라 하더라도 습도에 따라 인체가 느끼는 체감온도는 매우 달라진다. 습도가 낮은 공기는 수증기를 흡수하는 수용력을 갖기 때문에 도시 쾌적성을 높이는 작용을 한다. 또한 상대습도가 높아지게 되면 신체가 체온조절을 위해 방출하는 땀이 대기 중으로 쉽게 기화되지 못하기 때문에 열적 스트레스가 가중된다. 따라서 개발에 따른 대상지역의 상대습도의 변화를 분석 및 예측하기 위해 모델링을 수행한다. 상대습도 변화에 대한 분석을 수행하기 위해 25℃를 기준으로 공기 중 수증기의 정도를 나타내는 비습량을 산정하기 위한 모델링을 수행하였다. 이후 비습량을 상대습도로 변환하여 개발에 따른 습도의 변화로 인한 열파지수 변화를 분석하였다.

개발 전에는 건물 밀도가 높은 대상지 중심부의 경우 9.64g/㎏의 비습량이 분포하는 것으로 분석되었으며 이를 환산하면 약 49.3% 상대습도를 보이는 것을 알 수 있다. 이에 비해 대상지 남동측의 경우 중심부보다 높은 비습량을 보이며 상대습도로 환산하면 60.1%의 수치를 보이며 북서측의 경우 약 50.7~54.7%의 상대습도를 보이고 있다.

개발 후 역시 대상지 남동측이 가장 높은 비습량을 가지고 있으며 북서측의 비습량이 가장 낮은 것으로 분석되었다. 중심부의 비습량은 9.41g/㎏으로 개발 전에 비해 0.23g/㎏ 낮은 비습량을 보였으며, 상대습도로 환산할 경우 48.1%로 개발 전과 크게 상대습도의 차이를 보이지는 않는다. 그러나 개발 후 남동측의 경우 53.7%의 상대습도를 나타낸 반면, 개발 전의 남동측은 60.1%의 상대습도를 보여 6% 이상의 차이를 보였다. 이러한 6% 정도의 습도 차이는 동일한 온도에서 열파지수를 산정할 경우 약 3℃ 이상의 온도 차이로 나타났다. 북서측의 경우 48.8~50.9%의 상대습도 값으로 분석되었으며 개발 전보다 2~4% 낮은 수치이다. 따라서 개발 전·후의 상대습도를 종합적으로 비교한 결과 대상지 중심부의 경우 상대습도의 변화는 거의 없었으나 남동측의 경우 6%, 북서측의 경우 2~4% 낮은 수치의 상대습도를 보였다. 이러한 상대습도의 감소는 열적 스트레스를 낮추는 기후개선 효과를 발생시키는 것으로 판단된다. 냉기류 생성지를 제외하고는 전반적으로 기온상승 현상이 발생하나 열섬정체 현상은 크게 완화될 것으로 분석된다. 열환경 변화는 미미하여 특수지 녹화(옥상, 벽면, 주차장 등) 등을 통해 복사열을 완화하는 방안을 강구하여야 한다.

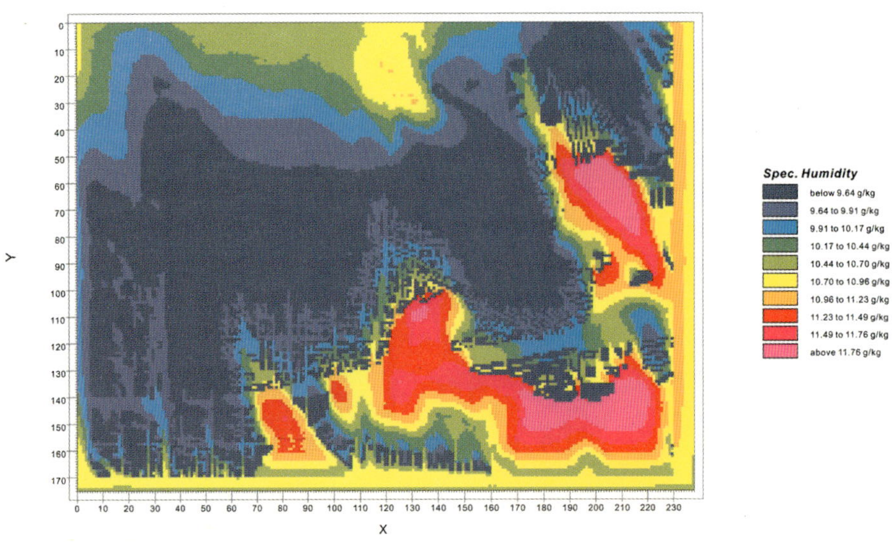

그림 7-17. 개발 전의 바이오기후(비습) 분석 결과 (풍향: 남남동, 초기풍속: 1.0m/s)

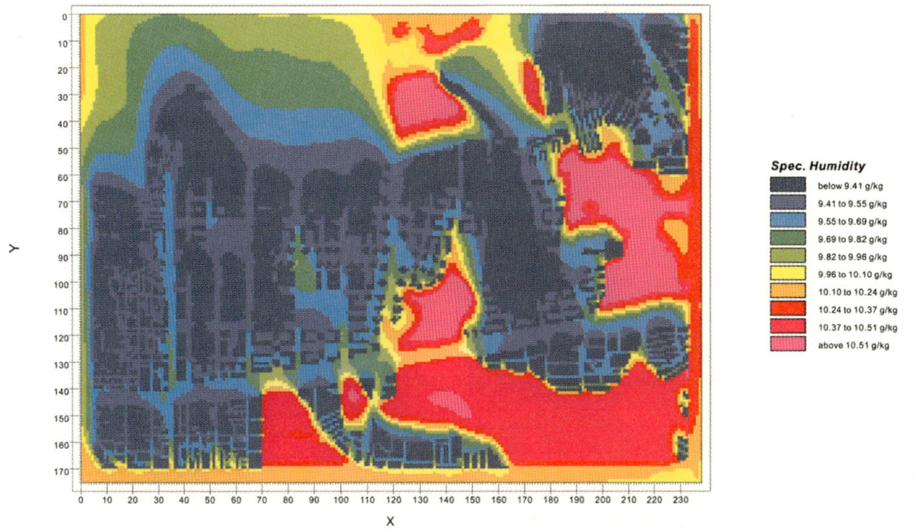

그림 7-18. 개발 후의 바이오기후(비습) 분석 결과 (풍향: 남남동, 초기풍속: 1.0m/s)

④ 개발 후의 미기후관리 효과 분석

사업지구의 개발 전 초기풍속 1.0m/s가 0.6~8.0m/s로 약화되어 유입되는 것에 비하여 개발 후에는 바람통로계획에 따라 건축물이 배치되어 초기풍속이 1.0m/s에서 1.39m/s 로 약 40% 증가하는 것으로 분석되었다. 열환경의 경우 개발 후에 냉기류 생성지를 제외하고는 전반적으로 기온이 상승되는 현상이 발생하나, 공기순환이 개발 전에 비해 활발해져 열섬 정체현상은 크게 완화 될 것으로 분석되었다. 그러나 주거지에서의 열환경 변화는 미미하여 도시 녹화, 건물 녹화 등을 통해 복사열을 흡수하는 방안을 강구하여야 한다. 상업지역이 모인 서측블록의 경우 열환경집 중관리지역으로 설정하여 복사열 저감 건축자재 사용과 건물녹화를 시행하도록 한다.

라. 자연감성: 생태콘텐츠에 의한 어메니티 향상

1) 계획방향

새로운 생태문화자원을 발굴하여 생동감 넘치는 신개발지로 조성될 수 있도록 대상지의 주요 녹지거점인 고강근린공원과 에코고리울 기후시계공원을 중심으로 생태문화자원을 발굴하거나 개발한다. 대상지 내에 단절되어 있던 소공원과 고강근린공원 및 에코고리울 기후시계공원 등을 유기적으로 연결하여 그린메트릭스를 구축한다. 지역주민이 참여하는 다양한 프로그램으로 고강동의 기존 고리울 선사문화제, 아이들이 함께 만드는 전래놀이터, 장기말산 가꾸기, 환경조사단 등 다양한 주민참여 활동과 연계하여 프로그램을 개발한다.

2) 지역 감성자원의 발굴

지역 NGO, 주민, 전문가가 합동으로 지역 어메니티자원 조사를 시행하되, 문헌조사 및 현장조사를 병행하여 실시하며, 발굴자원을 유형별(자연감성자원, 문화감성자원, 사회감성자원)로 분류한다.

자연감성자원 발굴은 고강근린공원과 에코고리울 기후시계공원을 중심으로 대상지 내부의 소공원 등을 대상으로 이루어지도록 한다. 오정초등학교 인근 벚꽃 가로수길과 느티나무 가로수길, 주택 및 아파트 단지내의 녹지공간에 위치한 다양한 초화류 등이 포함된다. 문화감성자원은 주민참여에 의한 고리울 선사문화제, 아이들과 함께 만드는 놀이터 등의 프로그램, 고강선사유적공원, 변씨유적 등이 있다. 아주 작게는 길가의 뻥튀기 장수와 놀이터에서의 노는 아이들 모습 등도 중요한 문화자원이다. 사회감성자원은 주민참여에 의한 지역 NGO 활동, 청소년 환경조사단 등의 사회적 활동 자원이 있으며, 시가지 조성 초기부터 골목길에 자연적으로 형성된 고강시장, 제일시장 등의 공동체 자원도 있다. 또한 고강초등학교, 오정초등학교, 고강사회복지회관, 파출소 등의 공공시설자원이 입지하고 있다.

3) 지역 감성자원 활용

고강지구 중심 보행자 녹도에 기존 자연감성자원인 소공원과 가로수 등을 활용한 생태녹도를 조성한다. 고리울 축제, 아이들과 함께 만드는 전래 놀이터 등의 문화감성자원을 활용하여 지역주민과 만화가들이 참여하는 24시간 잠들지 않는 '올빼미'예술거리(생태 예술거리)로 조성한다. 고강지구에서 조사된 감성자원과 삶의 흔적 등을 촬영 · 수집 · 채집하여 기루시계공원에 입지할 고리울에코지기센터에 별도의 전시장을 만들도록 한다.

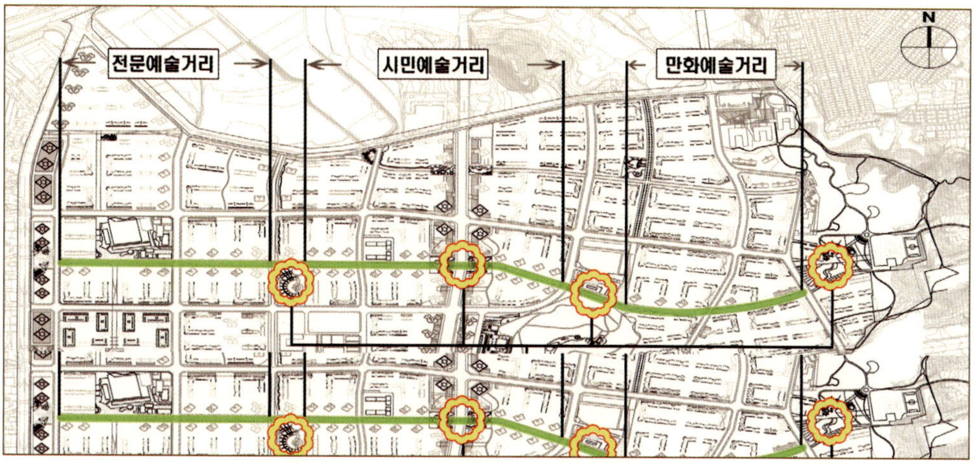

그림 7-19. 올빼미 예술거리 가로 구상도

올빼미 예술거리와 에코고리울 기후시계 공원을 중심으로 자전거 네트워크를 조성한다. 보행자와 자전거 동선을 일치시키며, 차량과는 분리시켜 계획하고, 주요 거점간 연결성을 최대한 고려하여 만든다. 기존 중심생활 · 시각 경관축을 감안하여 동선을 설정하고, 다양한 테마를 부여하여 계획한다. 보행통로구간 및 자전거도로의 포장재는 투수성이 높은 재료를 사용해야 하며, 식재는 연접한 통경축상의 식재공간과 연속성을 갖도록 한다. 대중교통과 연계하여 자전거 도로의 위계를 구축하고 차별화된 기능의 이색자전거 체험거리를 조성하며, 무장애(Barrier Free)의 녹색감성길(Green Touch Way)로 조성한다.

마. 청정환경: 도로 및 항공기 소음대책

1) 계획방향

김포공항 이착륙으로 인한 항공기 소음피해지역(2, 3종)이 사업지구에 포함되어 있고 경인고속도로에 연접하기 때문에 소음대책에 만전을 기하도록 한다. 신재생에너지를 적극 도입하여 화석연료 사용에 따른 대기질 악화를 예방하고 동시에 에너지자립도 높은 도시가 되도록 계획한다.

2) 항공기 소음 대책

우리나라의 항공기 소음측정 단위는 WECPNL을 사용하고 있으며 95(WECPNL)이상은 1종, 90(WECPNL)이상 95(WECPNL)미만은 2종, 90(WECPNL)미만은 3종으로 구분하고 있다. 사업지구에는 김포공항과 인접하여 제2, 3종 항공소음피해구역이 40% 이상 분포하고 있다.

표 7-10. 항공기 소음기준

구역		소음기준(단위: WECPNL)
제1종 구역		95이상
제2종 구역		90이상 95미만
제3종 구역	"가" 지구	85이상 90미만
	"나" 지구	80이상 85미만

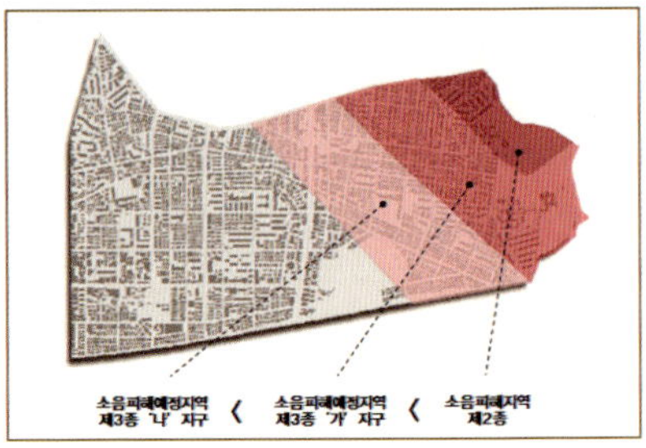

자료: 고강지구 재정비촉진계획(안), 부천시

제2종 항공기 소음피해구역은 주민을 이주시키고 개발유보지로 지정한다. 항공법 시행규칙(272조)에 의하면 1종 피해지역에 거주하는 주민 중 이주를 원할 경우 이주대책을 수립・시행하도록 규정하고 있다. 고강지구에서는 1종 지역이 없을지라도 청정환경도시를 지향하여 2종지역에 대해서 현거주민을 다른 주거지로 이주시키도록 한다.

항공기 소음이 심한 에코고리울 기후시계공원에서는 폭포, 분수 등 소리경관(soundscape) 기법을 도입하여 소음을 완화한다. 비행기에 대한 시각적 차폐를 위해 비행진입구역과 연계해 수고가 높은 교목을 대량 식재한다. 제3종 피해지역은 방음에 탁월한 효과를 보이는 건축재료를 사용하고[6], 옥상녹화・벽면녹화를 통해서도 흡음력을 높이도록 한다.

---

6) 방음에 효과적인 건축재료의 구성은 다음과 같다.

구분	종류
외벽	콘크리트 용벽(t=80mm)
출입문	현관문(철문, SD)
창문	이중창(알미늄, 목제, 유리:3mm)
천정	콘크리트 슬라브(두께:100mm)

자료: 이준호(2006), 항공기 소음피해지역내 주택실내기준에 대한 제안, 한국공항공사

사업지구 전 구역이 항공기 소음의 영향권이므로 모든 학교에 방음시설을 설치함은 물론 냉방시설을 설치하여 하절기 창문개방으로 인한 소음영향을 최소화한다. 고강지구 종합적인 소음대책은 아래와 같다.

표 7-11. 고강지구 소음대책기준

구역		소음기준(단위: WECPNL)	소음방지대책
제1종 구역		95이상	-
제2종 구역		90이상 95미만	토지이용 계획에서 유보지도 설정
제3종 구역	"가" 지구	85이상 90미만	방음을 위한 건축재료 사용 Soundscape 기법 도입
	"나" 지구	80이상 85미만	
사업지구 전 구역		학교 방음시설 및 냉방시설 설치 지원	

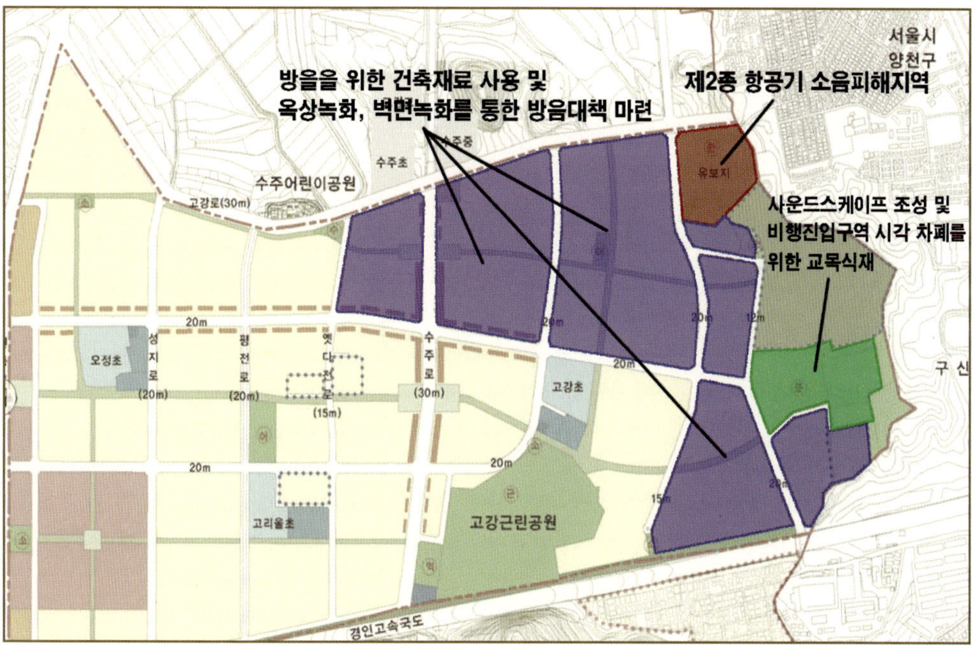

그림 7-20. 항공기 소음대책 종합구상도

3) 도로소음

도로소음의 기준은 낮과 밤을 구분해 그 기준은 다음 표와 같다. 고강지구 남측으로 경인고속국도가 지나고 있어 도로소음 기준인 “가” 및 “나” 지역[7]에 해당하므로 특별한 소음대책이 필요하다.

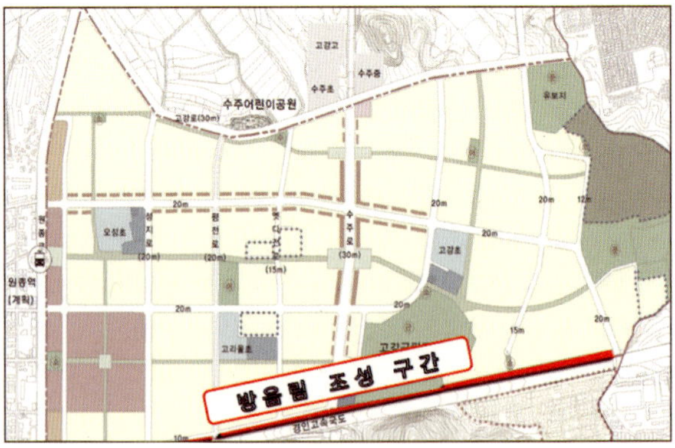

그림 7-21. 방음림 조성 구간

경인고속국도변을 따라 10-30m 폭의 방음림을 조성한다. 방음림은 소음 감소효과와 함께 자연경관을 창출하며 소생태계의 기능도 수행한다. 방음녹지는 수목의 종류와 식수방법에 따라 약 5~10dB 정도의 소음저감 효과가 있다. 일반적으로 6m 내외의 폭이 확보된 경우 주거지 방향으로 키가 낮은 나무를 식재하고, 차도방향으로 대목을 식재한다. 10m 내외의 폭이 확보된 경우에는 주거지에서부터 저목, 소목, 대목의 순으로 식재한다.

바. 에너지자립: 신재생에너지 도입하기

1) 적용 가능한 신재생에너지 도출

태양열, 태양광, 바이오매스, 폐기물, 지열에너지 등의 신재생에너지는 입지적 여건과 기술적 검토에 의해 도입가능 여부를 결정한다. 풍력발전의 경우 평균풍속 4m/s 이상을 필요로 하는 등 입지적 요건이 대상지에 적합하지 않아 제외한다. 고강지구에서 신재생에너지는 i) 범용성, ii) 입지성, iii) 외부홍보효과 차원에서 도입 가능성을 타진한다.

---

7) 도로소음의 기준

구 분		소음기준(단위:LeqdB(A))	
		낮	밤
도로변지역	“가” 및 “나” 지역	65	55
	“다” 지역	70	60
	“라” 지역	75	70

자료: 환경정책기본법 시행령 제 2조

표 7-12. 사업지구에 도입가능한 자연에너지원별 검토

구분	보편성	입지성	홍보효과	비고
태양열	○	○	○	사업지구 도입
태양광	○	○	○	사업지구 도입
바이오매스	×	×	×	사업지구 내 도입 제외
폐기물	△	△	△	사업지구 내 도입 제외 (사업지구 내 폐기물 처리시설 없음)
지열	○	△	△	사업지구 도입
풍력	△	×	△	사업지구 내 도입 제외 (사업지구 평균 3m/s 이하 풍속 유지)
수소	×	×	×	사업지구 내 도입 제외
연료전지	×	×	×	사업지구 내 도입 제외
해양	×	×	×	사업지구 내 도입 제외
소수력	×	×	×	사업지구 내 도입 제외

○ 긍정적 △ 보통 × 부정적

주) 도입가능한 자연에너지원별 적용 대상지는 주택단지 및 공공시설로 제한

신재생에너지 도입가능성 검토를 거쳐 본 지구에 적용 가능한 것은 태양열, 태양광, 지열 에너지로 선정하였다. 사업지구에는 태양광과 지열 등의 시스템을 복합적으로 설치하는 하이브리드 방식을 검토하였다.

표 7-13. 태양광과 지열의 활용검토

구분	태양광	지열
개념	- 태양전지모듈을 설치하여 전력생산 - 설치면적은 1kW당 10m^2, 월평균 80~100kWh 전기생산 - 고강지구: 전력 23,445kW 규모 생산가능	- 중대형 열펌프를 설치하여 냉난방 공급 - 항상 13-16℃를 유지하는 지열을 이용하기 때문에 여름철 냉방과, 겨울철 난방에 에너지효율이 3배 이상 높음
지원	- 시범보급사업: 설치비의 최대 80% 지원 - 일반보급사업: 설치비의 60% 이내 지원	- 시범보급사업: 설치비의 최대 80% 지원 - 일반보급사업: 설치비의 50% 이내

2) 태양광 에너지의 도입 검토

태양광은 정부의 일반보급사업으로 선정되어 보조금 60%의 지원을 받을 경우 사업 7년차부터 수익을 발생하는 것으로 분석된다. 고강지구의 2020년 계획세대수인 25,800세대를 적용할 경우 지붕 총면적은 263,160㎡이다. 산정된 건축면적에 공공문화체육시설용지를 포함하여 태양광 전지모듈을 도입할 수 있는 총면적은 319,668m2이며, 이는 31,969kW 규모의 전지모듈을 시공할 수 있는 면적이다. 이를 근거로 수익을 산정할 경우 293,687,945천원의 적자가 발생함을 알 수 있다.

· 시설설치비용: 319,668m^2/10m^2 × 10,000,000원 = 319,668,000,000원

· 수입: 31,969kw × 100kwh/월 × 12개월 × 677.22원/kw = 25,980,055,416원

· 수익: 수입 - 시설설치비용 = -293,687,944,584원

보조를 받지 않을 경우 사업시행 10년차가 되었을 때 40,303,594천원의 이익이 발생한다. 태양광사업의 경우 시범보급사업으로 선정되면 소요시설비용의 80%를, 일반사업으로 선정되면 60%를 보조받을 수 있다. 60% 지원을 받을 경우 7년차부터 31,702,523천원의 수익이 발생하고, 80%의 지원을 받을 경우 5년차부터 27,662,497천원의 수익이 발생하는 것으로 분석된다[8].

---

8) 태양광 에너지 도입시 연차별 수익 발생 분석

(단위:천원)

구분	1년차	2년차	3년차	4년차	5년차	6년차	7년차	...	10년차
수입	25,980,056	27,279,059	28,643,012	30,075,162	31,578,920	33,157,866	34,815,759	...	40,303,594
지출	319,668,000							...	
수익	-293,687,944	-266,408,885	-237,765,873	-207,690,711	-176,111,791	-142,953,924	-108,138,164	...	7,106,352
60% 지원	-153,847,256	-126,568,197	-97,925,185	-67,850,023	-36,271,102	-3,113,236	31,702,523	...	146,947,040
80% 지원	-89,913,656	-62,634,597	-33,991,585	-3,916,423	27,662,497	60,820,364	95,636,124	...	210,880,640

자료: 경기개발연구원(2008), 경기도 뉴타운사업 추진전략 pp.110-111.를 참조하였음

3) 지열에너지의 도입 검토

지열시스템의 종류는 크게 수직형과 수평형이 있다. 지열에너지를 도입하기 위해서는 지열교환기와 지열 트렌치 등의 장비를 설치할 지하공간이 필요하다. 따라서 지하공간을 주차장으로 활용하는 공동주택용지는 적용이 불가능하지만, 지상 주차장이 있는 공공청사, 학교용지에는 적용이 가능하다. 공공문화체육시설(56,508㎡)에 도입할 경우를 가정하면 시설설치비가 약 9,418,000천원 소요되는 것으로 분석된다. 다수의 지열에너지 시공업체의 비용분석 내용을 검토해 본 결과 5년 이내에 설치비를 포함한 운전비용을 상계하고 수익이 발생하는 것으로 판단된다[9].

---

9) 지열에너지 도입과 기존(보일러 및 에어컨) 시스템의 운전비용 분석(3,300m^2 기준)

구분		여름(냉방)	겨울(난방)	계(연간)	운전비용(연간)		설치비(천원)	지열시스템의 투자비 회수기간
					금액(원)	%		
기존시스템 I 경유 보일러 & 에어컨	소비전력량 (kwh)	204,465	-	204,465	121,338,235 121,338,235	357 357	400,000 400,000	경유보일러 &에어컨 대비 약 2년
	경유사용(l)	-	102,609	102,609				
기존시스템 II LNG 보일러 & 에어컨	소비전력량 (kwh)	204,465	-	204,465	63,692,600 63,692,600	187 187	400,000 400,000	LNG보일러 &에어컨 대비 약 5년
	LNG사용(mm²)	-	89,927	89,927				
지열시스템	소비전력량 (kwh)	141,080	324,314	465,394	33,970,906	100	550,000	-

기준) 1. 에너지 유효발열량 (보일러효율 감안) : 경유=7,800 kcal/l, LNG= 8,900 kcal/Nm^3
2. 에너지 가격 : 경유= \1,000 /l , LNG= \500/Nm^3, 일반용전력(갑)비= \91.6/kwh(여름), \64.9/kwh(겨울)
3. 연간 냉방운전시간 : 1,512 hr =〉 냉방부하 = 314,000 kcal/hr
연간 난방운전시간 : 2,016 hr =〉 난방부하 = 397,000 kcal/hr
4. 기존에어컨 COP = 2.7, 지열 히트펌프 냉방 COP = 4.5, 지열 히트펌프 난방 COP = 3.3

자료: (주)지오테크 홈페이지(http://www.geo-tech.co.kr/sub2/sub2_4.asp)

4. 저탄소 환경계획에 기초한 토지이용계획 작성

가. 저탄소 환경계획과 재정비계획의 상호 연계

탄소중립도시를 위한 계획수단인 저탄소 환경계획에서는 도시공간구조 설정 시에 생태녹지체계를 먼저 제시하여 이를 재정비계획의 토지이용계획에 반영하도록 하였고, 단지배치 마스터플랜을 작성할 때에는 세부 녹지체계와 바람통로 계획안을 제시하여 건물 및 단지계획에 반영 하였다.

생태녹지체계의 구조는 녹지연계, 생태공간 창출, 보행녹도, 물길, 바람길 등을 종합적으로 고려하여 설정하되, 기존 도시의 도로체계를 고려하여 설정하였다. 환경계획을 통해 재정비계획의 토지이용계획은 물론 공원녹지계획, 기반시설계획 등에 반영된 주요 사항을 정리하면 다음과 같다.

① 토지이용계획과 공원녹지계획에 수류순환망을 반영하였다. 사라진 물길을 복원한 실개천 조성방안, 연못 및 습지 조성계획, 함양지 및 저류지계획 등이 반영되었고, 실개천의 평균 폭이나 길이 등의 세부내용도 기반시설계획에 반영되었다. 빗물저류시설을 도시실개천과 연결되는 지점에 설치토록 하였다.

② 항공기 소음 영향권 부지는 토지이용계획 작성시 비주거지역으로 전환하여 유보지(자족용지)로 설정하였다.

③ 재정비 시행지침에 단지별 생태면적률을 반영하였는데, 생태면적률 기준으로서 공동주택 35%이상, 일반건축물 20%이상을 권장하고, 옥상이나 벽면녹화 등 다양한 녹화기법을 도입하도록 하였다.

④ 토지이용계획의 동서횡단 녹도는 환경계획의 생태문화예술거리, 보행자자전거겸용도로와 상호 연계하여 커뮤니티가로의 성격을 갖도록 계획하였다.

⑤ 생태녹지체계에 의해 중앙 녹도변에는 탑상형을 배치하여 단지내 녹지를 유입하고 통경축이 확보되도록 하였다.

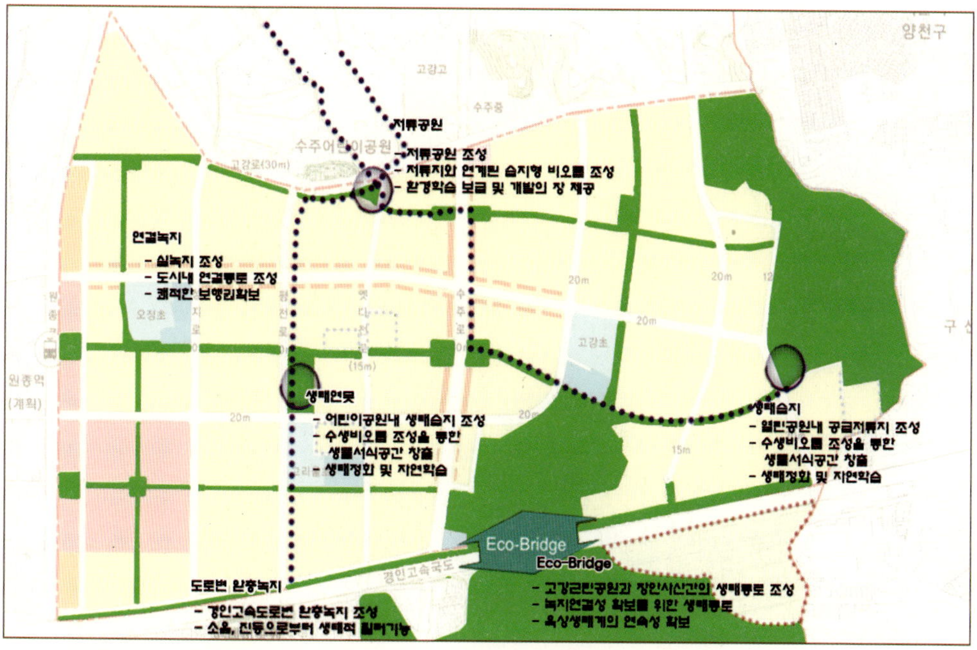

그림 7-22. 재정비 토지이용계획에 반영된 생태녹지체계(2008년 9월 최종안)

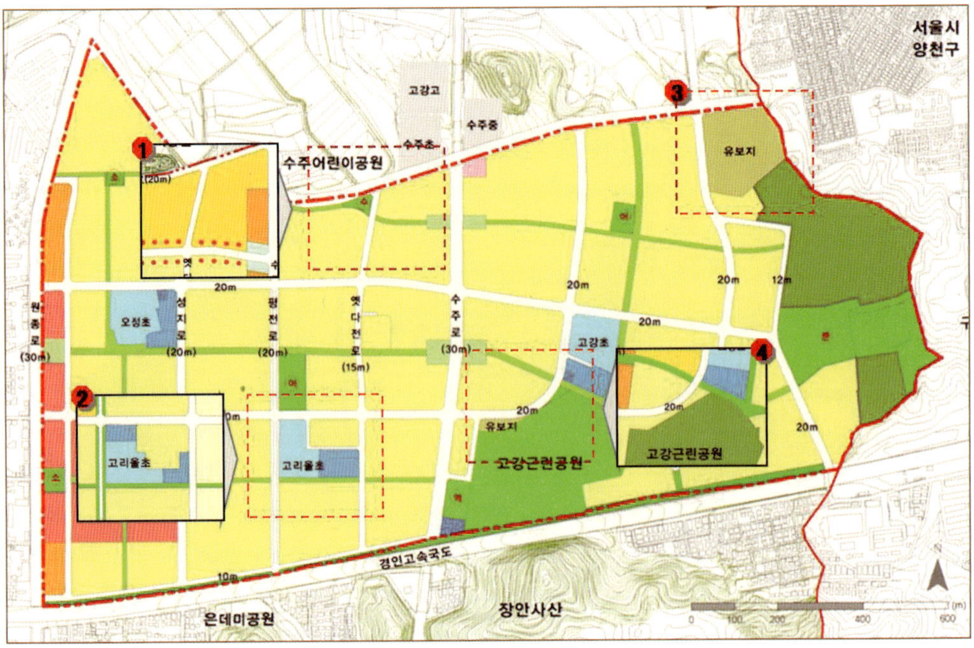

반영사항	1. 수주어린이공원과 연계되는 녹지대 조성 2. 복합시설계획에 따른 진출입로 확보 3. 소음영향권 부지에 비거주지역으로 전환 4. 녹지연결성 및 커뮤니티회랑 조성

그림 7-23. 재정비계획 반영사항

나. 저탄소 환경계획과 재정비 시행지침의 연계

앞서 환경기본계획은 토지이용계획, 공원녹지계획, 기반시설계획 등과 연계하여 계획정보를 교류하면서 협동작업을 통해 계획내용을 상호 반영시키는 과정을 거쳤다. 이런 연장선에서 공원녹지, 생태주거단지, 열환경관리, 수자원, 에너지 등에 환경상세계획안이 다시 만들어졌는데, 이는 단지별로 세부 계획안을 마련하는 절차였다. 이 환경상세계획의 내용은 재정비촉진계획의 시행지침과 연계되어 상호 내용이 조정되는 과정을 거쳤다.

생태적 건강성 증진과 주민 생활환경의 질 향상을 위한 친환경지표를 제시하고 이를 시행지침에 반영하였다. 친환경계획에 대한 용어의 정의는 물론 친환경 건축부문(주거용지, 일반상업지역)지침, 공공시설 및 기타시설, 경관 및 공공부문, 청소년 문화공원의 항목으로 나누어 제시하였으며, 특히 청소년문화공원내 프로그램으로 본 환경계획에서 제시한 에코고리울 기후시계공원 프로그램을 명시하였다.

신재생에너지 도입계획도 시행지침에 반영하였다. 주거단지, 자족용지의 농장빌딩(도시형 식물공장), 복합커뮤니티센터, 공공청사, 보행자전용도로 조명 등에 신재생에너지 및 에너지절감 기법을 적극 도입하다.

제8장

탄소중립 단지계획 지침 작성

1. 탄소중립 단지계획 지침의 개요

가. 저탄소 녹색단지 조성 사업시행 지침의 작성

나. 저탄소 녹색단지 시행지침의 개요

2. 저탄소 녹색단지 조성 공통지침

가. 녹색기반(생태녹지)

나. 에너지자립

다. 자원순환

라. 청정환경(오염예방)

마. 어메니티 향상

3. 저탄소 녹색단지를 위한 블록단위 지침

1. 탄소중립 단지계획 지침의 개요

가. 저탄소 녹색단지 조성 사업시행 지침의 작성

실제 부천고강지구 도시재정비촉진계획을 수립하면서 저탄소 녹색단지 조성에 관한 환경상세계획을 별도로 수립하여 해당 내용을 재정비계획 시행지침에 반영하였다. 이는 향후 구역별로 주택조합이 결성되어 단지개발을 추진할 시에 탄소감축 주거단지 실현을 위한 지침으로 활용된다. 부천시가 사업시행 및 건축 인허가 과정에서 본 지침의 준수 여부를 검토하게 되며, 따라서 사업시행자인 주택조합은 본 지침대로 단지계획, 건축 · 조경설계를 수행해야 한다. 이 지침은 엔지니어 기술검토, 공무원 협의, 주민공청회를 거쳐 마련된 것으로 이하 전문을 수록하였다.

표 8-1. 재정비촉진계획 시행지침내 탄소중립 부문 반영사항

구분	환경상세계획의 저탄소 녹색단지 지침	시행지침 반영여부	도시재정비촉진계획 시행지침내 반영된 조항
총칙	생태면적률	○	제Ⅴ편. 제9장. 제7절
	도시 보존수목 활용	○	제Ⅴ편. 제5장. 제7절
	우수활용시설	○	제Ⅴ편. 제15장
	생태수로 및 단지내 수공간	○	제Ⅴ편. 제9장. 제8절
	열섬완화대책 및 바람통로	-	-
	신재생에너지 활용	○	제Ⅴ편. 제13장
	중수의 활용	○	제Ⅴ편. 제16장
	친환경 자재 사용	○	제Ⅴ편. 제9장. 제7절

(표 계속)

총칙	생태문화자원의 발굴 · 활용 및 주민참여	○	제Ⅴ편. 제2장, 제Ⅴ편. 제5장
건축 부문 | 주거 용지	생태면적률	○	제Ⅴ편. 제9장. 제7절
	생태수로 시종점 및 단지내 수공간	○	제Ⅴ편. 제15장
	우수활용시설	○	제Ⅴ편. 제15장
	열섬완화대책 및 바람통로	○	-
	신재생에너지의 활용	○	제Ⅴ편. 제13장
	친환경 자재 사용	○	제Ⅴ편. 제9장. 제7절
	항공기 소음 대책	○	제Ⅴ편. 제10장. 제2절
건축 부문 | 일반 상업	생태면적률	○	제Ⅴ편. 제9장. 제7절
	우수활용시설	○	제Ⅴ편. 제15장
	열섬완화대책 및 바람통로	○	제Ⅴ편. 제9장. 제8절
공공 시설 및 기타 시설	생태면적률	○	제Ⅴ편. 제9장. 제7절
	우수활용시설	○	제Ⅴ편. 제15장
	신재생에너지의 활용	○	제Ⅴ편. 제13장
	중수의 활용	○	제Ⅴ편. 제16장
	항공기 소음대책	○	제Ⅴ편. 제10장. 제2절
경관 및 공공 부문	공공보행공간 및 자전거도로	○	제Ⅴ편. 제4장. 제3절 제Ⅴ편. 제5장. 제7절
	신재생에너지의 활용	○	제Ⅴ편. 제13장
	수경축 경관	○	제Ⅴ편. 제5장. 제8절
청소년 문화 공원	기후변화 체험형 생태문화콘텐츠 제공	○	제Ⅳ편. 제2장. 제4절
	고리울초교 생태건축 리모델링	○	
	생태학습체험장 조성	○	
	생태연못 조성	○	
	항공기 소음대책	○	

나. 저탄소 녹색단지 시행지침의 개요

1) 조성지침의 목적

① 제정 목적(공통): 본 지침은 '생태적 건강성 증진'과 '탄소중립 단지 조성'을 위하여 탄소중립도시 지침을 제시하고 이를 기준으로 도시를 관리함으로써 도시환경의 건강성과 쾌적성을 유도하고자 한다.

2) 조성지침 적용기준 및 원칙

① 본 조성지침의 내용이 관련 법령 등과 상이하거나 관련 법령 등이 개정될 시에는 그에 따른다.

② 본 환경상세계획에 의한 저탄소 녹색단지 조성지침은 고강 재정비촉진지구의 생태적인 주거환경 조성을 위해 주민주택조합 사업구역별 사업시행 인가시 적용토록 하되 고강지구 도시재정비촉진계획 결정 및 지침의 범위 내에서 운용 및 적용토록 한다.

2. 저탄소 녹색단지 조성 공통지침

가. 녹색기반(생태녹지)

1) 생태면적률

① 지표면의 지나친 포장으로 인한 도시열섬현상, 도시형 홍수발생 등을 저감하고, 토양의 빗물 저장능력을 제고하며, 도시생태계의 생물서식기반을 확보할 수 있도록 각 블록별 생태면적률을 적용한다.

· 예시: 원종1B(공동주택) : 35% 이상, 원종 1B-4 : 30% 이상

② 생태면적률 공간유형 구분 및 가중치는 다음과 같다.

· 산식: 생태면적률 = [Σ(공간유형별면적 × 가중치) ÷ 대지면적] × 100

③ 자연지반녹지률: 수목의 원활한 생육과 우량녹지의 확보, 물순환시스템의 복원 등 생태적 건강성을 도모하기 위해 지하에 인공구조물이 없는 자연지반녹지를 확보하도록 한다.

④ "자연지반"이라 함은 지하에 인공구조물이 없으며 물의 자연순환이 가능한 지반(토층에는 불투수성 포장금지)을 말하며, 자연지반면적률은 다음과 같은 공식에 의해 산출한다.

· 산식: 자연지반면적률 = (자연지반면적 ÷ 대지면적) × 100

· 예시: 원종1B : 10% 이상, 원종2B : 10% 이상

⑤ "투수성 포장"이라 함은 투수성 콘크리트 등의 투수성 포장재료를 사용하여 포장하거나 잔디블록 등과 같이 포장면 상단에서 지하의 지반으로 물이 침투될 수 있는 조립식 포장방식을 사용하여 포장하는 것을 말한다. 다만, 투수성포장이라 하더라도 경사도가 3%를 초과하는 곳은 불투수성포장으로 본다. 공동주택용지는 포장면적의 30% 이상을 투수성 포장으로 조성하여야 한다.

· 예시: 포장면적의 30% 이상 투수성포장으로 조성 : 원종1B-1, 원종1B-2, 원종1B-3

표 8-2. 생태면적률

건축유형	생태면적률 기준	비고
일반주택(대지면적 330m^2 이상)	20% 이상	
공동주택(20세대 이상)	35% 이상	
일반건축물(대지면적 2000m^2 이상)	20% 이상	판매·업무·근생 이와 유사한 용도
유통업무설비, 방송통신시설, 종합의료시설, 교통시설(주차장, 자동차정류장, 운전학원)	20% 이상	
공공·문화체육시설 및 공공기관 건설하는 시설 또는 건축물	30% 이상	
교육시설(초·중·고등학교, 대학교 등)	40% 이상	
녹지지역 내 시설 및 건축물	50% 이상	신설학교 기준
주상복합건축물(대지면적 2000m^2 이상)	30% 이상	

표 8-3. 생태면적률 공간유형 구분 및 가중치

공간유형	가중치	설명	사례
자연지반 녹지	1.0	- 자연지반이 손상되지 않은 녹지 - 식물상과 동물상의 발생 잠재력 내재, 온전한 토양 및 지하수 함양 기능	- 자연지반에 자생한 녹지 - 자연지반과 연속성을 가지는 절성토 지반에 조성된 녹지
수공간 (투수 기능)	1.0	- 자연지반과 연속성을 가지며 지하수 함양 기능을 가지는 수공간	- 하천, 연못, 호수 등 자연상태의 수공간 - 지하수 함양 기능을 가지는 인공연못
수공간 (차수)	0.7	- 지하수 함양 기능이 없는 수공간	- 자연지반 위 차수 처리된 수공간 - 인공지반 위 차수 처리된 수공간
인공지반 녹지 = 90㎝	0.7	- 토심이 90㎝ 이상인 인공지반 상부 녹지	- 지하주차장 상부 녹지 - 지하구조물 상부 녹지
옥상녹화 = 20㎝	0.6	- 토심이 20㎝ 이상인 옥상녹화시스템이 적용된 공간	- 혼합형 옥상녹화시스템 - 중량형 옥상녹화시스템

(표 계속)

인공지반 녹지 < 90㎝	0.5	- 토심이 90㎝ 미만인 인공지반 상부 녹지	- 지하주차장 상부 녹지, - 지하구조물 상부 녹지
옥상녹화 < 20㎝	0.5	- 토심이 20㎝ 미만인 옥상녹화시스템이 적용된 공간	- 저관리 경량형 녹화옥상시스템
부분 포장	0.5	- 자연지반과 연속성을 가지며 공기와 물이 투과되는 포장면, 50% 이상 식재면적	- 잔디블록, 식생블록 등 - 녹지 위에 목판 또는 판석으로 표면 일부만 포장한 경우
벽면 녹화	0.4	- 벽면이나 옹벽(담장)의 녹화, 등반형의 경우 최대 10m 높이까지만 산정	- 벽면이나 옹벽녹화 공간 - 벽면녹화시스템을 적용한 공간
전면 투수 포장	0.3	- 공기와 물이 투과되는 전면 투수 포장면, 식물생장 불가능	- 자연지반위에 시공된 마사토, 자갈, 모래포장 등
틈새 투수포장	0.2	- 포장재의 틈새를 통해 공기와 물이 투과되는 포장면	- 틈새를 시공한 바닥 포장 - 사고석 틈새포장 등
저류 · 침투시설 연계면	0.2	- 지하수 함양을 위한 우수침투시설 또는 저류시설과 연계된 포장면	- 침투 · 저류시설과 연계된 옥상면 - 침투 · 저류시설과 연계된 도로면
포장면	0.0	- 공기와 물이 투과되지 않는 포장, 식물생장이 없음	- 인터락킹 블록, 콘크리트, 아스팔트 포장, - 불투수 기반에 시공된 투수 포장

2) 생태녹화

① 인공지반 녹화: 보행자전용도로와 연접한 건물의 옥상 또는 입면부를 녹화하여 도시 외곽부에서 내부로 연결되는 생태징검다리 녹지로 조성할 것을 권장한다.

② 집산도로변 건물의 옥상 및 입면부를 녹화하여 녹지거점을 형성함과 동시에 어린이공원 및 보행자전용도로와의 연속성을 확보할 것을 권장한다.

③ 통경구간: 단지내 공공보행통로를 중심으로 인접 건물의 옥상 및 입면부를 녹화하여 도시내부의 녹시율을 높이고 생태적으로 우수한 경관축을 조성한다.

④ 인공지반의 하중에 따라 경량형 지반은 이용을 제한하고 관상용 수종을 식재하며, 중량형 지반은 휴식 · 산책 · 레크레이션 활동을 위한 시설 및 녹음 제공을 위한 교목성 수종을 식재할 것을 권장한다.

⑤ 생물서식처 조성: 수변공원 및 수로시설과 연결된 공원과 공개공지에는 수변공간 또는

생물서식처를 조성하도록 권장한다.

3) 생태망 구성

① 생활권↔단지생태네트워크 구축: 생태적으로 중요한 기능을 수행하는 녹지의 보전으로 자정능력을 확보하도록 한다.

② 도시 외곽의 녹지와 도시내부의 녹지를 연결하고 자연형성 과정을 지속하고 강화시키도록 한다.

③ 보행자전용도로와 공원 등을 유기적으로 연결하는 보행동선을 구축한다.

④ 수림대는 3층 이상의 다층구조로 식재하여 식생밀도와 종 다양성을 높이도록 한다.

⑤ 도로변 가로수 열식, 생울타리, 완충녹지 등 선적인 녹화요소를 최대한 활용한 건축계획을 유도한다.

⑥ 보행자전용도로 조성시 보행로와 자전거도로가 병행하도록 한다.

⑦ 보행자전용도로 구간에 보행 안전성(패턴포장, 도로굴곡) 및 생태적 연결성을 확보하기 위해 생태연결시설(생태교량, 암거 등) 설치를 검토한다.

⑧ 보행자전용도로와 상호 연계하여 설치되는 단지내 공공보행통로는 폭 4m 이상으로 설치하여야 하며, 단지내 공공보행통로 출입구는 공원내 보행로 및 인근 주변 단지내 공공보행통로 출입구와 일치시키도록 한다.

⑨ 단지내 공공보행통로와 도로(단지내도로 포함)가 교차하는 곳은 보행우선구조로 조성한다.

⑩ 식재는 연접한 통경축상의 식재공간과 연속성을 갖도록 하며 공원이 있을 경우, 생태적 연속성을 고려하도록 한다. 다만, 경관의 다양성을 위해 다양한 식재구조를 선택할 수 있다.

4) 단지녹화 · 공원 · 녹지조성

① 탄소흡수를 위하여 공원은 물론 녹도 등을 조성하여 녹지면적을 확대하고 수종별 탄소상쇄지표를 활용하여 적절한 수종을 선택한다.

② 소공원에는 식재가능한 녹지면적을 최대한 많이 확보한다.

③ 보행자전용도로에 식재되는 가로수는 수종 및 수관폭을 고려하여 생장에 방해를 받지 않는 범위 내에서 양측 배열로 교목 위주로 식재하도록 한다.

④ 탄소흡수량이 높은 수목을 식재하도록 한다.

⑤ 식재는 아래 표에서 정하는 기준에 적합하게 이루어지도록 조성한다.

표 8-4. 조경 식재기준

수목구분	식재밀도(본/㎡)	상록비율(%)
교목 (줄기가 굵고 곧으며, 높이자라는 나무)	공원지: 0.3본 이상 단지내 조경: 0.2본 이상	상록수 20%
관목 (줄기와 가지의 구별이 분명하지 않고 키가 낮은 나무)	3본 이상	

표 8-5 수종별 탄소상쇄지표

수종	연간탄소흡수량 (C ton/year)	비 고	수 종	연간탄소흡수량 (C ton/year)	비고
느티나무	0.00367	도심수목	소나무	0.00097	산림수목
벚나무	0.00415	도심수목	잣나무	0.00182	산림수목
목련	0.00287	도심수목	낙엽송	0.00295	산림수목
향나무	0.00009	도심수목	리기다 소나무	0.00105	산림수목
상수리 나무	0.00296	산림수목	신갈나무	0.00178	산림수목
편백	0.00115	산림수목			

나. 에너지자립

1) 외피시스템

① 최첨단 외피시스템을 도입하여 에너지가 건물 밖으로 방출되는 것을 방지한다.

② 냉난방에너지 소비를 절감할 수 있는 최첨단 외피시스템(창호시스템, 옥상 및 벽면녹화, 고효율 단열재, 환기시스템 등)을 도입하여 50% 에너지 절약을 목표로 조성한다.

③ 공동주택, 주상복합, 공공시설 등에 최첨단 창호시스템을 도입하여 에너지가 건물 밖으로 방출되는 것을 방지한다.

④ 공동주택, 주상복합, 공공시설 등에 자연환기시스템이나 하이브리드 환기시스템을 도입하여 에너지가 건물 밖으로 방출되는 것을 방지한다.

⑤ 여름철 내부 온도 상승 및 겨울철 내부 온도 저하를 방지하기 위하여 건축물 옥상부와 벽면부 녹화를 실시한다.

⑥ 공동주택, 주상복합, 공공시설 등에 고효율 단열재를 도입하여 에너지가 밖으로 방출되는 것을 방지한다.

2) LED 조명

① LED(Light Emitting Diode)조명이라 함은 순방향으로 전압이 걸릴 때 단파장광이 방출되는 현상인 전기발광효과를 이용한 반도체 소자를 사용한 조명시설을 말한다.

② 전력사용을 줄이기 위하여 가로시설물, 단지내 가로등의 조명등으로 LED 조명등을 사용한다.

③ 도로 및 가로에 사용되는 가로등은 전기 · 정보통신설비 설계지침에 의거 기준에 부합하도록 설치한다.

④ 관리사무소, 경로당, 조경시설, 주민공동이용시설, 단지내 공공시설에 LED 조명시설을 도입하도록 한다.

⑤ 보행자전용도로, 공원, 광장, 단지내 자전거보관시설, 보안시설 등 공공시설 및 공공건물에 LED 조명시설 사용을 적극 권장한다.

표 8-6. 2012년 기준 연간 에너지절감량 전망

구분	연간에너지 절약효과(toe)	연간에너지 절약금액(억원)
매입형 및 고정형 LED등기구	736,000	3,425
LED 보안등기구	23,552	94
LED 센서등기구	11,498	53
LED 전용컨버터	-	-

3) 녹색교통

① 자전거^보행자겸용도로는 자전거와 보행자가 동시에 원활하고 안전하게 교행할 수 있을 정도의 폭을 확보하기 위하여 자전거도로 최소 폭 3m, 보도 최소 폭 3m를 고려하여

6m 이상을 계획한다.

② 자전거^보행자겸용도로를 설치할 경우 자전거도로의 폭은 최소 1.5m 이상을 확보한다.

③ 자전거도로의 포장면은 평탄성이 유지되고 다른 도로부분과 구별이 쉽도록 색깔을 달리하여 포장한다.

④ 자전거도로의 주행성이나 보행성 측면에서 평탄성, 배수성, 미끄럼 저항성(마찰계수 BPN 40 이상), 시인성, 보행의 쾌적성을 갖도록 한다.

⑤ 자전거도로의 원활한 배수와 지반지지력 약화 및 동상 등의 피해를 최소화하기 위하여 적합한 배수시설을 설치하여야 한다.

⑥ 방호울타리는 주행 중 자전거 이용자와 차량의 상충을 막아주는 기능을 갖는 안전시설로써 필요시 설치를 권장한다.

⑦ 자전거 이용의 안전성과 쾌적성을 위하여 이용편의시설 및 휴게시설을 설치한다.

· 공기주입기, 도난방지장치(CCTV 등), 간이벤치, 자전거플랫폼 표지판 등을 설치한다.

⑧ 자전거 주차시설을 설계할 때는 먼저 잠재수요를 추정하여 시설공급 면적을 결정하며, 개별시설 배치 방법과 전체지역의 주차장 개소수를 결정한다.

· 주동의 경우 1개소 이상 자전거 보관시설을 설치하며, 필로티 하부나 출입구에 인접하여 설치한다.

· 복지관, 관리소, 상가, 어린이놀이터, 운동시설의 경우 1개소 이상 설치한다.

· 자동차 주차장면적의 5% 이상, 세대당 1.5대 이상 설치한다.

· 자전거보관소의 설치규모는 아래 표에서 정한 기준 이상으로 설치한다.

· 자전거 보관소의 구조 및 기타 설치기준은 「자전거 이용시설의 구조 · 시설기준에 관한 규칙」 제16조의 규정에 따른다.

⑨ 자전거 주륜장 가림막 설치시 태양광패널을 설치할 것을 권장한다.

표 8-7. 자전거 주차지설 설계기준

구분	보관가능대수	
주동	의무	주동세대수당 0.3대 이상
	권장	주동세대수당 0.5대 이상
상가	상가연면적 100m^{2}당 1대 이상	
복지관 및 관리소	시설면적 100m^{2}당 1대 이상	

표 8-8. 자전거 주차장 면적

구분	평행 주차시설		사각주차시설
개별자전거 사이 간격	최소	0.8	0.8
주차열 사이의 간격	기준	1.2	1.3
주차열 길이	2.0		1.5

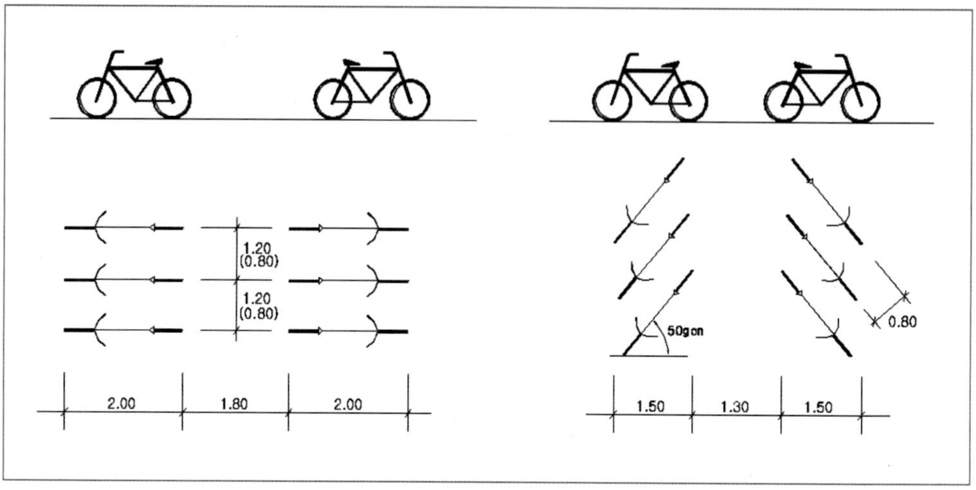

그림 8-1. 자전거주차 시설의 대표적인 배치 방법

⑩ 자전거횡단도 설치시 주변보도와 접속이 되는 지점에 보도턱 낮춤 시공을 하여야 한다.

· 교차로 기하구조에 따른 자전거횡단도의 위치 등을 충분히 고려하여 자전거 이용자의 편의성을 확보하여야 한다.

· 횡단보도와 자전거횡단도가 인접하거나 중첩될 경우, 하나로 통합하여 보도턱 낮춤을 시공하는 것을 권장한다.

· 이 때 넓어진 보도턱 낮춤 구간에는 차량진입을 방지할 수 있는 시설물을 설치해야 하며 휠체어나 유모차가 충분히 지나갈 수 있는 폭으로 설치해야 한다.

⑪ 보도 위에 자전거 주차시설을 설치하는 경우, 주변 토지이용 특성에 따라 충분한 유효폭을 확보하여야 하며 자전거 이용자와 보행자의 충돌 위험을 배제할 수 있도록 차도 쪽으로 설치할 것을 권장한다.

⑫ 야간 자전거 이용자의 통행 안정성을 확보하기 위하여 자전거도로에 조명시설 설치를

권장한다.

· 조명시설의 설치장소, 설치 높이, 설치 간격, 배치 및 배열 등의 설치 기준은 「도로안전시설 설치 및 관리지침, 조명시설편」을 참조하여 도로의 기능, 지역 조건 등을 고려하여 설치한다.

· 자전거 이용자가 도로의 선형, 장애물, 진 · 출입 차량 등 교통상황을 쉽게 인지할 수 있도록 조명시설을 설치한다.

· 조명기구의 눈부심이 자전거 이용자에게 불쾌감을 주지 않도록 충분히 제어되도록 한다.

다. 자원순환

1) 수공간

① 단지내 실개천은 폭 0.5m 이상, 수심 0.1m 이상, 상시 유속은 약 0.1~0.2m/sec로 조성하도록 한다.

② 단지내 수공간은 친환경적 기법으로 수로 길이의 80% 이상이 외부로 노출되어 있어야 하며, 단지내 보행 및 차량의 진출로와 수로의 교차부 폭은 8m 이하로 조성한다.

③ 수생비오톱, 저류기능 연못, 건지(dry pond) 등 옥외 수공간을 1개소 이상 조성한다.

④ 유속은 수면의 넓이와 함께 유량을 느끼게 하는 중요한 요소로서 유속이 느리면 사용할 유지용수의 종류에 따라 녹조가 발생할 수 있으므로 용수 특성을 감안하여 유속을 결정한다.

⑤ 도로, 주차장, 단지내 시설 등에 의해 수로환경이 훼손되지 않도록 단지를 배치한다.

⑥ 생태기능의 수로구간에 대해서는 이용자의 접근을 제한하고 친수기능의 수로구간에 대해서는 접근성을 높일 수 있도록 계획한다.

⑦ 저류, 수질정화기능, 생물서식공간 창출 등 다양한 기능을 할 수 있도록 친수공간, 생태우수연못 등을 조성한다.

2) 우수저류 및 재활용

① 우수저류 및 우수재활용: 우수를 재활용 할 수 있는 우수활용시설을 설치하여 실개천, 조경용수 등으로 활용하도록 권장한다.

· 산식: 우수활용시설용량(V) = 총 세대수 × 2.8(인/세대) × 178(l/인 · 일)× 0.5

② 우수저류조, 집수정, 침투시설을 설치하여 우수를 확보하고, 우수저류조는 오염되거나 혼탁한 우수가 지하저류조로 유입되는 것을 방지하기 위하여 장치형 전처리, 식생여과 등 우수 전처리시설을 설치하도록 한다.

3) 중수체계 도입

① 물을 효율적으로 이용하기 위하여 건축연면적이 6만㎡ 이상인 공공 및 일반 업무시설 등을 신축하려는 자는 사용 수량의 10퍼센트 이상을 재이용할 수 있는 중수도를 단독 또는 공동으로 설치 · 운영하여야 한다(수도법 제14조, 수도법 시행령 24조).

· 공공업무시설: 국가 또는 지방자치단체의 청사와 외국공관의 건축물로서 제1종 근린생활시설에 해당하지 않는 것이어야 한다.

· 일반업무시설: 금융업소, 사무소, 신문사, 오피스텔(업무를 주로 하며, 분양하거나 임대하는 구획 중 일부의 구획에서 숙식을 할 수 있도록 한 건축물로서 국토해양부장관이 고시하는 기준에 적합한 것을 말함), 그 밖에 이와 비슷한 것으로서 제2종 근린생활시설에 해당하지 않는 것이어야 한다.

② 중수를 화장실 용수나 외부공간의 조경용수로 활용함으로써 상수사용량을 감소하고, 하수방류량을 절감하도록 한다.

③ 중수플랜트는 중수의 이용용도(조경용수, 화장실 세정 등)에 따라 처리수준이 다르기 때문에 적합한 수질로 처리한다.

④ 중수처리 및 공급설비의 대부분을 지중화하여 미관 및 악취 문제를 예방하도록 한다.

4) 생활폐기물 재활용

① 자원을 효율적으로 재이용하기 위해 쓰레기 분리수거 공간 및 기계시설 분리함 등을 설치하도록 한다.

② 인근 주민의 자체적인 환경감시조직과 연계하여 입지를 선정하도록 한다.

③ 단지계획시에는 알루미늄, 유리 등 재활용이 가능한 제품을 분리수거할 수 있는 공간을 별도로 배치하도록 한다.

④ 유기폐기물을 별도로 분리수거하여 쓰레기 분리수거 효율을 증대시킨다.

라. 청정환경(오염예방)

1) 교통정온화구간

① 학교 및 업무시설에 접한 도로를 교통정온화구간으로 지정하여 교육 및 업무환경의 정숙성을 확보한다.

② 교통정온화구간 및 학교 반경 300m내 어린이보호구역으로 지정된 곳에는 차량속도 저감시설을 설치한다.

③ 교통정온화구간의 도로 정숙성 확보를 위해 차량과 노면의 마찰음을 최소화할 수 있는 저소음 포장(19mm 이하)으로 시공한다.

마. 어메니티 향상

1) 도시경관과 자연경관의 조화(공동주택)

① 옥탑부는 스카이라인을 고려하고, 옥상녹화에서 관목 · 교목류를 외벽 쪽에 식재하여 옥상녹화 자체가 조형요소로 작용할 수 있도록 구성한다.

② 주동입면은 지붕, 현관 캐노피, 건축물 외관 등 전체적인 색채계획을 하고 가급적 원색 사용을 지양한다.

- · 2개 이하의 발코니 난간소재를 사용하고 측벽의 경우 부분적으로 돌출형 발코니를 두어 입면 다양성을 시도한다.
- · 디자인은 간결하게 하되, 타 구역과 차별성 있게 구성하여 획일성을 지양하고 랜드마크 주동으로 1개 동을 두어 구역 특색을 부각한다.
- · 경관조명은 과도한 원색 사용을 지양하고 반사광 방식으로 하여 건축물 자체를 부각한다.

③ 1~3층의 하층부 벽면은 샌드스톤, 점토질 벽돌, 목재 등 자연재질로 마감하고 벽면녹화를 고려하도록 한다.

- · 1층 주거부 전면공간 식재계획을 통해 저층부의 어메니티를 높이고 프라이버시를 고려한다.
- · 외부공간의 바닥은 우레탄, 아스팔트 등 인공적 재료가 아닌 목재, 자연석, 벽돌 등의 자재 사용으로 친환경적 이미지를 연출한다.

2) 도시경관과 자연경관의 조화(상업시설)

① 입면의 파사드와 가로시설물(가로등, 파고라, 벤치 등)간의 조화를 고려한 토탈디자인으로 계획한다.

- 시설간 규모 및 외벽재질의 통일성을 확보하고 처마선, 창호높이 등 일정한 위치로 연속성을 유지한다.
- 서구 고전 건축양식의 직설적인 도입을 지양한다.
- 통창, SPG공법의 전창, 아트리움 설치로 개방성 확보를 권장한다.

② 외부 및 전이공간에 식재, 수경시설(연못, 수벽, 수로)등 자연요소를 두고 건축물과의 조화를 고려하며 오픈스페이스를 최대한 확보하여 노천카페, 이벤트공간, 쌈지마당 등으로 활용한다.

- 외부공간의 바닥은 원색채의 기하학적 패턴을 지양하고 우레탄, 아스팔트 등 인공적 재료가 아닌 목재, 자연석, 점토바닥벽돌 등의 자재 사용으로 친환경적 이미지를 연출한다.

③ 간판 · 옥외광고물 설치는 다음과 같다.

- 가급적 활자형 간판으로 하여 입면점유율 저감한다.
- 간판의 크기, 글꼴, 재료, 색채 등에서 통일성을 확보한다.

3) 도시경관과 자연경관의 조화(학교시설)

① 담장 설치를 지양하고 필요시에는 생울타리 방식으로 하고 식재 등 자연요소로 상징적 영역 구분만 이루어지도록 계획한다.

② 옥상공간에 옥상정원 및 비오톱을 조성한다(생태환경을 교육적 측면으로 활용).

③ 후정 및 중정공간을 두어 자연요소를 도입하고 외부 인접공간에 학교숲을 조성하여 외부의 녹지와 연결되도록 구성한다(특히, 학교숲 활용한 숲길 조성).

4) 도시경관과 자연경관의 조화(공공시설)

① 통창, SPG공법의 전창 설치로 개방성을 확보하고 규모가 큰 시설의 경우 아트리움 설치를 권장한다.

② 아트리움(민원실이 있는 경우 민원실 포함)은 외부공간의 연장개념으로 자연요소를 인입한다.

③ 시설의 형태는 시각적 두드러짐과 상징성을 지닌 디자인으로 하되 주변과 이질적이지

않고 가로의 맥락을 고려하여 간결하게 구성한다.

④ 외벽마감의 재료와 색채는 친환경 자재를 사용하고 원색채 사용은 가급적 지양한다.

⑤ 전면의 외부공간은 마당, 광장 등의 공간을 두고 자연요소를 도입하여 휴게 및 이벤트 공간으로 활용 가능하도록 계획한다.

3. 저탄소 녹색단지를 위한 블록단위 지침

여기서 블록(Block)은 주거개발을 위해 주민이 주택조합을 결성하는 사업구역의 단위로서 고강지구 도시재정비촉진지구는 총 13개의 구역으로 구성된다. 본서에서는 고강 5B블록을 대상으로 만들어진 계획지침의 사례를 살펴보도록 하겠다. 향후 고강 5B블록의 주택조합이 주거단지 건설을 추진할 경우, 저탄소 녹색단지로 조성될 수 있도록 계획지침을 작성하였다.

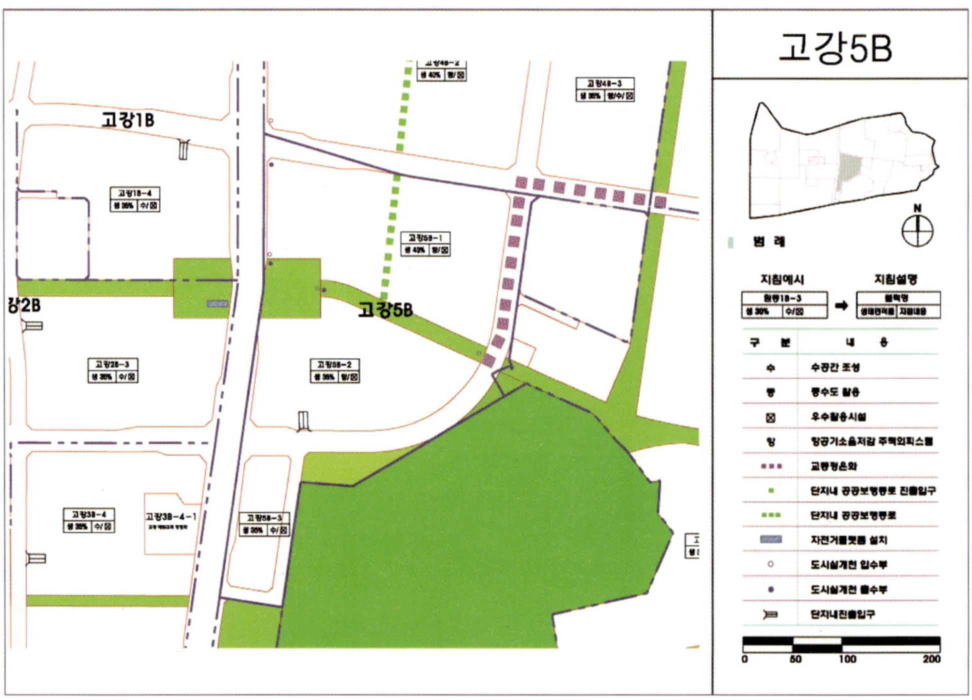

그림 8-2. 고강 5B블록 녹색단지 종합 지침도

1) 바람통로 및 열환경관리

① "ㅁ" 형의 건물배치 일 경우 풍향에 수직하는 "ㅣ" 형 건물을 바람이 통과할 수 있도록 10m 내외의 공간을 두고 분리한다.

② 건물 1층에 필로티를 조성하여 지상층(1.5m, 사람이 호흡하는 높이)에 그늘 및 바람통로를 조성한다.

그림 8-3. 고강 5B바람

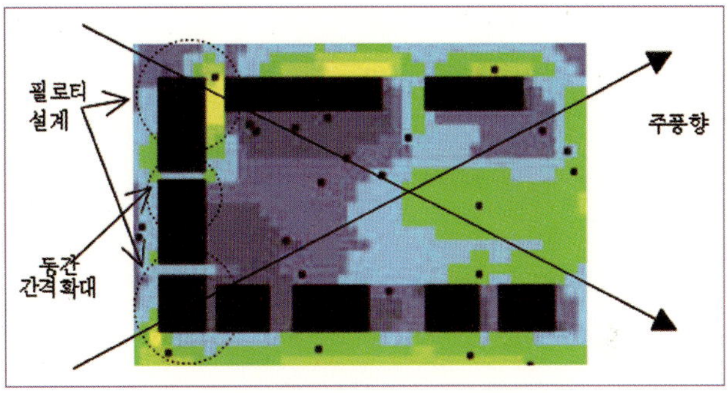

그림 8-4. 현황조성지침도

2) 단지내 진출입구 조정

① 단지내 진출입구를 조절하여, 출퇴근시 또는 상업시설, 근린생활시설, 공공시설 이용시 승용차의 운행거리를 단축한다.

② 지침도상 단지내 진출입구의 위치를 권장한다.

③ 필요에 따라 지침도상 지정 위치(권장)와 더불어 추가적으로 진출입구를 조성할 수 있다.

④ 단지내 보행과 진출입구 분리를 통한 보행안전성을 확보한다.

그림 8-5. 단지내 진출입구 조성 지침도

3) 태양광 · 태양열 · 지열

① 고강 5B의 학교23에는 소비전력량 30% 이상, 부하량 30% 이하의 재생에너지를 적용하도록 한다.

② 지열 냉 · 난방시스템을 설치할 집열기는 대지면적이 제한된 곳에서 사용되며, 지하공의 구경은 100~150mm 수준이며 토양의 조건, 설치되는 시스템의 용량에 따라 15m에서 250m 깊이로 타공한다.

③ 지하공간의 열적간섭을 예방하기 위해 공간 간격을 5m정도로 구성한다.

표 8-9. 태양광 · 태양열 설치시 고려사항

구분	고려사항
단지계획	단지 위치 및 향
	주변 건물이나 주동
	단지 내 식생 및 조경
	주차위치와 면적
	부지 내 보행자 도로
주동계획	주동형태와 향
	규모(층수, 층고)
	지붕형태 및 향
	엘리베이터 및 계단실 위치
	입면 계획 요소(발코니, 차양, 색상)
	창 면적비(남측 창 면적)
	주동 입구의 위치와 형태

4) 실개천 및 생태연못

① 고강 5B-1과 인접한 대(주)3-7부분 보행자도로, 광장②, 중(특)2-8(보행자전용도로)내에 각각 도시실개천(꿈나무강)을 조성한다.

· 규모: 평균수면폭 1m, 평균수심 0.2m, 상시 유속은 약 0.15m/sec으로 한다.

② 고강 5B내 중(특)2-8(보행자전용도로) → 광장② 부분 도시실개천(일명 꿈나무강)은 입출수부를 설치하여, 고강7B내 중(특)2-9(보행자전용도로)의 도시실개천과 연계한다.

③ 고강 5B내 광장②에 친수공간, 생태연못 등을 설치하여 도시실개천(꿈나무강)의 일시 저류 및 수질정화 기능을 하도록 한다.

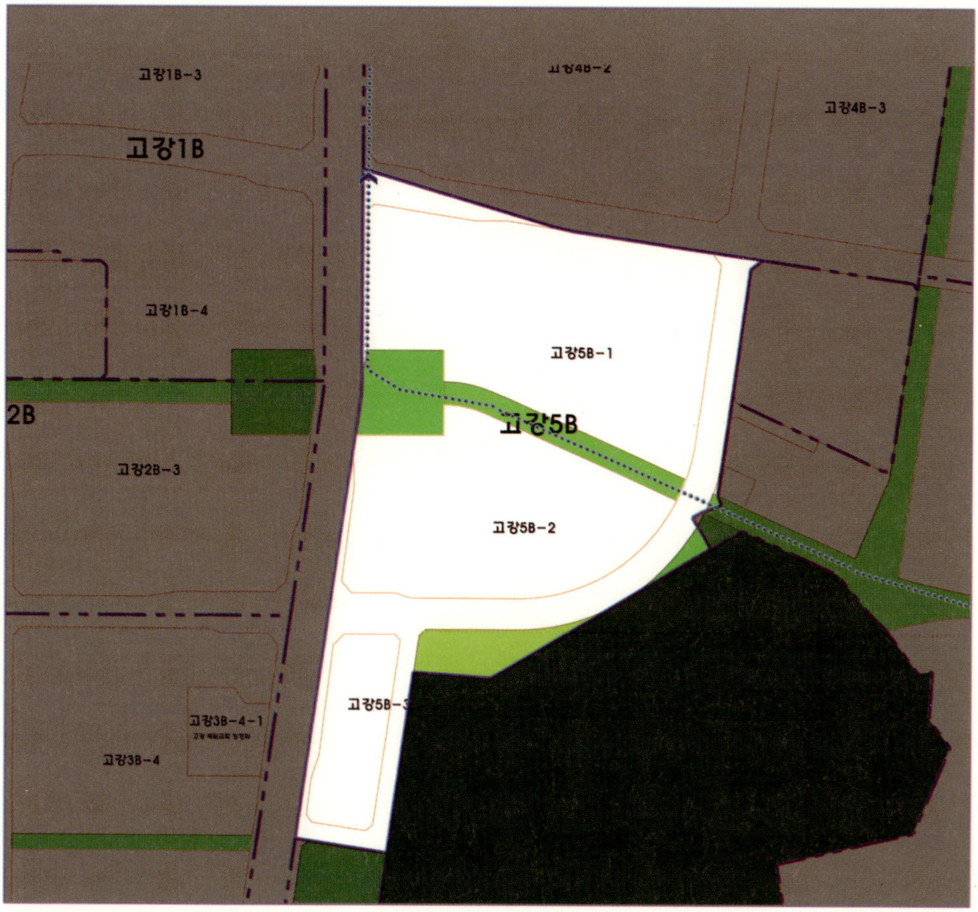

그림 8-6. 도시실개천

5) 항공기 소음저감 주택외피시스템

① 항공기소음피해지역(고강 5B-1, 학교23, 공공청사④)은 항공기 소음저감을 위해 소음저감 주택외피시스템을 도입한다.

· 항공기소음 60WECPNL 이하를 목표로 외피시스템을 적용한다.

· 2중 창호 및 지붕강화 기법을 적용한 항공기소음 저감을 권장한다.

표 8-10. 발코니 실내 2중 창호시스템 소음측정 사례

항공기 최대 피크레벨	발코니 2중창 페아그라스 창호를 통과한 발코니소음 (5mm+6A+5mm)+ (5mm+6A+5mm)	실내측 2중 창호를 통과한 실내소음 (3mm+100mm+3mm)
98.5 dB(A)	98.5-(15.2+15.2)=68.1 dB(A)	68.1-26.8=41.3 dB(A)

6) 통경축 확보

① 구역 개별의 통경축 계획보다는 사업지구 전체와 연계성을 고려한다.

② 근린공원① 방향으로 통경축 확보를 원칙으로 한다.

③ 오픈스페이스, 주동행태 및 배치 조절을 통한 시각적 개방감 확보에 중점을 둔다.

④ 중(특)2-8의 시각적 개방감을 최대한 확보하도록 한다.

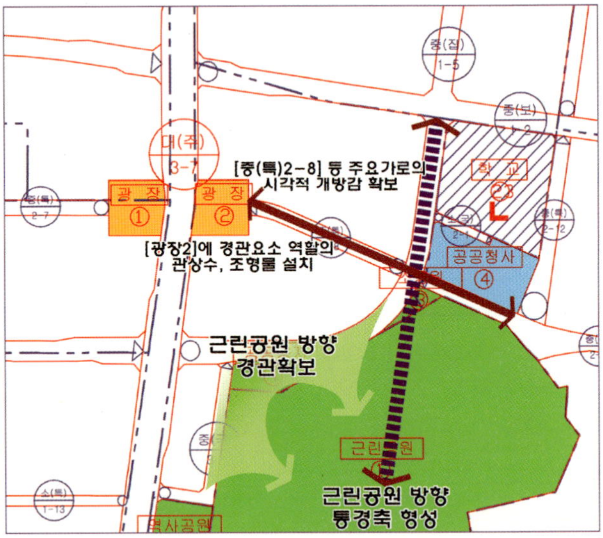

그림 8-7. 고강5B 통경축 개념도

⑤ 관상수 식재, 수공간, 조형물 등을 구성하여 구역 내에서 통경이 이루어지도록 계획하며, 특히 구역 서측면의 광장에는 경관요소를 설치한다.

⑥ 판상형, 일자형 배치에 의한 획일적인 경관이 나타나지 않도록 입체적으로 구성한다.

⑦ 입면, 지붕형태, 색채, 스카이라인 등에서 리듬감 및 조화성을 확보한다.

⑧ 축선상의 건축물 전후면으로 오픈스페이스를 충분히 확보한다.

⑨ 고강5B의 통경축 확보 방안은 다음과 같다.

· 근린공원 방향의 통경축을 형성하며 축선상의 근린공원 ①을 활용한 경관을 확보한다.

· 중(특)2-8의 시각적 개방감에 역점을 두어 통경축의 기능을 부여한다.

7) 보행자전용도로를 활용한 생태예술거리 디자인

① 보행자전용도로에 구간별 특성을 반영한 테마를 설정하여 조성하도록 한다.

② 계절감을 느낄 수 있는 수종을 적극 선택하여 사계절 변화를 연출한다.

③ 기존의 양호한 수림을 공원 · 녹지로 편입하여 보존한다.

④ 녹지별로 지역의 개성과 공원이미지 특성 부여방안을 강구한다.

⑤ 도시 쾌적성을 증진하고 경관을 개선시킬 수 있도록 계획하되, 시각적인 조경시설의 설치뿐만 아니라 즐길 수 있는 친수공간으로서의 기능도 부여한다.

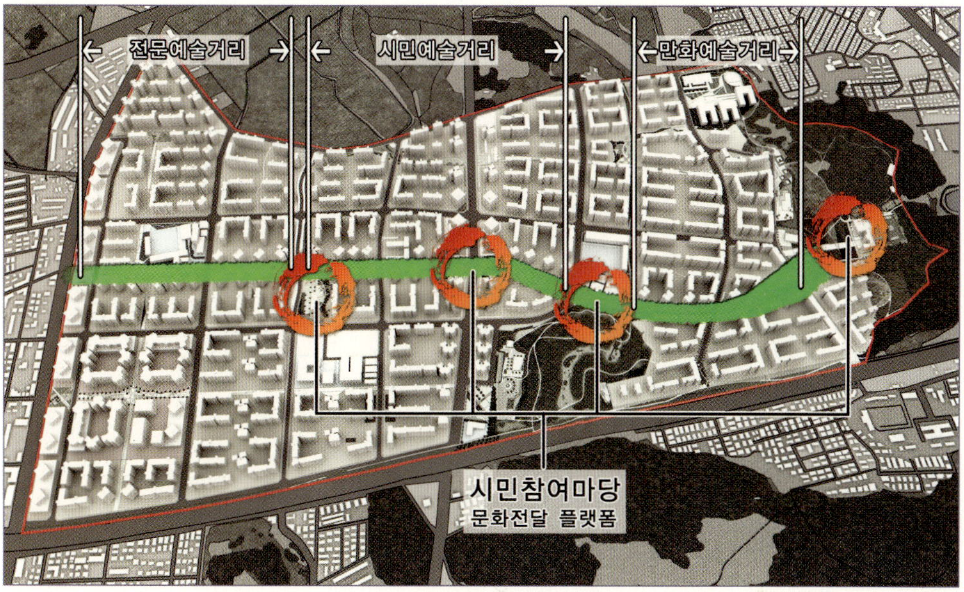

그림 8-8. 생태예술거리 구상

〈대형 캐릭터 조형물〉

〈캐리커쳐 전신주〉

〈수변공간〉

그림 8-9. 생태예술거리 예시도

제9장

탄소감축 시나리오와 탄소 감축량 산정

1. 탄소감축 시나리오 작성

2. 탄소감축량 산정 논리모형

가. 탄소저감 요소별 감축량 산정 논리모형

나. 탄소흡수 요소별 감축량 산정 논리모형

다. 탄소회피 요소별 감축량 산정 논리모형

3. 탄소감축량 산정모형의 현장 적용

가. 탄소저감에 의한 실제 감축량 산정

나. 탄소흡수에 의한 실제 감축량 산정

다. 탄소회피에 의한 실제 감축량 산정

4. 도시개발 전후 탄소배출량 비교

가. 개발전 현재 탄소배출량

나. 개발이후 탄소감축계획을 적용하지 않았을 경우 탄소배출량

다. 개발이후 탄소감축계획을 적용하였을 경우 탄소감축량

1. 탄소감축 시나리오 작성

시나리오는 가상의 미래에 도달했을 때 성취할 목표와 그에 이르는 방법과 절차를 안내하는 각본이다. 탄소감축 목표를 정하는 것은 지구온난화를 유발하는 온실가스의 농도를 대폭 낮추어 특정 기준의 발생량에 묶어두려는 행위이다. 탄소발생량의 목표치란 바로 달성하려는 양적인 기준을 설정하는 것이다. 이 목표점은 특정 과거 시기의 배출량으로 정할 수도 있고, 장래 목표연도의 배출량으로 설정할 수도 있다. 전자는 유럽의 국가차원에서 탄소감축 목표를 설정할 때 취하는 방법으로 1990년의 탄소배출량을 기준으로 하는 것이다. 반면 후자는 특정 목표연도, 예를 들어 2020년을 가정할 경우 그 연도의 총탄소배출량 대비 감축비율을 정하는 방법이다. 그런데 후자는 현재부터 해당 목표연도까지 이르는 매년도의 탄소배출량의 증가 추세는 그대로 인정하면서도 동시에 감축량의 비율도 해마다 점차 늘려가 결국 목표 비율에 도달하는 방법이다. 2020년에 탄소배출량 30% 감축하는 것을 목표 비율로 잡았다면 해마다 감축 비율을 늘려서 2015년 15%, 2016년 18%, 2017년 21%, 2018년 24%, 2019년 27%로 정하는 방식이다. 물론 현재를 기준으로 해마다 늘어나는 탄소배출 증가 추세는 인정하는 것을 전제로 한다. 이런 방법을 흔히 BAU(Business As Usual) 대비법이라 한다.

2020년 계획목표연도의 고강지구 탄소감축 시나리오를 3가지로 설정하였다. 저탄소 계획요소 중 탄소감축의 정량화가 가능한 항목을 중심으로 시나리오 항목을 만들었다. 탄소감축 시나리오는 목표연도 BAU 대비 탄소감축 목표비율을 15%안, 20%안, 25%안 세 가지로 제시하여, 부천시청 공무원, 도시계획 엔지니어, 주민단체 등과 협의를 하는 과정을 밟았다.

탄소배출량 25% 감축안은 이를 추진하기 해서는 사업비가 추가되어 행정과 주민부담 비용이 급증하는 탓에 채택을 꺼리는 안이었다. 현재에도 본 사업지구는 항공기 이착륙으로 인한 비행고도제한구역으로 8층 이상 건물을 신축할 수 없어서 재정비 사업성이 좋지 않은 상황인데 추가로 저탄소 인프라를 구축하는 것은 사업성을 더욱 악화시키기 때문이다. 이에 비해 15% 감축안은 도시인프라 건설에서 추가 사업이 많지 않고, 3% 정도의 사업비 상승 범위 내에서 탄소감축 사업이 가능한 것으로 판단되기에[1] 대상지에 적용 가능한 대안으로 받아 들여졌다. 인프라 부분의 감축 목표치가 작은 대신 도시운영 단계에서 시민의 자율적인 기후행동지침에 의한 저탄소 생활실천을 통해 30% 이상을 감축하는 것으로 하였다.

표 9-1. 탄소감축 시나리오 예시

구분	계획 요소	저감량 산정	시나리오 1 (15% 감축)	시나리오 2 (20% 감축)	시나리오 3 (25% 감축)
신재생 에너지 도입	태양광, 연료전지 등 신재생에너지 활용	난방(도시가스, 열등)및 전력 수요 대체율 ×환산계수 ※ 가스, 열 및 전력 등 대체에너지의 배출량 산정 계수 사용	가정부문 전력소비의 5% 대체 공공부문 전력소비의 10% 대체	가정부문 전력소비의 5% 대체 공공부문 전력소비의 10% 대체	가정부문 전력소비의 10% 대체 공공부문 전력소비의 20% 대체
건물 에너지 효율 향상	고효율 설비 및 기기 보급	난방(도시가스, 열등)및 전력 수요 절감률 ×환산계수 ※ 가스, 열 및 전력에 의한 배출량 원단위사용	가정부문 전력소비의 10% 절감 공공부문 전력소비의 15% 절감 상업부문 전력소비의 10% 절감 업무부문 전력소비의 10% 절감	가정부문 전력소비의 20% 절감 공공부문 전력소비의 20% 절감 상업부문 전력소비의 20% 절감 산업부문 전력소비의 15% 절감	가정부문 전력소비의 30% 절감 공공부문 전력소비의 30% 절감 상업부문 전력소비의 25% 절감 업무부문 전력소비의 20% 절감
	단열강화 등을 통한 난방/급탕 에너지 절감		가정, 공공, 상업, 산업 등 전 부문난방 에너지 30% 절감	좌동	좌동

1) 북유럽의 저탄소 도시인 필란드 비키 신도시, 스웨덴 하마비 허스타드, 말뫼 신도시 등의 사례를 보면 보통 30%~50% 정도의 에너지 절감을 목표로 도시를 건설하였고, 이에 따른 사업비 상승은 5% 이내인 것으로 조사되었다.

(표 계속)

녹색교통	승용차 주행거리 줄이기	승용차 이동 거리 대체 비율 ×환산계수 ※ 승용차 1대당 배출량 원단위 사용	총통행거리 5.5%감소 (일평균 3km 줄이기)	총통행거리 9%감소 (일평균 5km 줄이기)	좌동
자원절약 및 순환	중수 재이용	중수 재이용률×환산계수 ※ 상수도 배출량 원단위 사용	하수 10% 재이용	하수 15% 재이용	좌동
	빗물 이용	상수 소비 절감률 ×환산계수 ※ 상수도 배출량 원단위 사용	상수사용량 10% 절감	상수사용량 10% 절감	좌동
자원절약 및 순환	폐기물 감량 및 재활용	폐기물 감출 비율 ×환산계수 ※ 폐기물 배출량 원단위 사용	폐기물 10% 줄이기	폐기물 20% 줄이기	좌동
공원 및 녹지확충	녹지확충	추가적인 공원 및 녹지 면적 ×환산계수 ※ 공원/녹지 면적 흡수량 원단위 사용	5ha 추가 조성	5ha 추가 조성	좌동

자료: 경기개발연구원(2011), 경기도 저탄소 녹색신도시 계획기준 연구

2. 탄소감축량 산정 논리모형

탄소감축량을 계산하는 것은 명확히 수리적인 과정이기 때문에 이를 위해선 감축활동으로 파급되는 전후방 영향의 요소와 강도를 논리적인 순서로 나열하여 계량적인 체계로 조직화하는 것이 필요하다. 감축하려는 에너지의 흐름과 물질의 순환 과정을 논리적으로 추적하여, 흐름과 순환에 관계되는 최소단위의 여러 요소를 파악하고 그 각각의 요소의 영향 강도를 분석하는 과정이 탄소감축량 산정 절차이다. 이를 연속적이고 연동화된 체계로 모식화한 것이 아래에서 제시하려는 논리모형이다.

모든 탄소감축 활동은 직간접적인 효과로서 에너지소비량 감축과 녹지 탄소흡수라는 이 2가지 현상으로 귀결되어 탄소감축량 계산이 가능한 것이다. 예를 들어 어느 건물을 패시브 하우스로서 저에너지 외피시스템을 도입한 경우라면 이는 냉난방 에너지 절감으로 이어지고 절감된 에너지 소비량에 해당하는 만큼의 탄소감축을 달성하는 것이다. 그러자면 세대별 평균 냉난방 에너지소비량과 외피시스템 적용후의 에너지 절감량에 관한 원단위를 파악해야 한다. 이는 비교적 영향 요소들간의 연결고리가 간단하고 영향이 직접적으로 미치는 모형에 속한다. 이에 비해 녹색교통체계 도입의 일환으로 자전거도로를 건설한 경우를 생각해 보면, 자전거가 자동차를 대체한다는 선후의 논리에 관한 것이다. 이것에 관한 논리모형을 구축하자면 자동차통행량, 단위 자전거도로, 단위길이당 통행 자전거수, 자전거 이용거리의 한계, 자전거이용 한계거리에서의 자동차사용 비율, 자전거 이용으로 인한 기존 승용차사용 대체 효과, 자동차 차종별 · 규모별 에너지소비량(연비) 등에 관한 복잡한 정보를 논리적으로 연결시켜야 한다. 이는 짧은 시간에 걸친 직접 영향이라기보다는 장기간에 걸친 간접 영향으로, 그것도 여러 단계의 과정을 거쳐서 영향이 나타나는 다소 복잡한 모형에 해당한다.

가. 탄소저감 요소별 감축량 산정 논리모형

1) 외피시스템 적용(창호시스템, 환기시스템, 단열, 옥상·벽면녹화)

건물의 설계시에 기밀창호, 열회수 환기, 단열재 적용, 옥상^녹화 시스템을 적용할 경우 냉난방 에너지가 절감되면 해당 에너지양만큼의 탄소감축이 일어나는 모형이다.

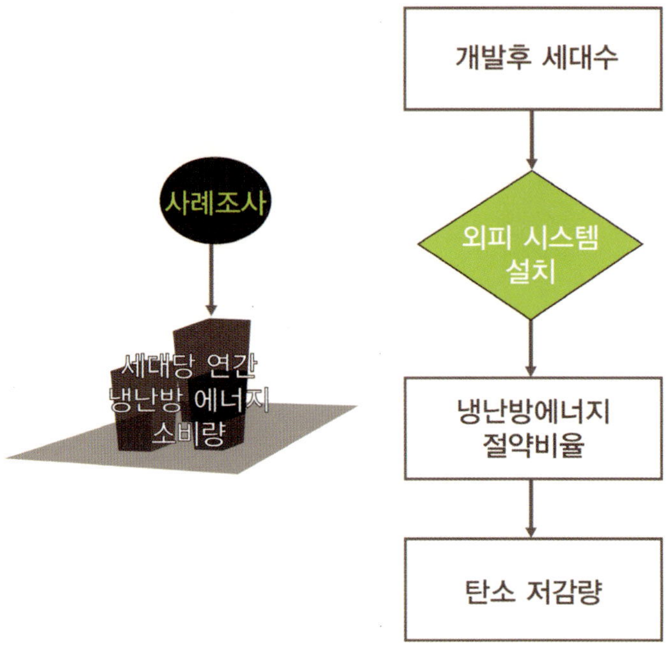

그림 9-1. 외피시스템 적용으로 인한 탄소저감량 산출 모형

이산화탄소저감량(ton CO_2 / 년) = 외피시스템 적용가구수 x 연간냉난방에너지사용량 x 에너지절약 목표치 x 이산화탄소 배출계수/1000

2) LED조명

가로 조명등에 LED 조명등을 설치하면 이를 설치한 가로등의 양만큼 직접적인 전력소비량이 줄어들어 탄소가 저감되는 모형이다.

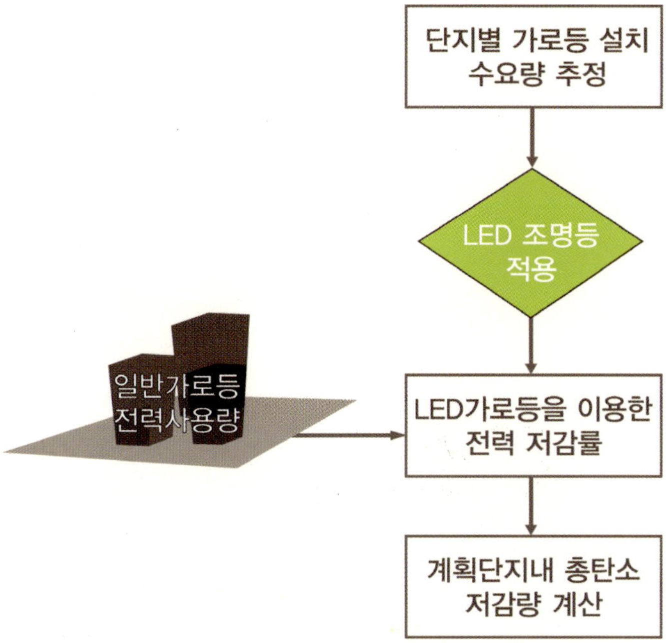

그림 9-2. LED 가로등(보안등) 탄소저감량

이산화탄소저감량(ton CO_2/년) = 사업지구내 가로등(보안등)설치량 x 일반가로등(메탈할라이드) 사용시 전력사용량 x LED교체시 전력 감소율 x 전력부문 이산화탄소배출계수/1000

3) 미기후 조절(바람길)

바람길 조성, 열섬완화 대책을 통한 미기후 조절을 하면 여름철 외기온도가 내려가고 이에 따라 실내에어컨을 사용하는 냉방일수가 줄어들어 전력사용을 줄여 탄소발생량을 저감시키는 방법이다.

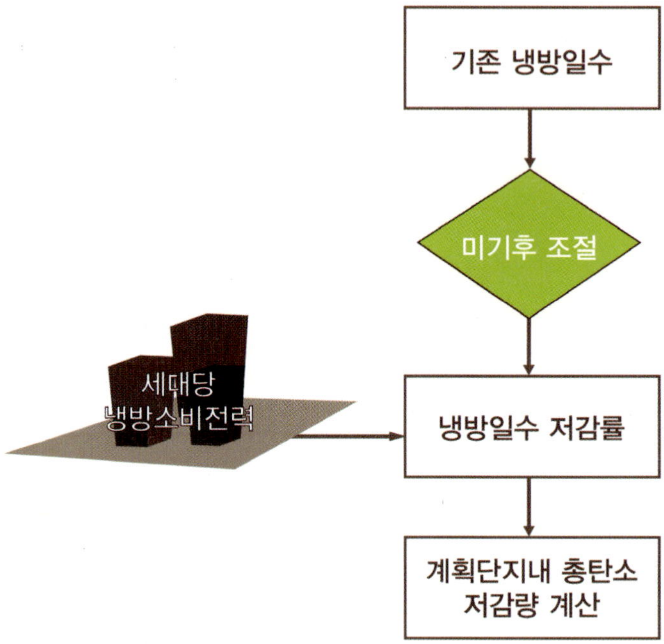

그림 9-3. 바람길 계획을 통한 탄소저감량

이산화탄소저감량(ton CO_2/년) = 세대당 연평균 냉방소비전력(kWh) x {(기존냉방일수 - 바람길 도입시 냉방일수)/기존 냉방일수} x 세대수 x 전력부문 이산화탄소 배출계수/1000

4) 중수 · 우수활용

조경용수, 분수 및 실개천과 공용 화장실용수로 사용하는 물을 빗물이나 중수도 등을 활용하여 에너지가 많이 소요되는 상수 이용을 최대한 줄이는 방법이다. 중수, 우수가 상수를 대체하는 효과에 관한 논리 모형이다.

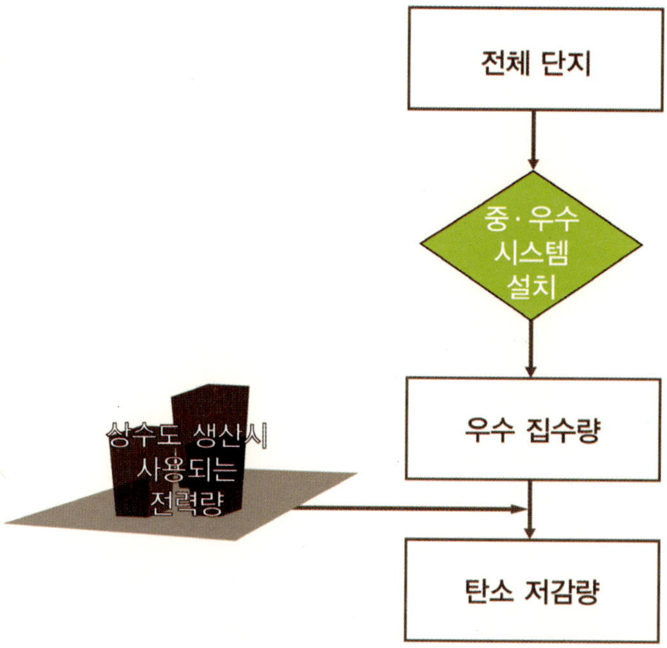

그림 9-4. 중수도 사용에 따른 탄소 저감량 산출방법

이산화탄소저감량(ton CO_2/년) = 단지별 우수집수량(t)
x 상수도생산시 사용되는 전력량(kWh/t) x 전력부문 이산화탄소 배출계수/1000

나. 탄소흡수 요소별 감축량 산정 논리모형

1) 존치공원 내 수목량

수목이 탄소를 직접 흡수하기 때문에 개발시 존치되는 공원에 남아있는 여러 유형의 식생과 수종별 식생군락 분포를 알면 군락지별 해당 면적만큼의 탄소흡수량을 파악할 수 있는 논리모형이다.

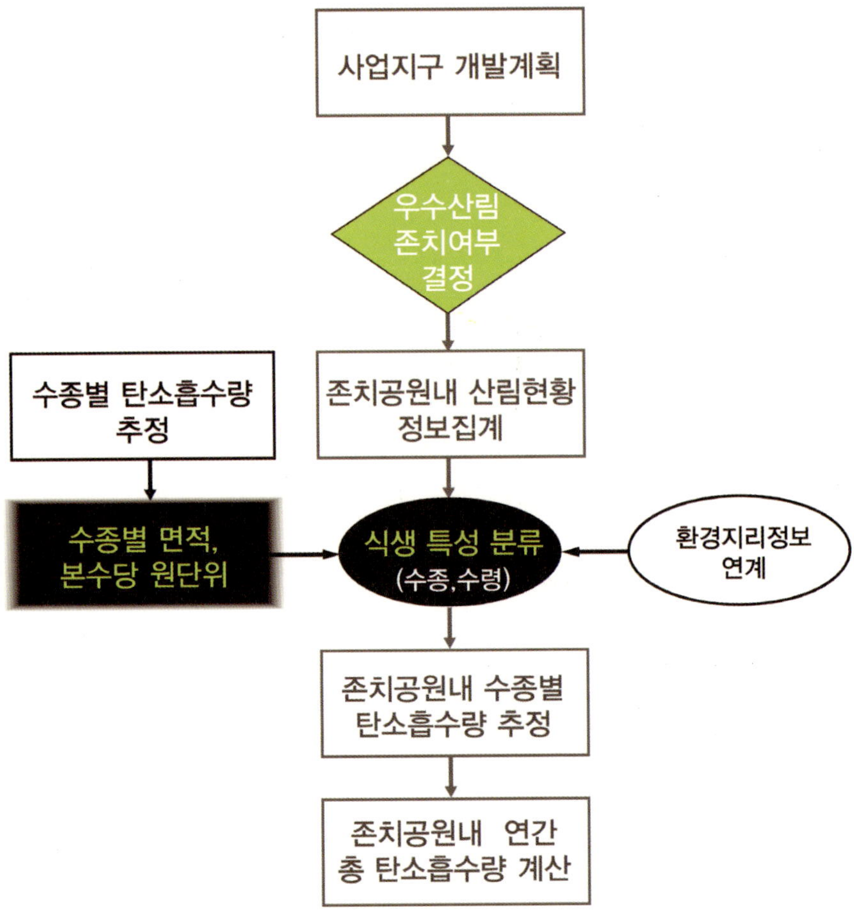

그림 9-5. 녹지확충에 따른 탄소흡수량 산출방법

이산화탄소 흡수량(ton CO_2/년) = Σ수종별 x 계획본수 x 연간탄소흡수량 x 44/12

2) 조경 수목

신규로 조성되는 녹지는 새롭게 수목을 식재하게 되는데, 수종별 탄소흡수 계수가 다르므로 수종별 식재량이나 단위면적당 수목본수를 알면 탄소흡수량을 계산할 수 있다.

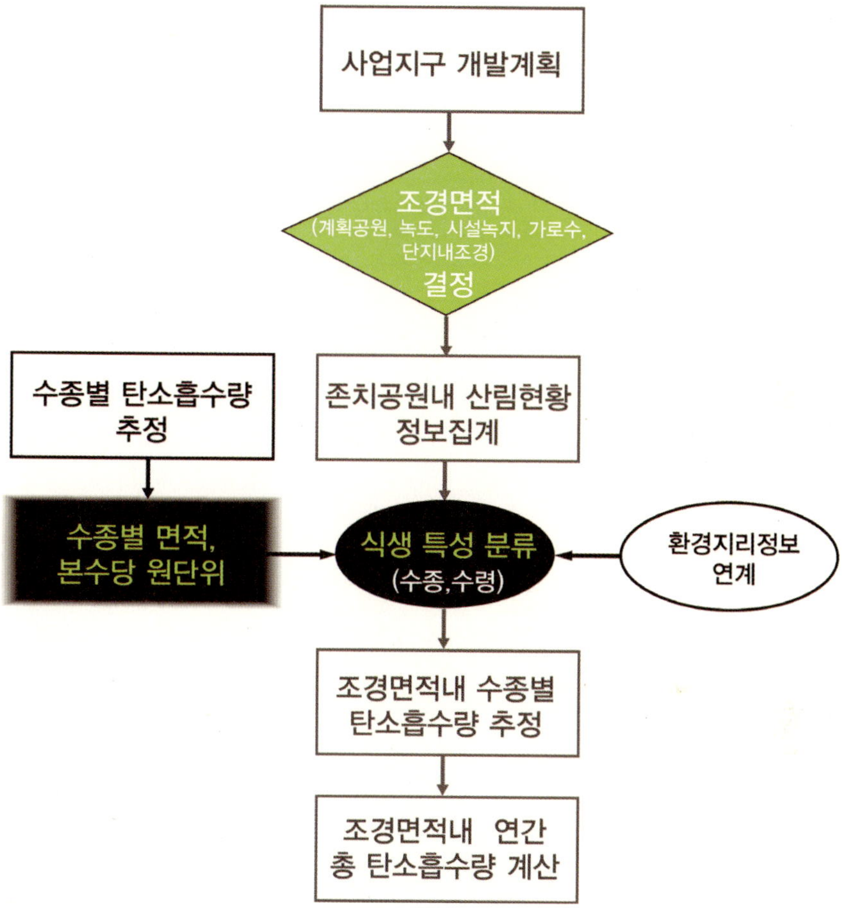

그림 9-6. 조경 수목으로 인한 탄소흡수량 산출방법

이산화탄소 흡수량(ton CO_2/년) = Σ수종별 x 계획본수 x 연간탄소흡수량 x 44/12

다. 탄소회피 요소별 감축량 산정 논리모형

1) 태양광, 태양열, 지열 등 신재생에너지 도입

신재생에너지는 기존 전력의 사용을 직접 대체하게 되므로 실제의 신재생에너지 도입량이나 도입 비율을 알면 전력사용량 감소분을 구할 수 있고, 이것만큼의 탄소량을 감축하는 것에 관한 논리모형이다.

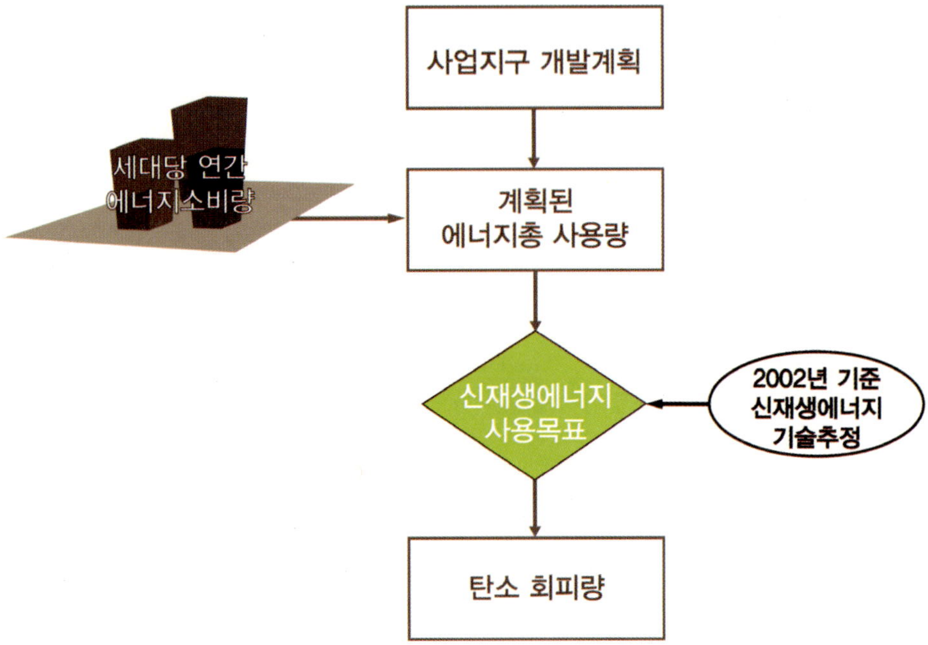

그림 9-7. 신재생에너지 사용으로 인한 탄소회피량 산출방법

이산화탄소 회피량(ton CO_2/년) = 연간총전력사용량 x 신재생에너지사용 목표치(%) x 이산화탄소 배출계수/1000

2) 교통계획: 단지내 도로배치

단지내 승용차의 운행거리를 단축하여 자동차 에너지 사용량을 절감하는 방안이다. 주거 단지 주차장으로 진출입하는 승용차에 대해 단지 진출입구를 최단 경로로 배치하게 되면 자동차 이동거리가 단축되어 결국 그 만큼의 탄소배출을 회피하게 된다는 논리모형이다.

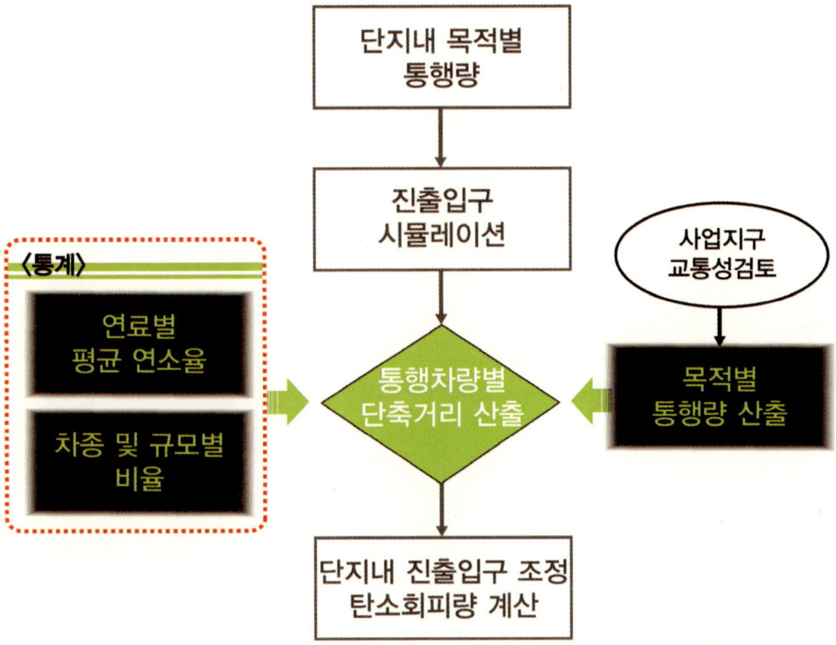

그림 9-8. 단지내 도로배치에 따른 탄소회피량 산출방법

> 이산화탄소 회피량(ton CO_2/년) = 단축거리(km) x 일일통행량 x 사업구역별 통행비율 x 차종비율 x 차량규모비율 x 연료소비량(ℓ/km) x 순발열량(kcal)/10^7 x 탄소배출계수 x 365일 x 44/12

3) 보행 자전거 등 녹색교통 확충

학생 통학이나 주민의 상업시설 · 근린생활시설 · 공공시설 등을 이용할 때 자동차를 사용하지 않고 보행이나 자전거 등 녹색교통수단을 사용하게 되면, 이것이 자동차 사용량을 대체하는 효과로 이어져 이에 해당하는 만큼의 에너지소비량 절감으로 나타난다는 모형이다.

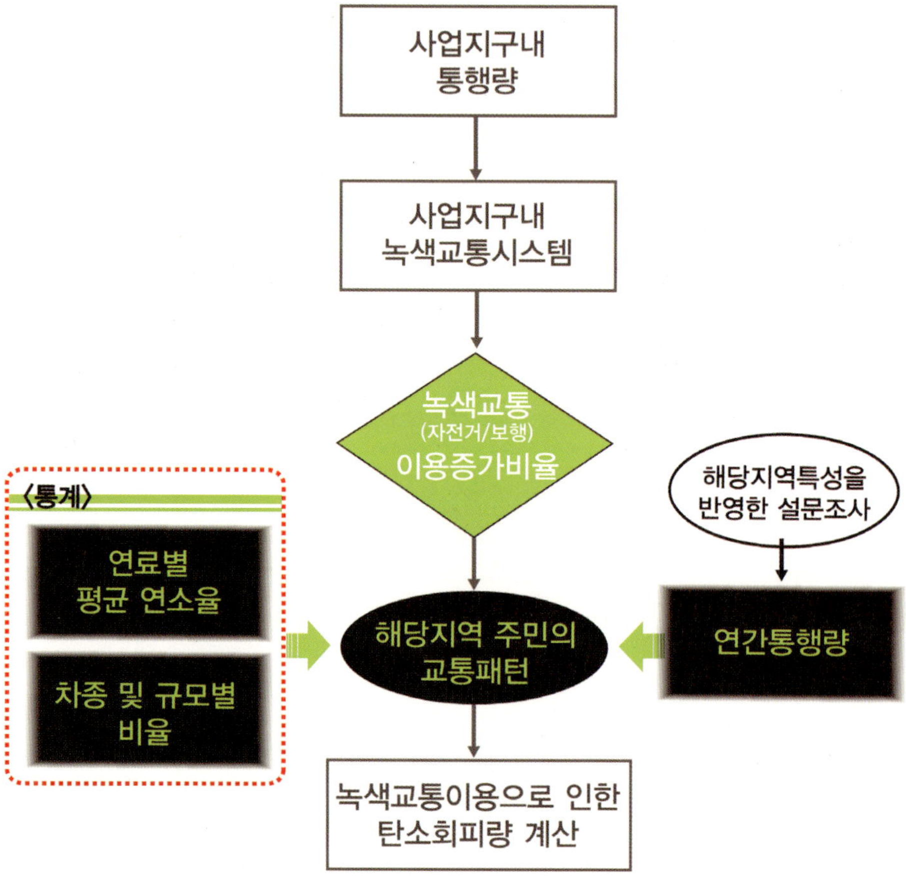

그림 9-9. 녹색교통 이용에 따른 탄소회피량 산출방법

이산화탄소 회피량(ton CO_2/년) = 이용거리(㎞) x 연간이용횟수
x 녹색교통 대체이용 비율 x 사업구역별 통행비율 x 차종비율 x 차량규모 비율
x 연료소비량(ℓ /㎞) x 순발열량(㎉)/10^7 x 탄소배출계수 x 365일 x 44/12

3. 탄소감축량 산정모형의 현장 적용

가. 탄소저감에 의한 실제 감축량 산정

1) 외피시스템 적용(창호시스템, 환기시스템, 단열, 옥상 및 벽면녹화)

계획지구에 통합적인 외피시스템을 도입하여 에너지가 건물 밖으로 방출되는 것을 방지하여 에너지를 절감하도록 한다. 이중구조의 창호시스템, 자연환기시스템 또는 하이브리드 환기시스템, 단열재, 옥상녹화 및 벽면녹화를 통합적으로 설계하여 에너지를 절감시킨다. 현재 보급되고 있는 시스템을 중심으로 개발속도를 고려하여 저비용 고효율의 외피시스템을 적용하였다.

여름철에는 이중창 사이에 설치된 블라인드가 에어커튼 역할을 하면서 태양열을 이 공기가 흡수하고 더워진 공기는 대류에 의해 이중창 상단에 의해 배출된다. 상대적으로 찬 외부공기가 외부창 하단을 통해 이중창 사이로 들어와 태양열이 실내로 전달되는 것을 최소화하는 방법을 택하였다. 겨울철에는 더워진 에어커튼의 공기를 내부창의 상단을 통해 유입하여 난방에 활용하고 실내 공기질 향상에도 기여하도록 하였다. 이중창 사이 블라인드는 매우 다양하게 창 개방을 할 수 있어 계절 또는 기후변화에 따라 합리적인 선택을 할 수 있으며, 평균 두께 20cm 내외의 외피창호시스템이 설치비용 부담이 작다.

공동주택에 이중외피구조의 창호시스템을 적용한다면 일정량 탄소배출량을 저감하는 것이 가능하다. 이중외피구조의 창호시스템을 적용한다면 여름철 냉방에너지 사용량은 일반창호에 비해 50% 저감되는 것으로 나타났다. 이에 비해 겨울철 난방에너지 사용량은 일반창호에 비해 15% 저감되는 것으로 나타났다.

또한 건축물 옥상부와 벽면부 녹화를 실시하여 여름철과 겨울철에 최상층 세대 내부의 온도 상승 및 온도 저하를 방지하여 에너지 소비량을 줄이는 것도 가능하다. 옥상 및 벽면녹화시 여름철에 약 2~3℃ 정도 건물 외부에 비해 내부의 온도가 낮게 나타난다. 옥상 및 벽면녹화시 건물 냉난방에너지 사용량은 연간 약 16.6% 정도 절감이 가능하다[2]. 세대당 연간에너지소비량은 12,074kWh로 나타났다[3].

자연환기방식 또는 자연환기와 기계환기방식을 조화시킨 하이브리드 환기시스템을 적용하여 여름철 온도 상승 및 겨울철 온도 저하를 방지하게 되면 에너지 소비량이 줄어들게 된다. 외기 조건과 실내환경조건에 따라 각각의 다른 시간에 각 시스템의 특징을 잘 활용할 수 있는 환기시스템을 적용하면 된다. 환기시스템 적용은 실내 공기질 조절을 위한 환기, 실내 온도 조절을 위한 통풍의 목적이 있다. 하이브리드 환기방식을 적용하게 되면 전열교환 환기방식을 사용하는 것보다도 50% 냉난방 부하 감소 효과가 있다[4].

건축물 벽면 등에 단열재를 설치하여 여름철과 겨울철에 최상층 세대 내부의 온도 상승 및 온도 저하를 방지하여 에너지 소비량을 줄이는 것도 가능하다. 이중구조의 창호시스템, 자연환기시스템 또는 하이브리드 환기시스템, 단열재, 옥상녹화 및 벽면녹화를 통합적으로 설계하여 계획지구에서 사용되는 냉난방비에 대해 50% 이상을 절감할 수 있도록 계획하였다.

2) LED조명

LED는 현재의 직간접 조명 시스템을 대체할 수 있는 친환경, 고효율의 광반도체이다. 일반 백열전구의 5분의 1, 형광등의 3분의 1 수준의 전력만 있으면 작동이 가능하기 때문에 에너지 효율성이 높다. 조명 수명은 약 5만 시간으로, 일반 백열등이나 형광등에 비해 10배 이상 길기 때문에 에너지를 절약할 수 있다. 이미 여러 기업에서 생산되고 있는 조명용 백색 LED의 경우 밝기 또한 형광등과 비슷한 수준에까지 올라와 있으며, 형광등처럼 유해물질(수은, 아르곤)이 전혀 사용되지 않기 때문에 친환경적인 제품으로 각광받고 있다.

LED조명은 기존 보안등보다 약 30% 이상의 전력을 절감한다. 기존에 설치되 있던 150와트 메탈할라이드 보안등의 등주를 활용해 등기구만을 100와트 LED로 교체해 성능을 평가해 본 결과 30% 이상의 전기를 절감한다. 동시에 평균조도는 51럭스(LUX)이상으로 18%

2) 정운익·전우태(2006), "물순환형 공동주택단지를 위한 생태적 외부공간 조성기술", 쌍용건설 기술연구소

3) 25℃기준 (에너지경제연구원 통계자료, 2008)

4) 김은수(2006), 공동주택 하이브리드 환기시스템의 에너지 성능평가

향상되는 등 우수한 광 확산성과 균일성을 확보[5]할 수 있다.

가로등 및 보안등에 총 사용 전력량을 산출하고 이를 LED램프로 교체하여 에너지를 절감하는 모형을 적용하였다. 도로에 사용되는 가로등은 전기 · 정보통신설비 설계지침을 기준으로 수량을 산정하였다. 가로등을 LED램프로 교체하여 사용한 전력 사용량에 약 55%를 감축할 것으로 추정된다.

3) 미기후 조절(바람길)

바람통로, 열섬저감을 하면 하절기 외기 온도의 저감 효과를 가져와 에어컨 사용일수의 감소를 가져온다. 세대에서 냉방기를 가동하는 명확한 기준이 없으므로 공공기관의 냉방기준을 적용해 줄어든 냉방일수를 산출하면 에너지 절감량이 계산된다. 공공기관의 냉방기준은 27℃ 이상의 기온일 경우 26℃ 정도를 유지하는 것으로 되어있다. 2009년 하계 수도권 일 최고온도(기상청 통계자료) 검색결과 27℃ 이상은 70일로 나타났다. 타 연구사례를 살펴본 결과[6] 바람길에 의한 온도저감 효과는 약 2℃로 나타났다. 기온 2℃의 저감효과를 적용할 경우 통계자료상의 29℃에서 냉방을 가동하는 것으로 전제하면, 29℃ 이상 기온은 42일로 냉방일수가 28일 절감되는 효과를 나타낸다. 타 주거단지의 냉방전력 사용량을 바탕으로 세대당 연평균 냉방소비전력을 도출하고 줄어든 냉방일수와 세대수를 통해 총 이산화탄소저감량을 구할 수 있다.

---

5) (주)알티전자, 보라매공원 LED 조명등 시험설치 보고서

6) 계명대 환경학부 김해동 교수팀이 '자동기상관측망' (AWS:Auto Weather System)을 이용하여 바람길 효과를 분석한 결과 약 2℃의 온도저감효과가 나타남

표 9-2. 경기도권 하절기 평균기온(기상청 자료)

일 \ 월	6월	7월	8월	9월
1일	28.1	27.4	28.9	28.6
2일	26.2	22.3	29.6	28.6
3일	22.2	27.0	27.5	28.6
4일	25.9	26.9	31.2	29.3
5일	28.2	30.0	32.3	29.9
6일	27.6	29.0	30.7	29.9
7일	21.8	28.1	28.5	24.9
8일	25.7	30.3	28.9	28.4
9일	21.8	25.8	33.6	27.2
10일	22.2	29.7	32.0	27.4
11일	25.7	29.2	27.1	25.3
12일	24.4	24.0	25.9	23.9
13일	24.6	27.7	30.9	25.9
14일	23.5	25.6	33.4	22.8
15일	26.3	25.9	33.0	25.1
16일	26.6	32.4	34.4	25.8
17일	23.1	26.6	30.9	26.1
18일	31.5	27.3	30.9	28.5
19일	28.5	29.9	31.8	26.4
20일	24.7	28.5	29.4	25.5
21일	30.2	29.1	29.6	21.6
22일	26.5	30.0	28.2	25.2
23일	27.9	29.9	30.9	26.1
24일	30.0	30.1	29.4	25.5
25일	29.8	26.0	27.6	23.6
26일	29.4	29.1	26.3	26.8
27일	32.4	27.7	25.7	22.5
28일	29.6	26.4	28.6	25.3
29일	31.1	30.4	26.7	27.1
30일	26.6	30.6	23.3	
31일		30.4	28.3	
평균	26.7	28.2	29.5	26.3
범례		27도 이상		29도 이상

4) 중수 · 우수활용

일반적으로 조경용수, 분수, 실개천, 공용 화장실용수 등에 사용하는 상수를 빗물이나 중수를 활용하면 에너지가 많이 소비되는 상수의 이용을 대체하는 효과가 있다. 상수도 1m³를 생산하고 공급하는데 소비되는 에너지양은 1.8kwh[7]로 계산된다.

표 9-3. 물 1m³ 생산 · 공급시 에너지 소비량(kWh)

구분	전력/톤(kwh)	CO_2(ton)	탄소발생량(ton C)
상수도	1.8	0.763	0.2081
중수도	1.10	0.466	0.1272
빗물이용시설	0.0012	0.001	0.0001

* CO_2발생량 = 전력량 × 0.424, 탄소량 = CO_2발생량 × 12/44

* 자료: 한무영(2008), "적극적인 빗물관리에 의한 기후변화 적응방안", 기후변화 대응 물순환 신도시 조성을 위한 분산형 빗물관리 세미나 자료집, 대한주택공사

나. 탄소흡수에 의한 실제 감축량 산정

1) 존치되는 공원의 수목에 의한 탄소흡수

주요 산림수목에 생장 추정식을 적용한 국가 표준연구자료(국립산림과학원)를 활용하여 수종별 연평균 탄소흡수량을 산정할 수 있다. 주요 수목의 생장추정식에 의한 원단위 흡수량을 산정하고 이를 활용한 존치공원내 총 탄소흡수량을 계산하는 방식이다.

국립산림과학원이 제시한 탄소상쇄 기준을 활용하여 각 대표 수목별 단위면적당 탄소흡수량을 이용하여 총 흡수량을 계산하였다. 대상지역인 부천고강 지역의 산림은 소나무가 우점종을 차지하고 있다. 2008년 국립산림과학원에서 제시된 중부지방 소나무를 기준으로 흡수량을 계산하였다.

---

7) 한무영(2008), "적극적인 빗물관리에 의한 기후변화 적응방안", 기후변화 대응 물순환 신도시 조성을 위한 분산형 빗물관리 세미나 자료집, 대한주택공사

표 9-4. 산림수목별 탄소흡수량(연평균 ha당)

(단위 : 탄소 톤, tC/ha)

연평균 ha당 탄소흡수량													
임령 / 수종	20	25	30	35	40	45	50	55	60	65	70	75	80
강원지방 소나무	2.02	2.13	2.17	2.21	2.21	2.21	2.17	2.17	2.13	2.10	2.06	1.98	1.94
중부지방 소나무	1.59	2.10	2.33	2.37	2.33	2.21	2.06	1.94	1.82	1.71	1.59	1.47	1.40
잣나무	2.36	2.56	2.64	2.68	2.68	2.64	2.60	2.56	2.52	2.48	2.41	2.37	2.33
낙엽송	3.09	3.09	3.05	2.92	2.84	2.72	2.64	2.52	2.44	2.36	2.27	2.19	2.11
리기다 소나무	2.25	2.37	2.45	2.53	2.57	2.57	2.57	2.57	2.57	2.57	2.57	2.53	2.49
편백	2.06	2.03	2.00	1.96	1.93	1.93	1.90	1.90	1.86	1.86	1.86	1.86	1.83
상수리 나무	3.13	3.24	3.30	3.30	3.24	3.13	3.02	2.91	2.75	2.64	2.53	2.42	2.31
신갈나무	4.23	3.95	3.73	3.51	3.34	3.12	2.95	2.84	2.67	2.56	2.45	2.34	2.23

자료: 국립산림과학원(2007년), 탄소상쇄기준 활용(수확표 재작성에 따른 산정량 반영)

표 9-5. 산림수목별 탄소흡수량(ha당 본수)

(단위: 그루/ha)

임령 / 수종	20	25	30	35	40	45	50	55	60	65	70	75	80
강원지방 소나무	1,063	818	657	545	463	399	350	310	277	249	226	206	188
중부지방 소나무	1,648	1,497	1,283	1,082	917	786	684	606	544	496	457	426	401
잣나무	1,294	929	719	589	503	444	403	373	352	336	325	316	310
낙엽송	1,048	7,16	545	447	388	351	327	312	303	298	295	294	294
리기다 소나무	2,144	1,555	1,182	930	753	622	524	447	387	338	298	264	235
편백	1,780	1,542	1,372	1,243	1,141	1,058	989	930	880	836	797	762	731
상수리 나무	1,068	976	861	757	666	587	519	460	410	367	330	298	271
신갈나무	2,382	1,793	1,345	1,061	868	731	629	551	490	441	401	368	339

자료: 국립산림과학원(2007년), 탄소상쇄기준 활용(수확표 재작성에 따른 산정량 반영)

표 9-6. 산림수목별 탄소흡수량(1,000그루당)

수종 \ 임령	20	25	30	35	40	45	50	55	60	65	70	75	80
	1,000그루당 탄소흡수량(tc)												
강원지방 소나무	1.90	2.60	3.30	4.06	4.77	5.54	6.20	7.00	7.69	8.43	9.12	9.61	10.32
중부지방 소나무	0.96	1.40	1.82	2.19	2.54	2.81	3.01	3.20	3.35	3.45	3.48	3.45	3.49
잣나무	1.82	2.76	3.67	4.55	5.33	5.95	6.45	6.86	7.16	7.38	7.42	7.50	7.52
낙엽송	2.95	4.32	5.60	6.53	7.32	7.75	8.07	8.08	8.05	7.92	7.69	7.45	7.18
리기다 소나무	1.05	1.52	2.07	2.72	3.41	4.13	4.90	5.75	6.64	7.60	8.62	9.58	10.60
편백	1.16	1.32	1.46	1.58	1.69	1.82	1.92	2.04	2.11	2.22	2.33	2.44	2.50
상수리 나무	2.93	3.32	3.83	4.36	4.86	5.33	5.82	6.33	6.71	7.19	7.67	8.12	8.52
신갈나무	1.78	2.20	2.77	3.31	3.85	4.27	4.69	5.15	5.45	5.80	6.11	6.36	6.58

자료: 국립산림과학원(2007년), 탄소상쇄기준 활용(수확표 재작성에 따른 산정량 반영)

2) 조성되는 녹지의 수목에 의한 탄소흡수

탄소흡수량이 많은 조경수목을 주로 식재한다면 사업지구내에서 수목에 의한 탄소흡수량이 증가할 수 있다. 이는 계획공원(녹도 및 시설녹지 포함), 단지내 조경, 가로수 식재를 포함한 조경수목에 의한 탄소흡수량을 계산하는 방식이다. 조경수목의 탄소흡수량은 단지, 공공시설, 가로수 식재로 나누어 조사를 하게 되며, 도시재정비계획의 계획본수에 의한 수목별 탄소흡수량 계산이 가능하다. 민간부문인 단지내 조경의 경우에도 권장수종을 정하여 탄소흡수량을 높일 수 있도록 유도하였다. 탄소 흡수를 위한 조경식재 본수당 일년간 탄소흡수량은 제시된 표와 같다.

수종별 특징으로는 활엽수가 침엽수보다는 탄소흡수 효과가 높은 것으로 나타났다. 경관수목이 넓은 수관폭 생장 등으로 인해 밀식 임상을 이루는 용재 수목보다 생장이 뛰어난 것을 알 수 있다. 생장이 비교적 떨어지고 가격이 비싼 도심내 조경수목은 활용도가 낮은 편백나무, 향나무, 소나무를 제외한 수목의 평균 연간탄소흡수량(C ton/year)은 약 0.00266(C ton/year)이다.

조경수목 1본의 연간탄소흡수량은 산림에서의 수목보다 대부분 높은 것으로 조사되었다.

고강지구 식재 교목의 생장 및 수관폭 등에 관한 조사가 없어 소나무, 잣나무 낙엽송, 리기다소나무, 신갈나무의 기준은 산림식재를 기준으로 작성하였다. 조경수목은 20년생 수목을 기준으로 탄소흡수량을 작성하였다.

다. 탄소회피에 의한 실제 감축량 산정

1) 태양광 · 태양열 등 신재생에너지 도입

현재 고강지구 건축물의 연간 총전력사용량에 대해 신재생에너지 도입 목표치(%)를 적용하여 연간 탄소회피량을 계산할 수 있다. 고강지구의 목표연도인 2020년이 되었을 경우 신재생에너지기술은 더욱 발전할 것으로 예상된다. 본 계획에서는 기술발전 가능성을 염두에 두고 신재생에너지 사용 목표치를 적용하여, 공동주택 소비전력량의 5%, 공공시설 30%로 설정하였다. 연간 총전력사용량은 고강지구 개발계획에 따른 세대수와 세대당 연간에너지소비량(12,074kWh)으로 산출된다.

2) 자동차 이동거리 단축

단지내 승용차의 운행거리를 단축하면 에너지절감을 기대할 수 있다. 주민 출퇴근시 또는 통학시 승용차를 이용하게 되는데 이 때 주차장에서 단지출입구까지 거리를 최단경로로 배치하면 에너지절감으로 이어진다. 또한 평소 주민의 상업시설, 근린생활시설, 공공시설 등 편의시설 이용시 승용차 이동거리도 진출입구 조정으로 최소화할 수 있다. 각 단지별 최단경로 설정을 위한 단지내 도로배치, 진출입구 조정 등의 공간배치 시뮬레이션을 하였다. 블록별 단축거리를 계산하면 다음과 같다.

표 9-7. 진출입구 조정을 통한 자동차이동 단축거리

구역	단축거리(m)		구역	단축거리(m)		구역	단축거리(m)	
	출퇴근	이용		출퇴근	이용		출퇴근	이용
원종 1B-1	27	17.5	원종 5B-1	77.5	55	고강 5B-1	0	0
원종 1B-2	10.5	0	원종 5B-2	45.6	45.6	고강 5B-2	38.2	38.2
원종 1B-3	38	95.4	원종 5B-3	36	36	고강 5B-3	0	0
원종 1B-4	0	0	고강 1B-1	37.7	-37.2	고강 6B-1	13.2	-13.2

(표 계속)

원종 2B-1	37.6	0	고강 1B-2	0	0	고강 6B-2	28.6	-28.6
원종 2B-2	35	0	고강 1B-3	37.2	-37.2	고강 6B-3	55	-55
원종 2B-3	35	35	고강 1B-4	14.7	-14.7	고강 6B-4	0	0
원종 2B-4	0	0	고강 2B-1	0	0	고강 6B-5	55	-55
원종 2B-5	0	0	고강 2B-2	17.8	-17.8	고강 7B-1	57	57
원종 3D-1	0	0	고강 2B-3	17.8	-17.8	고강 7B-2	32.7	32.7
원종 3D-2	0	0	고강 3B-1	34.4	34.4	고강 8B-1	62	62
원종 3D-3	27	0	고강 3B-2	59	0	고강 8B-2	37	-4
원종 3D-4	31	0	고강 3B-3	23.5	-10	고강 8B-3	41.3	-41.3
원종 3D-5	47.5	47.5	고강 3B-4	21.9	-21.9			
원종 3D-6	57.9	-57.9	고강 3B-5	158	-28			
원종 4B-1	25	29.5	고강 4B-1	13.7	-13.7			
원종 4B-2	42.7	42.7	고강 4B-2	49.5	-49.5			
원종 4B-3	0	0	고강 4B-3	49.5	-49.5			

또한 단지내 통행량을 파악하여 탄소발생량 기초자료로 활용하였다. 사업지구내 통행량은 재정비촉진계획의 교통성검토서 자료에 근거했다. 여기에 차종 및 규모별 비율, 차량 유형별 평균 연료소비 비율(km/l), 연료별 평균연소율, TOE 환산표, 탄소배출계수 등을 적용하여 탄소감축량을 산정할 수 있다[8].

---

8) 전국 차종 및 규모별 비율

(단위: %)

구분		소형차(1,500cc미만)	중형차(2,000cc미만)	대형차(2,000cc이상)
승용차(휘발유)	86.3	47.4	41.0	11.5
벤/다목적(경유)	13.7	0.7	43.8	55.5

자료: 교통안전공단(2006), 자동차 주행거리 실태조사

차량 유형별 평균 연료소비 비율

(단위: %)

구분		가솔린	디젤	LPG
일반승용	소형	12.16	12.16	9.18
	중형(중소형)	9.14	9.14	7.07
	대형	6.32	6.32	5.24
벤/다목적 승용차	소형	-	15.5	-
	중형(중소형)	-	11.3	-
	대형	-	9.8	-
기타	RV	9.95	9.95	6.78
	승합	6.62	6.62	6.72
	화물	6.00	6.00	6.46

자료: 교통안전공단(2006), 자동차 주행거리 실태조사

표 9-8. 장래 수단별 유출입 통행량(계획년도 2021년)

(단위: 통행/일)

구분		승용차	택시	버스	지하철	도보 및 기타	합계
주거시설	통근	25,732	4,284	15,388	12,568	4,836	62,808
	통학	3,900	862	10,734	9,130	11,456	36,082
	기타	9,760	2,426	8,216	7,794	6,550	34,746
	이용	19,820	6,094	14,470	11,290	5,178	56,852
근린생활 시설	상근인구	8,998	1,382	6,558	5,076	3,594	25,608
	이용인구	63,998	13,662	53,188	28,558	102,344	261,750
소 계		132,208	28,710	108,554	74,416	133,958	477,846

자료: 고강재정비촉진지구 재정비촉진계획(안) 교통성 검토서(2008)

표 9-9. 사업지구별 통행비율(계획년도 2021년)

(단위: 통행/일)

동	구역	블록	상주/상근		방문/이용	계	
			통행량	비율		통행량	비율
원종	1B	1BL	4,704	2.95	2,052	6,756	1.41
		2BL	2,274	1.43	970	3,244	0.68
		3BL	4,564	2.87	1,944	6,508	1.36
		4BL	4,318	2.71	37,426	41,744	8.74
	2B	1BL	1,036	0.65	472	1,508	0.32
		2BL	1,766	1.11	762	2,528	0.53
		3BL	1,846	1.16	768	2,614	0.55
		4BL	2,020	1.27	18,122	20,142	4.22
		5BL	2,020	1.27	18,122	20,142	4.22
	3D	1BL	2,026	1.27	18,622	20,648	4.32
		2BL	2,136	1.34	19,742	21,878	4.58
		3BL	4,278	2.69	28,824	33,102	6.93
		4BL	4,826	3.03	34,432	39,258	8.22
		5BL	4,598	2.89	34,342	38,940	8.15
		6BL	8,590	5.39	37,638	46,228	9.67

(표 계속)

원종	4B	1BL	2,818	1.77	1,102	3,920	0.82
		2BL	2,900	1.82	1,142	4,042	0.85
		3BL	2,436	1.53	19,826	22,262	4.66
	5B	1BL	3,878	2.44	1,732	5,610	1.17
		2BL	3,500	2.20	1,472	4,972	1.04
		3BL	3,284	2.06	1,360	4,644	0.97
고강	1B	1BL	1,036	0.65	472	1,508	0.32
		2BL	2,512	1.58	1,104	3,616	0.76
		3BL	1,604	1.01	772	2,376	0.50
		4BL	3,160	1.98	1,370	4,530	0.95
	2B	1BL	2,954	1.86	1,200	4,154	0.87
		2BL	2,322	1.46	944	3,266	0.68
		3BL	2,764	1.74	1,158	3,922	0.82
	3B	1BL	3,160	1.98	1,370	4,530	0.95
		2BL	4,492	2.82	1,894	6,386	1.34
		3BL	3,948	2.48	1,664	5,612	1.17
		4BL	2,332	1.46	1,024	3,356	0.70
		5BL	2,770	1.74	1,144	3,914	0.82
	4B	1BL	5,400	3.39	2,246	7,646	1.60
		2BL	4,666	2.93	1,968	6,634	1.39
		3BL	3,068	1.93	1,264	4,332	0.91
	5B	1BL	2,722	1.71	1,216	3,938	0.82
		2BL	1,556	0.98	704	2,260	0.47
		3BL	648	0.41	294	942	0.20
	6B	1BL	3,532	2.22	1,456	4,988	1.04
		2BL	5,568	3.50	2,262	7,830	1.64
		3BL	4,804	3.02	2,040	6,844	1.43
		4BL	1,382	0.87	592	1,974	0.41
		5BL	2,944	1.85	1,232	4,176	0.87
	7B	1BL	6,306	3.96	2,578	8,884	1.86
		2BL	3,282	2.06	1,362	4,644	0.97
	8B	1BL	2,402	1.51	1,018	3,420	0.72
		2BL	5,852	3.67	2,452	8,304	1.74
		3BL	2,240	1.41	930	3,170	0.66
합 계			159,244	100	318,602	477,846	100

자료: 고강재정비촉진지구 재정비촉진계획(안) 교통성 검토서(2008)

3) 보행 · 자전거 등 녹색교통 확충

자전거로, 보행로, 자전거 보관시설, 보행녹도체계 등 충분한 녹색교통 인프라 구축에 관한 계획은 이미 앞서 제시하였다. 이것으로 인한 자동차교통의 녹색교통으로의 전환에 대한 실행을 살펴보는 것이 이 작업의 핵심이다. 이는 단지별 연간 통학시 발생되는 통행량, 연간 상가 및 공공편의시설 이용량, 그리고 이런 일상생활에서 자동차의 녹색교통으로의 대체량 등에 관한 정보를 조사하는 것이 관건이다. 그래서 고강지구 장래 계획을 바탕으로 주민의 일상적 이동패턴(미래에 예상되는 상황)을 조사하였고, 향후 고강지구가 뉴타운으로 개발되면 도시환경이 비슷할 것으로 예상되는 부천시 중동신도시의 주민을 대상으로 통근 · 통학, 상가 및 공공편의시설 이용횟수, 녹색교통 이용의향 등에 대한 설문을 실시하였다[9].

표 9-10. 녹색교통 이용에 의한 자동차이동 단축거리

구역	단축 거리(m)					구역	단축 거리(m)				
	초	중	고	상가	공공		초	중	고	상가	공공
원종 1B-1	448	840	1028	646	408	고강 2B-1	360	565	635	730	460
원종 1B-2	230	1341	450	348	370	고강 2B-2	939	716	786	579	309
원종 1B-3	150	826	730	348	112	고강 2B-3	939	716	786	579	309
원종 1B-4	280	1391	500	398	420	고강 2B-4	410	448	518	680	410
원종 2B-1	230	1341	450	248	370	고강 3B-1	515	1471	967	0	248
원종 2B-2	378	1439	598	100	518	고강 3B-2	792	1066	1171	0	376
원종 2B-3	287	1217	867	100	148	고강 3B-3	848	770	840	573	384
원종 2B-4	230	1341	450	248	370	고강 3B-4	711	909	979	581	311
원종 2B-5	378	1439	598	100	518	고강 3B-5	748	625	695	732	543
원종 3D-1	478	1539	698	0	518	고강 4B-1	417	439	509	1504	507
원종 3D-2	722	1633	870	0	730	고강 4B-2	200	656	726	1287	290
원종 3D-3	478	1539	698	0	518	고강 4B-3	200	656	726	1287	290
원종 3D-4	387	1471	967	0	248	고강 5B-1	0	683	753	1078	90
원종 3D-5	672	1653	820	0	640	고강 5B-2	290	670	740	748	240
원종 3D-6	515	1343	1171	0	376	고강 5B-3	360	780	850	780	300

9) 2009년 4월 1일~20일까지 고강지구와 중동신도시 시민 300명을 대상으로 생활이동패턴, 녹색교통이용에 대해 설문조사를 실시하였다.

(표 계속)

원종 4B-1	871	1353	969	149	739	고강 6B-1	417	439	509	1504	507
원종 4B-2	831	1251	1270	314	569	고강 6B-2	612	724	794	1802	805
원종 4B-3	821	1054	969	149	739	고강 6B-3	467	904	974	1654	657
원종 5B-1	150	826	730	358	112	고강 6B-4	612	756	836	1802	805
원종 5B-2	140	1070	720	248	0	고강 6B-5	467	974	1044	1654	657
원종 5B-3	287	1217	867	100	148	고강 7B-1	362	1045	1115	1549	552
고강 1B-1	230	398	468	897	627	고강 7B-2	640	1229	1299	1733	736
고강 1B-2	170	330	400	967	697	고강 8B-1	456	1045	1115	1549	552
고강 1B-3	230	398	468	897	627	고강 8B-2	640	1229	1299	1733	736
고강 1B-4	360	423	49	730	460	고강 8B-3	309	1370	1440	1874	877

목적별 통행량에다 녹색교통 이용비율과 녹색교통 이용에 의한 자동차이동 단축거리를 대입하면 총 통행량의 감소분을 계산할 수 있다. 통학 시 총통행량은 고강재정비촉진계획의 교통성검토서 자료를 참조하였고, 녹색교통으로의 변경통행량 산정은 설문을 통하여 산출하였다. 상가 및 공공편의시설의 통행에 대한 녹색교통 변경 통행량도 설문을 통하여 설정하였다. 차종 및 규모별 비율, 차량 유형별 평균 연료소비 비율(km/l), 연료별 평균연소율, TOE 환산표, 탄소배출계수 등을 적용하면 최종 감축량을 계산할 수 있다.

표 9-11. 녹색교통에 관한 통행량

(단위: 통행/일)

구분	학교			상가이용	공공시설이용
	초등학교	중학교	고등학교		
녹색교통 변경비율	25.45	22.55	36.73	26.38	40.58

자료: 고강지구, 중동신도시 300명 시민 설문조사 결과

4. 도시개발 전후 탄소배출량 비교

가. 개발전 현재 탄소배출량

현 부천 고강지구의 연간 이산화탄소 총배출량은 약 232,392.8 ton CO_2/yr으로 분석되었다. 현재 고강지구의 토지용도별 이산화탄소배출량은 총 157,052.7 ton CO_2/yr이다. 현재 고강지구의 탄소정보지도를 활용하여 용도별 탄소배출 원단위와 건축물 연면적을 활용하여 탄소배출량을 산출하였다. 이산화탄소 배출량 산정은 앞의 제5장에서 제시한 토지이용별 탄소인벤토리의 이산화탄소 발생 원단위를 적용하였다. CO_2 배출량을 추정하는 방법은 최종 사용자의 에너지 소비량 자료로부터 토지용도별(건축단위) CO_2 배출 원단위를 추계하는 방식이다. 연간 도로(교통) 분야 탄소배출량은 약 75,340.1 ton CO_2/yr으로 분석

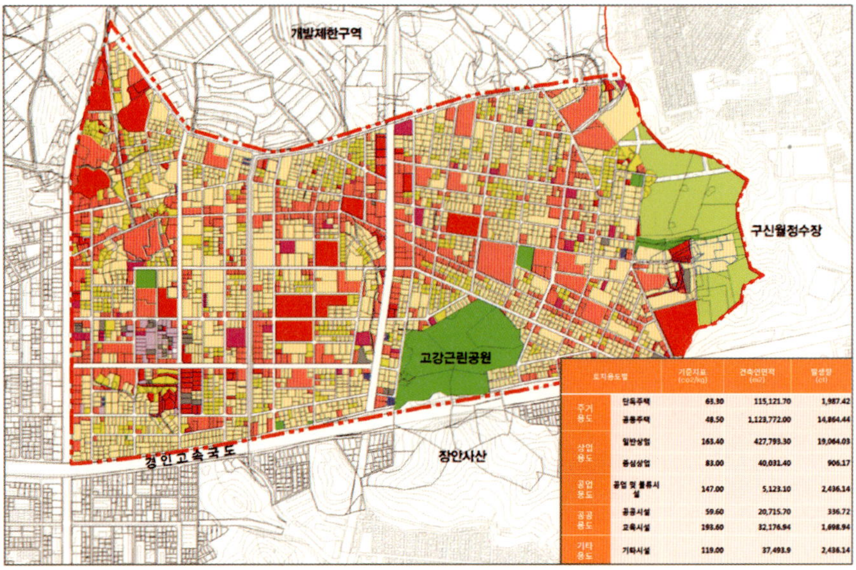

토지용도별		기준지표 (co2/kg)	건축연면적 (m2)	발생량 (ct)
주거용도	단독주택	63.30	115,121.70	1,987.42
	공동주택	48.50	1,123,772.00	14,864.44
상업용도	일반상업	163.40	427,793.30	19,064.03
	중심상업	83.00	40,031.40	906.17
공업용도	공업 및 물류시설	147.00	5,123.10	2,436.14
공공용도	공공시설	59.60	20,715.70	336.72
	교육시설	193.60	32,176.94	1,698.94
기타용도	기타시설	119.00	37,493.9	2,436.14

그림9-10. 개발이전 현재 탄소배출량

되었다. 도로(교통)분야의 탄소배출량은 고강지구의 자동차 보유대수와 자동차의 일일평균통행거리를 기준으로 산출하였다. 현재 고강지구의 세대수(26,420세대)에 부천시 세대당 자동차 등록대수(0.8대)를 활용하여 산정하였으며, 자동차 일일평균통행거리를 이용하였다[10].

나. 개발이후 탄소감축계획을 적용하지 않았을 경우 탄소배출량

탄소중립도시 설계지침을 적용하지 않고 관행적인 개발을 하였을 경우, 고강지구의 총이산화탄소배출량은 약 257,656.7 ton CO_2로 분석되었다. 고강지구의 개발계획 이후 토지용도별 이산화탄소 배출량은 약 187,492.3 ton CO_2이다. 앞에서 서술한 탄소인벤토리를 토대로 작성하였다. 개발계획 이후의 건축물 연면적은 현 도시재정비촉진계획상 정확히 책정할수는 없으나, 재정비 촉진계획에 서술된 평균 용적율을 기준으로 건축물 연면적을 추정하여 분석하였다(평균용적율 218% : 일반주거 219% : 일반상업 404% : 준주거 392%). 연간 도로(교통) 분야 탄소배출량은 약 70,164.4 ton CO_2분석되었다. 도로(교통) 분야의 탄소배출량은 고강지구의 자동차 보유대수와 자동차의 일일평균통행거리를 기준으로 산출하였다.

고강지구는 개발계획 수립후 주거용지 면적은 약 137,789m^2 증감하였으나, 공원녹지부분이 약 111,061m^2 증가하여 대지면적에 활용에 있어서는 재정비계획 수립 후 줄어들었다. 건축물 연면적에 있어서는 재정비계획 수립으로 상업지 및 기타 용도에 건축물 연면적은 집중개발 방식으로 줄어들었으나, 주거용도에 있어서는 현황 세대당 50m^2 미만에 거주 면적을 85m^{2}초과 임대주택 비율로 계획함에 있어 공동주택의 건축물 연면적이 늘어났다. 고강지구의 계획인구수는 현황 70,959명에서 약 4,535명 감소되었다(세대수는 26,420세대에서 24,605세대로 감소하고 세대당 인구는 2.7인/세대임).

---

10) 경기도 자동차 일일평균통행거리는 약 55.5km이다.

표 9-12. 관행 개발계획에 의한 용도별 탄소배출량

토지용도별		기준지표 (kg CO_2/m^2 · 년)	건축연면적(m^2)	발생량 (ton CO_2/yr)
주거용도	공동주택	48.50	1,986,581.52	96,349.2
상업용도	일반상업	163.40	421,477.04	68,869.3
공업용도	공업 및 물류시설	147.00		-
공공용도	공공시설	59.60	56,509.00	10,940.1
	교육시설	193.60		
기타용도	기타시설	119.00	95,241.00	11,333.7
합계				187,492.3

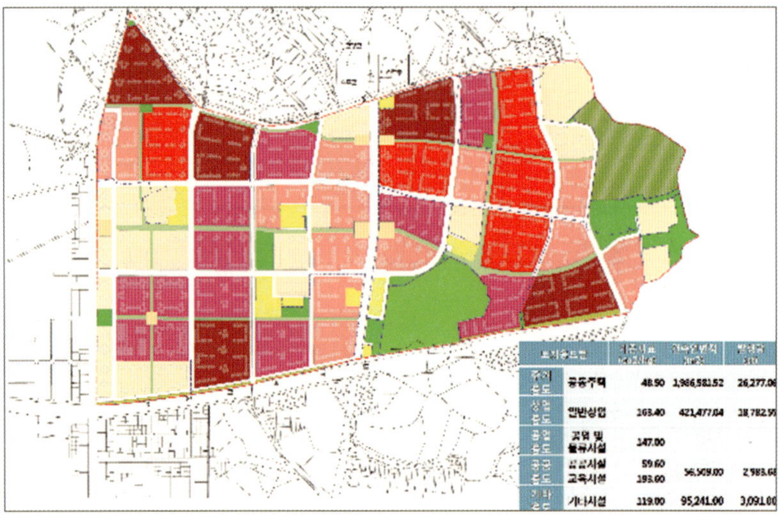

그림9-11. 관행적 개발계획 적용 고강지구 이산화탄소배출량

다. 개발이후 탄소감축계획을 적용하였을 경우 탄소감축량

1) 기후행동지침에 의한 탄소감축량 추산

주민과 공공기관의 자율적 기후행동지침을 통하여 감축할 수 있는 탄소량을 환경부 탄소발자국 계산기 프로그램을 이용하여 계산하였다. 거주 주민의 1년 배출량의 평균치를 계산하고 그계산 결과치가 일반적으로 허용 가능한 값인지에 대해 관련 자료 검토를 통하여 검증하였다. 고강지구의 2020년 가구수인 24,604세대, 평균가구수 2.7인을 기준으로 계

산하였으며 가구별 전력과 가스 소비량, 교통 이동거리, 쓰레기 배출량 등은 현재 고강지구내 거주하는 가구 샘플(household sampling)을 추출하여 가상 시뮬레이션을 하였다. 기후행동지침에 의한 감축량은 전체 배출량의 30%로 설정하였으며, 이 값은 현재 일반적으로 저탄소 생활실천에 의한 감축목표 15%보다 높게 설정하였다[11].

표 9-13. 개인별 탄소배출 시나리오

<table>
<tr><th colspan="2">항목</th><th>월별 사용량</th></tr>
<tr><td colspan="2">가스 사용량</td><td>30m²/월</td></tr>
<tr><td colspan="2">수도 사용량</td><td>40m²/월</td></tr>
<tr><td colspan="2">전력 사용량</td><td>262kWh/월</td></tr>
<tr><td colspan="2">쓰레기 배출량</td><td>25l/월</td></tr>
<tr><td colspan="2">자가동(휘발류, 소형승용차)</td><td>300km/월(2.7인 동승)</td></tr>
<tr><td rowspan="2">대중교통</td><td>버스</td><td>20분/일, 20회</td></tr>
<tr><td>지하철</td><td>80분/일, 20회</td></tr>
</table>

표 9-14. 탄소배출 시나리오에 따른 고강에코시티 탄소배출량 및 감축량

(단위: ton CO_2/year)

<table>
<tr><th>구분</th><th colspan="3">배출량</th></tr>
<tr><td rowspan="6">탄소배출량</td><td rowspan="4">가구별</td><td>개인당 월별 배출량</td><td>111</td></tr>
<tr><td>가구당 월별 배출량</td><td>300</td></tr>
<tr><td>고강지구 전체 월별 배출량</td><td>7,390,727</td></tr>
<tr><td>고강지구 전체 연별 배출량</td><td>88,688,722</td></tr>
<tr><td colspan="2">공공기관(교육시설, 공공시설)</td><td>10,940,160</td></tr>
<tr><td colspan="2">총 배출량</td><td>99,628,882</td></tr>
<tr><td rowspan="2">탄소감축량(전체 배출량의 30%)</td><td colspan="2">가구별</td><td>26,606,617</td></tr>
<tr><td colspan="2">공공기관</td><td>3,282,048</td></tr>
</table>

주민참여비율을 1단계(2016년) 30%, 2단계(2018년) 50%, 3단계(2020년) 100%로 조정하

11) 본 연구의 계획목표연도가 2020년이라는 점과 고강지구가 환경부 지원으로 탄소중립도시계획을 적용하여 주민의 환경의식을 유도하고 있는 점을 고려하여 현재의 일반적인 목표 설정치보다 높게 설정하였다.

고 공공부분의 참여부분은 100%로 설정하면 1단계 11,264, 2단계 16,585, 3단계 29,889 ton CO_2를 감축 가능한 것으로 평가된다.

2) 기후행동지침과 물리적 감축계획을 합산한 탄소감축량 산정

물리적 탄소감축계획(저탄소 환경계획)에 의한 탄소감축량은 탄소저감, 탄소흡수, 탄소회피를 통해 모두 연간 약 1만여 톤에 달한다. 기후행동지침과 탄소감축계획을 포함한 총괄적 탄소중립도시 계획지침을 적용하였을 경우, 연간 약 4만톤의 이산화탄소 발생량을 감축하게 될 것으로 예상된다. 연간 이산화탄소 4만톤을 감축하려면 소나무 약 1,440만그루(약 4,800만m^2 필요)를 식재하는 효과가 있다. 탄소중립도시 설계지침을 적용하지 않고 개발할 경우 약 26만톤의 이산화탄소배출량이 예상되므로 이의 16%를 절감하는 효과가 있다. 2020년 탄소중립도시 계획지침을 적용하였을 경우, 개발이전인 현재 고강지구의 이산화탄소배출량 약 23만톤보다도 약 1만톤 적은 약 22만톤의 이산화탄소가 배출될 것으로 추산된다.

표 9-15. 탄소중립계획 적용에 따른 이산화탄소 감축량 추정

<table>
<tr><th colspan="2">구분</th><th>계획요소</th><th>산식 모형</th><th>이산화탄소 감축량 (tCO_2/year)</th></tr>
<tr><td rowspan="4">이산화탄소저감</td><td rowspan="4">에너지절감</td><td>공동주택외피 시스템 적용</td><td>외피시스템적용가구수 x 연간냉난방에너지사용량(kWh) x 에너지절약비율 x 이산화탄소배출계수/1000</td><td>7,484</td></tr>
<tr><td>LED조명 설치</td><td>가로등(보안등)설치량 x 일반가로등(메탈할라이드) 전력사용량 x 교체시 전력 감소율 x 이산화탄소배출계수/1000</td><td>260</td></tr>
<tr><td>미기후 조절</td><td>세대당 연평균 냉방소비전력(kWh) x {(기존냉방일수 - 바람길도입시 냉방일수)/기존냉방일수} x 세대수 x 이산화탄소 배출계수/1000</td><td>477</td></tr>
<tr><td>우수활용</td><td>단지별 우수집수량(T) x 상수도생산시 사용되는 전력량(kWh/t) x 이산화탄소배출계수/1000</td><td>260</td></tr>
<tr><td rowspan="4">이산화탄소흡수</td><td rowspan="4">녹지확보</td><td>계획공원내 수목량</td><td>Σ수종별 x 계획본수 x 연간탄소흡수량(TC) x 44/12</td><td>38</td></tr>
<tr><td>녹도조성</td><td>Σ수종별 x 계획본수 x 연간탄소흡수량(TC) x 44/12</td><td>21</td></tr>
<tr><td>단지내 조경</td><td>Σ수종별 x 계획본수 x 연간탄소흡수량(TC) x 44/12</td><td>385</td></tr>
<tr><td>가로수식재</td><td>Σ수종별 x 계획본수 x 연간탄소흡수량(TC) x 44/12</td><td>29</td></tr>
</table>

(표 계속)

이산화탄소회피	신재생에너지	태양광,태양열, 지열 등 사용	연간 총전력사용량 x 신재생에너지 사용목표치(%) x 이산화탄소 배출계수/1000	108
	교통계획	단지내 진출입구 조정	단축거리(km) x 일일통행량 x 사업구역별 통행비율 x 차종비율 x 차량규모비율 x 연료소비량(ℓ /km) x 순발열량(kcal)/10^7 x 탄소배출계수 x 365일 x 44/12	194
	녹색교통	보행 및 자전거	이용거리(km) x 연간이용회수 x 녹색교통전환율 x 사업구역별통행비율 x 차종비율 x 차량규모비율 x 연료소비량(ℓ /km) x 순발열량(kcal)/10^7 x 탄소배출계수 x 365일 x 44/12	27
기후행동지침			(가구별 연간 이산화탄소배출량+공공기관 이산화탄소배출량) x 감축목표치	29,889
총계				39,172

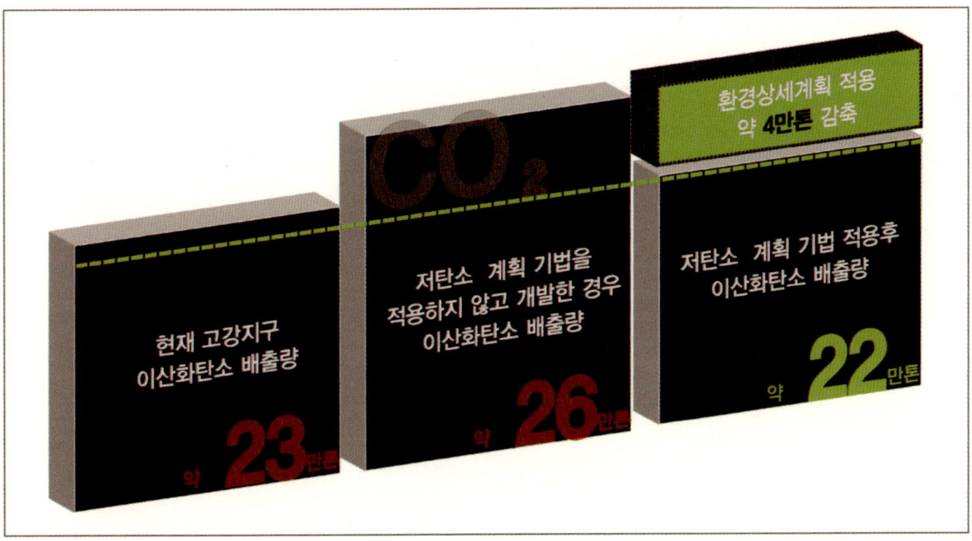

그림 9-12. 탄소중립도시 계획모델 적용으로 인한 이산화탄소 감축량

색인(Index)